진부농서 역주 陳旉農書譯註

A Translated Annotation of the
Agricultural Manual “JinBunongseo”

陳　旉 저
최 덕 경 역주

세창출판사

진부농서 역주陳旉農書譯註

1판 1쇄 인쇄 2016년 11월 15일
1판 1쇄 발행 2016년 11월 25일
저 자 | 陳 旉
역주자 | 최덕경
발행인 | 이방원
발행처 | 세창출판사
신고번호 | 제300-1990-63호
주소 | 서울 서대문구 경기대로 88 (냉천빌딩 4층)
전화 | (02) 723-8660 팩스 | (02) 720-4579
http://www.sechangpub.co.kr
e-mail: sc1992@empal.com
ISBN 978-89-8411-649-8 93520

이 번역도서는 2014년 정부(교육부)의 재원으로 한국연구재단의 지원을 받아 수행된 연구임(NRF-2014S1A5A7035096).

잘못 만들어진 책은 구입하신 서점에서 바꾸어 드립니다.
책값은 뒤표지에 있습니다.

이 도서의 국립중앙도서관 출판시도서목록(CIP)은 서지정보유통지원시스템 홈페이지(http://seoji.nl.go.kr)와 국가자료공동목록시스템(http://www.nl.go.kr/kolisnet)에서 이용하실 수 있습니다.(CIP제어번호: CIP2016027519)

역주자 서문

JinBunongseo

『진부농서陳旉農書』는 1149년에 진부陳旉에 의해 찬술된 농서로서 당송변혁기의 양상을 농업기술의 관점에서 잘 묘사한 책이다. 이 책은 송대에 정치경제의 중심권이 강남으로 이동하고 농업환경이 바뀌면서 기존의 화북적華北的 한전농법이 강남의 수전농법과 결합되는 새로운 양상을 보여 준다. 또 이 책은 기존의 주곡중심의 농업에서 농업과 양잠[農桑]이라는 새로운 농업의 틀을 통해 상업적 농업의 길을 제시하고 있다는 점에서 주목된다.

저자인 진부는 비록 관직을 역임하지는 않았지만, 폭넓은 경전지식을 갖춘 독서인이면서 직접 농사를 지어 농민의 고충을 이해하고, 농민과 농업이 국가통치의 요체라는 사실을 웅변한 실천가였다. 그는 「자서自序」에서 농사일은 구습에 따라 대충 처리할 대상이 아니므로 일정한 규칙을 세워 일의 전후와 완급을 조절할 것을 강조하였다. 그리고 성군이 되기 위해서 농민이 즐겁게 농업에 종사할 수 있도록 여건을 조성해 주고, 관료들은 실적이나 미사여구에만 관심을 둘 것이 아니라 농업의 본질을 깨우쳐야 한다고 주장하고 있다. 흔히 농서는 '학자의 농서'와 '농민의 농서'로 구별된다. '학자의 농서'가 권농을 위한 관료들의 저술이라고 한다면, 농민의 농서는 직접 그 지역의 풍토에 밝은 농민이 경험을 바탕으로 기술한 책이다. 진부가 당시 통치의 요체를 농업과 농민에서 찾았다는 점에서 볼 때 『진부농서』는 농민의 농서인 동시에 학자의 입장도 대변한 농서라고 볼 수 있다.

진부陳旉는 북송北宋 후기 희녕熙寧9년(1076)에 태어났다. 그는 독서

인 출신이면서 수 년간에 걸쳐 직접 농업을 경영했고, 심혈을 기울여 농작물을 관찰하기도 했다. 이 때문에 그는 농업에 대해서 풍부한 지식과 실제적인 경험을 지니고 있었다. 『진부농서』는 이러한 진부의 농업에 대한 실천과 경험의 산물이었다. 특히 진부 스스로도 이 농서가 자연의 법칙에 순응하고 현실의 실천에 기반한 것이라는 자부심이 가득하였다. 때문에 진부는 「자서」에서 밝힌 바와 같이 이 『농서』는 단순히 자신의 "이름이나 탐내기 위한 것이 아니라, 다음 세대에 보탬이 되기 위해서 쓴 것"이라고 했다. 이 책은 기존의 농서와는 달리 현실을 기반으로 한 미래지향적인 농서였기 때문에, 당시 농민들이 이 책을 서로 돌려 가면서 읽고 이야기하며 부지런히 그것을 모방하고 배우기를 염원하였다. 이런 고집 때문에 진부의 나이가 74세의 고령임에도 불구하고 남송 소흥紹興19년(1149)에 처음으로 이 책이 세상에 나올 수 있었다.

『진부농서』의 구성은 상上, 중中, 하下로 되어 있다. 상권은 14편으로 토지경영과 작물재배에 관한 내용이, 중권의 2편은 소[牛]를 이용한 농업경영과 소의 사육과 치료법이, 하권의 5편은 잠상업과 육잠育蠶이 기술되어 있다. 『진부농서』의 분량은 다른 농서에 비해 얼마 되지는 않지만 내용이 알차며, 무엇보다 기존의 농서처럼 작물이나 수목의 재배방식을 단순 나열하고 있는 것이 아니라 기존 농업경영의 문제점과 지금 필요한 방식이 어떤 것이어야 하는가를 구체적으로 제시하고 있다는 점에서 이전의 농서와는 차이가 있다. 게다가 잠상蠶桑과 소의 역할을 중시하여 농상農桑을 중국농업의 중심축으로 자리 잡도록 한 점 역시 당대唐代 이전과는 다른 새로운 변화상을 보여 주고 있다.

『진부농서』는 또한 강남지역의 수도작과 농업기술을 구체적으로 묘사한 현존하는 최초의 농업서이다. 특히 이 책은 농학체계에 대한 완전한 이론과 사상을 겸비한 농민이 기술하였다는 점이 특징이다. 그 때문에 『진부농서』의 서술방식이 전고典故가 많고 간략하여 일반 독자들은 물론 전문가들도 이해하기에는 난해한 점이 적지 않다. 이런 난해함 때문인지 중국에서도 아직 완역서가 출판되지 않았다. 본서를 역주하게 된 계기도 이런 사실을 극복하여 송대의 농업기술을 독자와 공유하기 위해서이다.

잠상과 우경牛耕의 중요성과 함께 『진부농서』가 지닌 가장 특징적인 모습은 토지의 위치와 환경의 변화에 따른 토지이용과 재배관리기술에 대해 구체적으로 언급했다는 점이다. 여기에서는 변화된 농업환경 속에서 생산력을 높이기 위해 산전山田을 개간하고 비료를 개발하고 있는 모습이 보이는데, 특히 주목할 것이 인분뇨人糞尿의 이용이다. 송대 이전의 분뇨시비는 주로 가축분을 이용했는데, 주곡작물에 인분뇨를 본격적으로 활용하기 시작한 것은 『진부농서』에서 비롯된다. 인분과 퇴비를 수집하기 위해 분옥糞屋을 건설하고, 이를 통해 지력을 지속적으로 갱신하여 오랜 휴한의 한계를 극복하였다. 당시 분뇨는 각종 수비水肥와 더불어 추비追肥로 이용되면서 생산력의 향상에 기여하게 된다. 특히 강바닥에서 진흙을 채취하여 제조한 토분土糞, 화분火糞이나 외부에서 도입한 깻묵류[餠肥] 등이 토온土溫이 낮은 강남지역의 단점을 극복하는 데 이용되었다는 점은 매우 주목된다. 이것은 토양의 변화에 따른 작물의 인식과 함께 지력의 회복을 통한 휴한농법의 극복이라는 고대적 요소의 해결방안을 동시에 제시하고 있다.

『진부농서』의 이 같은 기술체계는 그대로 원명元明시대로 연결되어 농업의 양적인 성장을 가져왔으며, 이렇게 성숙된 농상農桑체제와 남방의 수전농업 기술은 인접국가로 전파되면서 조선의 농업에도 적지 않은 영향을 끼쳤다. 이처럼 『진부농서』는 『제민요술』 이후부터 원대 이전까지의 당송시대라는 거대한 변혁기의 농업 실태를 이해하는 데에 매우 중요한 농업서이다. 이 책을 통해 송대의 변화된 농업의 실태를 파악함은 물론이고, 당대 이전 중고시대의 농업이 어떤 굴절을 겪어 송대 상업의 발달에도 기여할 수 있었는지를 동시에 살필 수 있다. 실제 진부도 지적했듯이 『진부농서』는 전대의 『제민요술』이나 『사시찬요』와는 달리 현장경험에 입각한 민간의 실용적인 농업서였다는 점에서 새로운 동력을 이끌게 되었고, 이후 『농상집요』의 출현을 가져왔다.

『진부농서』의 역주 작업은 크게 원문번역과 주석으로 구분할 수 있다. 원문을 보면서 번역을 바로 이해할 수 있도록 2단으로 편집하여 독자가 한눈에 양자를 검토할 수 있도록 하였다. 그동안 『진부농서』에 대한 역주작업은 중국과 일본에서 행해졌다. 중국에서는 1965년 완궈딩[萬國鼎]의 교감을 거쳐 출판된 교주가 있으며, 일본에는 1993년 오사와 마사아키[大澤正昭]의 번역과 자세한 평주評註가 있다. 중국의 경우 아직 완역은 없고, 1981년 농업출판사에서 묘치위[繆啓愉]가 본서를 주석 없이 선택적으로 번역한 것이 있다. 이것들은 모두 필자가 『진부농서 역주』본을 완성하는 데에 있어 중요한 참고자료가 되었다. 필자는 이것들을 토대로 역주를 했으며, 이들의 장점을 본 『진부농서 역주』에 모두 담으려고 노력하였다.

하지만 저명한 농학가 완궈딩의 교주는 매우 간단하여, 그것만으로 『진부농서』의 본문을 이해하기에는 턱없이 부족했다. 왜냐하면 『진부농서』가 기존의 농서와는 달리 농업의 실상과 더불어 농학의 이론과 사상을 함께 담고 있기 때문이다. 이러한 난해한 문제를 도와준 것이 바로 일본의 오사와 마사아키[大澤正昭]의 『陳旉農書の研究』였다. 이 책은 일본어 번역과 함께 안내용 연구논문까지 첨가하여 『진부농서』를 둘러싼 송대의 농업기술과 농업이 차지하는 위치를 가늠하는 데 좋은 길잡이가 되었다. 하지만 이 책 역시 의역 중심으로 되어 있고, 원문의 띄어쓰기와 번역에 있어서 중국과의 차이를 극복해야 할 곳이 적지 않았다. 본 역주본은 가능한 진부 본래의 의미를 그대로 전달하고자 하여 직역을 하였으며, 본서의 원문은 완궈딩이 교감校勘한 『진부농서교주陳旉農書校註』본을 참고하였음을 밝혀 둔다.

사실 농서의 역주작업은 내용 번역 못지않게 그 속에 담긴 배경이나 사상 및 다양한 농업기술과 생산수단을 제시하는 주석이 중요하다. 왜냐하면 특정국가의 전통농업을 이해하기 위해서는 그 지역의 풍토와 환경을 기반으로 한 농업기술의 이해가 선행되어야 하기 때문이다. 따라서 바람직한 역주를 위해서는 농업사 분야의 많은 전문적인 지식이 요구된다. 필자는 그동안 농업기술과 생태농업에 관련하여 적지 않은 논문을 발표했다. 무엇보다 10여 년 전부터 강독회를 이끌면서 각종 중국 농업관련 고전을 읽고 토론하고, 수시로 현장을 답사하기도 한다.

하지만 요즘 도시의 청소년들은 정보의 홍수에 매몰되어 전통시대의 농업, 농민, 농촌에 대해서는 이해가 부족하다. 주지하듯 전근대 사회에서의 농업은 국가의 기간산업이었으며, 정치 · 사회 · 문화를 이해하는 원동력이었다. 때문에 농서에 대한 주석은 오늘날 동시대를 살고 있는 독자들에게 과거 역사발전의 토대가 된 농업(기술), 농민과 농촌을 올바르게 이해시키는 데 중요한 길잡이가 될 것이다. 본서에서 다양한 그림자료도 삽입하여 이해를 도운 것도 그러한 일환의 하나였다.

그리고 본 역주서는 역사학뿐만 아니라, 농학과 경제학 및 민속학 등의 교육 자료로 제공될 수 있다. 특히 최근 농약, 화학비료 및 유전자조작에 의해 오염된 생산위주의 농업이 문제가 되고 있는 상황에서 자연중심의 생태농업을 돌아볼 수 있는 계기가 될 수 있을 것이다. 주지하듯 과거에는 각종 생활 쓰레기나 폐기물조차 자연으로 순환시켜 다시 농업의 자원으로 활용했던 지혜를 되돌아보고, 이러한 영향이 아시아 특유의 농업환경을 만들었다는 사실도 주목해야 할 것이다. 이런 점에서 본 역주서는 아시아 전근대 생태농업과 지속가능한 미래의 농업을 전망하는 교육 자료가 될 수도 있을 것이다. 뿐만 아니라 무한 경쟁 속에 매몰되어 있는 친구들에게 전근대의 농업, 농촌, 농민이 사회 생산력의 향상에 어떤 작용을 했으며, 현재의 우리 현실에 어떤 변화와 의미를 주었는지 알게 해 주는 계기가 되기를 희망한다. 그리고 생태 유기농업에 의한 식량생산이 곧 인류의 미래와 생명을 지키는 소중한 가치임을 함께 느꼈으면 한다.

본서의 역주과정에서 많은 분들의 도움을 받았다. 특히 스터디를 하면서 난삽한 오사와의 문장을 쉽게 이해할 수 있게 도와준 일본 사상사 전공자인 김동기 선생님과 일본통인 박구철 선생님의 도움이 컸다. 또한 중국 현대 사상사를 전공한 이민태 선생님의 낙천적인 성격은 난제를 흥미롭게 토론하는 데 큰 힘이 되었다. 이분들의 도움이 없었다면 본서를 내는 데 보다 많은 시간이 소요되었을 것이다. 특히 한국연구재단의 심사를 거치면서 익명의 심사자의 예리한 지적에 도움받은 것이 적지 않았다. 깊이 감사드린다.

원고의 최종 교정작업에는 부산대 박희진 선생의 꼼꼼한 지적과 대학원생 안현철 군의 도움이 컸다. 토론을 거친 후에도 뜻이 소통되지 않는 부분이 한두 곳이 아니었다. 재차 글자에 천착하여 살피고 또 여러 차례 교정하였다. 번역을 마무리하면서 아쉬운 것은 현재 우리 학계에는 중국농업사 연구자가 나날이 줄어들고, 농업이 산업에서 차지하는 비중 또한 감소하면서 일반인의 관심도 크게 저하되고 있다는 점이다. 본 역주를 기점으로 중국농업사에 대한 연구와 관심이 깊어지기를 기대해 본다.

끝으로 명저번역사업의 지원을 아끼지 않았던 한국연구재단에 감사드리며, 좋은 책이 될 수 있도록 편집해 주신 세창출판사 김명희 실장님께도 진심으로 감사드린다.

2016년 9월 12일

진도 5.8의 지진이 연구실을 뒤흔든 날을 기억하며

미리내 언덕에서 최 덕 경 씀

일 러 두 기

JinBunongseo

1 본서는 2단 편집하여 번역문과 원문을 대조하면서 한눈에 읽을 수 있도록 하기 위해 번역문의 문단을 조정하였다.

2 본서의 각주는 1, 2, 3의 번호 순으로 해당 페이지의 하단부에 삽입하고, 각주에 대한 역자의 주는 별도로 [**역자주**]로 표기하지 않았다.

3 서명은 『 』, 편과 절은 「 」로 표현하였다. 예컨대 『주례(周禮)』「지관(地官)·대사도(大司徒)」로 하여 책명과 편명은 한글로 번역하여 한문과 병기하고, 각주의 논문명이나 인용된 사료는 원문을 그대로 살려 필요시 이용하도록 했다.

4 한자표기는 뜻으로 표기할 경우 [ ] 안에 한자를 넣었으며, 발음이 동일할 경우 한글 옆에 작게 한자를 부기하였다. 다만 각주는 글자체가 작아 본문과 같이 표기하기 곤란하여 한자와 발음이 동일할 경우 ( ) 속에 한자를 넣어 처리하였다. 그리고 번역문의 원문을 표기할 때는 번역문 다음에 원문을 [ ] 속에 삽입하여 병기했다.

5 그림과 사진은 최소한의 이해를 돕기 위해 절의 끝에 함께 배치하였다.

6 번역문은 가능한 직역을 위주로 작성하였으며, 부자연스러운 경우 ( ) 속에 약간 보충하거나 다소 의역으로 처리하였다. 이는 번역문의 의미를 효과적으로 전달하기 위한 것이므로 독자의 양해를 바란다.

7 본서의 역주는 완궈딩[萬國鼎], 『진부농서교주(陳旉農書校註)』, 農業出版社, 1965과 오사와 마사아키[大澤正昭], 『陳旉農書の硏究』, 農山漁村文化協會, 1993의 역주와 묘치위[繆啓愉], 『陳旉農書選讀』, 農業出版社, 1981과 같은 선학의 역주에 적지 않은 도움을 받았음을 밝혀 둔다.

8 왕정의 농서와 진부의 농서는 그 명칭을 『왕정농서』, 『진부농서』와 같이 표기하였다.

9 일본어와 중국어의 표기는 교육부 편수용어에 따라 표기하였음을 밝혀 둔다.

차 례

JinBunongseo

진부농서역주 상권

陳旉農書譯註 卷上

진부농서역주 중권
陳旉農書譯註 卷中

진부농서역주 하권
陳旉農書譯註 卷下

후서와 발문

부 록
附 錄

진부 자서[1] 陳旉自序

옛날 사민四民 중에는 농農이 그 하나를 차지하고 있다. 『서경書經』 「홍범洪範」의 팔정八政[2] 중에는 음식[食]과 재화[貨]가 그중 둘을 차지한다. 음식이란 먹을 수 있는 좋은 곡물을 말하며, 재화란 의복을 입을 수 있는 포백布帛을 말한다. 대개 백성 생활의 근본은 의복[衣]과 음식을 우선으로 하고, 왕의 교화의 원천은 배불리

古者四民，農處其一．洪範八政，食貨居其二．食謂嘉穀可食，貨謂布帛可衣．蓋以生民之本，衣食爲先，而王化之源，飽煖

---

1) 『지부족재총서본(知不足齋叢書本)』, 『정가당문고소장 오익봉수교 초본(靜嘉堂文庫所藏吳翊鳳手校抄本)』에는 제목이 없다. 오사와 마사아키[大澤正昭, 『陳旉農書の硏究: 12世紀東アジア稻作の到達点』, 東京: 農山漁村文化協會, 1993] [본서의 제2부는 현대 번역과 평주(評註)가 있고, 3부에는 원문의 평주가 있다. 본고는 주로 2부를 참고했다. 이후 이 부분에 대해서 '오사와의 번역' 혹은 '오사와의 평주' 혹은 줄여 '오사와' 등으로 약칭하여 표기한다]에서는 『북경대학도서관소장 전회술고당 초본(北京大學圖書館所藏錢會述古堂抄本)』, 『내각문고소장 건륭사고전서 무판본(內閣文庫所藏乾隆四庫全書無板本)』 등에 의거하여 제목을 '농서서(農書序)'로 붙이고 있으며, 완궈딩[萬國鼎]의 『진부농서 교주(陳旉農書校註)』 본에서는 「진부 자서(陳旉自序)」라고 제목을 달고 있다.

완궈딩, 『진부농서교주』, 농업출판사(農業出版社), 1965에 의하면(이하 '완궈딩의 교주'로 약칭한다), 진부는 이 책의 「자서」에서 먼저 농상에 힘쓰고 의식을 풍족하게 하는 것을 일러 "왕화(王化)의 원천"이라고 하였다. 그는 송대의 경영지주로서 적극적으로 송(宋) 왕조를 노래하여 '열성상계(列聖相繼)'라고 하였으며, 농업과 양잠업이 좋으면, "예의를 세우고, 효제의 도덕을 생겨나게 하여, 교화가 이루어지고, 백성들의 마음이 안정되게 되는 것"의 원인이 된다고 하였다. 진부가 쓴 『농서』에 따라 이야기해 보면, 그는 이 책을 쓴 목적에 대해 "우리의 성군과 현명한 재상이 부국하는 길을 조금이나마 도와서 백성들을 다스린다."라고 했으며, 또한 "사물에는 제각기 마땅한 직분이 있다는 것을 다소나마 배우게 된다."라고 하였다. 이 말은 바로 봉건왕조를 위해서 최선을 다하는 것이다. 이것은 분명 자신이 속한 봉건통치계급의 입장을 반영하는 것이다. 이는 분명 잘못된 것이다. 완궈딩은 우리들이 오늘날 그의 농서를 정리하여 출판한 목적은 그 책이 800년 전에 중국 백성들의 농업생산에 있어서 많은 성취를 거둔 문헌이기 때문이며, 지금도 여전히 반드시 참고할 만한 가치가 있기 때문이라고 한다.

2) 『서경(書經)』 「홍범(洪範) · 팔정(八政)」 "一曰食, 二曰貨, 三曰祠, 四曰司空, 五曰司徒, 六曰司寇, 七曰賓, 八曰師."

먹이고 따뜻하게 하는 데에 있다.

옛날 신농神農의 시대부터 나무를 깎아서 쟁기보습[耜]을 만들었고, 나무를 휘어서 따비의 손잡이[耒]를 만들었으며,[3] 따비의 편리함을 천하의 백성에게 가르쳐 백성이 비로소 농사짓는 것을 알게 하였다. 요堯는 (네 명의 자식 가운데) 희羲씨와 화和씨에게 명하여, (하늘을) 공경하여 백성들에게 농시력農時曆을 받게 하도록 하였으며,[4] 봄농사[東作]와 가을걷이[西成]를 하여,[5] 백성으로 하여금 경작의 적합한 시기를 놓치지 않도록 하였다. 순舜은 후직后稷에게 명하여, "백성[黎民]은 원래 배고파하니[6] 농시에 맞추어 백곡百

爲務也.

上自神農之世, 斲木爲耜, 揉木爲耒, 耒耜之利, 以敎天下, 而民始知有農之事. 堯命羲和, 以欽授民時, 東作西成, 使民知耕之勿失其時. 舜命后稷, 黎民阻飢, 播時百穀, 使民知種之各得其宜. 及

---

3) 뇌사(耒耜)는 중국고대 대표적인 수(手)노동 농구로서 이에 대한 해석은 대개 두 가지가 있다. 하나는 뇌(耒)와 사(耜)가 각각 다른 농기구라는 해석이고, 다른 하나는 동일한 농구의 두 부품이라는 견해이다. 전자에서 뇌는 두 개의 날[齒: 이빨]이 달린 농구이고, 사는 삽(鍤)과 같은 발토(發土)용 농구를 뜻한다. 그런가 하면 후자의 해석은 하단의 발토 부분이 사이고 손잡이 부분이 뇌라는 견해이다. 이에 대해서는 최덕경, 『중국고대농업사연구(中國古代農業史硏究)』, 백산서당, 1994의 제2장을 참고하라.

4) 『한서(漢書)』 권24 「식화지(食貨志)」 "堯命四子以敬授民時."; 『한서』 권19 「백관공경표(百官公卿表)」 "書載唐虞之祭, 命羲和四子, 順天文, 授民時."에서 볼 때 본문의 '흠(欽)'은 '경(敬)'의 의미로서 그 목적어를 '하늘[天]'로 하였다.

5) '동작(東作)'은 『서경(書經)』 「공전(孔傳)」에서 "해 뜨는 동쪽에서 비로소 농경이 시작되기에 이를 일러 동작이라고 한다."라고 하였다. '남와(南訛)'의 '와(訛)'는 교화[化]이다. 이는 남방에서 작물을 배양하는 일을 가리킨다. '서성(西成)'의 '서(西)'는 가을이며, 가을에 만물이 수확되는 것을 가리킨다. '삭역(朔易)'의 '삭(朔)'은 북방을 뜻하며, '역(易)'은 한 해가 바뀌는 것을 가리킨다.

6) '조(阻; 祖)'의 해석에 대해 『한서』 「식화지」에 덧붙인 맹강(孟康)의 주(注)에서는 "조(祖)는 시작한다는 의미이다."라고 하였다. 또 『사기(史記)』 「주본기(周本紀)」의 "'기(棄)'는 백성들은 원래 배고프다.[棄, 黎民始飢.]"에 대해 집해(集解)에서 서광(徐廣)은 "『금문상서(今文尙書)』에는 조기(祖飢)라고 쓰여 있는데, 조(祖)는 바로 시(始)이다."라고 했으며, 색은(索隱)의 고문에는 "조(阻)는 기(飢)

穀을 심게 하라.[7]"라고 하여 백성에게 여건에 따라 각종 곡물을 파종하는 것을 알게 했다. 우禹는 홍수를 다스리고 토지를 구획하여 공납[貢]과 부세[賦]를 정하였으며, 백성들로 하여금 경지에는 고전高田과 저전低田의 차이가 있고, 토지에는 비옥함[肥]과 척박함[磽]의 차이가 있으며, 또 뽕나무[桑]에 적합한 토지와 삼[麻]에 적합한 토지가 있다는 것을 알게 했다. (그리고) 백성들에게 양잠養蠶·방적紡績하는 것 역시 각각 그 이로움이 있다는 것을 알게 했다.

禹平洪水, 制土田, 定貢賦, 使民知田有高下之不同, 土有肥磽之不一, 而又有宜桑宜麻之地. 使民知蠶績亦各因其利.

은殷·주周 시대 번성한 모습은 『서경書經』이나 『시경詩經』에서 지적하고 있는 바이며, 그 시대의 '정전제井田制'도 상세하게 알려져 있다. 주가 쇠퇴하고, 노魯의 선공宣公이 기원전 600년 전후에 처음으로 토지의 면적[畝]당 세를 부과하였는데,[8] 『춘추春秋』에서는 이를 비난하였다. 위魏의 이회李悝[9]는 모든 지력地力을 활용하는 방

殷周之盛, 書詩所稱, 井田之制詳矣. 周衰, 魯宣稅畝, 春秋譏之. 洎李悝盡地力, 商君開阡陌, 而井田之法失之. 至於秦始

이다."라고 하여 "배고프다"의 의미로 인식했다. 한편, 『서경』「순전(舜典)」의 공전(孔傳)에서는 "어려움[阻難]은 알려야 한다. 백성들이 굶주림에 힘들어 하여, 후직이 온갖 곡식을 파종함으로써 그들을 구제하였다.[阻難, 播布也, 衆人之難在於饑, 汝后稷布種是百穀, 以濟之.]"라고 설명하여, '조(阻)'는 어렵다[難], 즉 '고생하다'의 뜻으로 풀이하고 있다.

7) '파시백곡(播時百穀)'의 '시(時)'를 혹자는 '시(是)'로 해석하고 있다.

8) 『춘추곡량전(春秋穀梁傳)』「선공(宣公)」15년, "初稅畝. 初者. 始也. 古者什之. 藉而不稅. 初稅畝. 非正也. 古者三百步爲里. 名曰井田. 井田者. 九百畝. 公田居一. 私田稼不善. 則非吏. 公田稼不善. 則非民. 初稅畝者. 非公之去公田. 而履畝十取一也. 以公之與民爲已悉矣. 古者公田爲居. 井竈蔥韭盡取焉."

9) 이회(李悝: 기원전455~기원전395), 전국(戰國)초 사람. 위나라에서 문후상(文侯相)을 역임하였다. 모든 지력을 활용하는 법을 백성에게 가르치자고 주장하여

법을 제시하고, 진秦의 상앙商鞅이 '천맥제阡陌制'를 실시함에 따라,[10] '정전제'는 사라지게 되었다. 진의 시황제 시대가 되면서 정전은 흔적조차 없어져 버렸다.

而蕩然矣.

한漢과 당唐이 번영할 때에는 하·은·주 3대의 제도를 보태거나 없애고, (한대의 인재등용법인) 효제孝弟, 역전力田의 천거는 선왕의 유지가 계승되고 있는 것과 같다.[11] 이것은 역사 기록에 실려 있어 살펴보면 알 수 있다.

漢唐之盛, 損益三代之制, 而孝弟力田之擧, 猶有先王之遺意焉. 此載之史冊, 可考而知也.

송조宋朝가 건국되면서 오대五代의 폐습을 이어받았지만, 송은 당이나 한의 전통에 따랐고, 은과 주의 번영을 추구하였다. 덕망 높은 천자가 연이어 즉위하고, 오로지 농상農桑의 업

宋興, 承五代之弊, 循唐漢之舊, 追虞周之盛. 列聖相繼, 惟在務農

생산량을 늘리고 흉년에 대비하였다. 평조법(平糶法)을 만들어 곡식 가격을 안정시켰으며, 수확의 풍흉에 따라 세금을 달리하여 백성의 농사에 해가 되지 않도록 하였다. 그가 지은 『도법(盜法)』, 『적법(賊法)』, 『수법(囚法)』, 『포법(捕法)』, 『잡법(雜法)』, 『구법(具法)』의 6편을 『법경(法經)』이라 하는데, 후에 상앙변법(商鞅變法)이 이를 바탕으로 하였다.

10) '개천맥(開阡陌)'의 '개(開)'는 농로(農路)의 '폐지'와 '설치' 두 가지로 해석할 수 있다. 만약 '폐지'로 해석하면, 정전제의 해체로 해석할 수 있으며, '설치'로 해석한다면 기존의 토지구획[阡陌]과는 다른 새로운 국유토지제도의 신설을 뜻하게 된다.

11) 『한서』「혜제기(惠帝紀)」에서는 "(4년) 봄 정월에 백성들 사이에 효제, 역전자(力田者)를 천거하여 그들의 요역을 면제하였다.[春正月, 擧民孝弟力田者, 復其身.]"라고 하고 있고, 같은 책의 「문제기(文帝紀)」에서는 "(12년에) 또 이르기를 효제는 천하의 큰 순리이며, 역전은 삶의 근본이며, 삼로는 백성들의 스승이 되며, 염리는 백성의 사표가 된다.[又曰, 孝弟, 天下之大順也. 力田, 爲生之本也, 三老, 衆民之師也. 廉吏, 民之表也.]"라고 하였는데, 오사와는 평주에서 진부가 이것을 '선왕(先王)의 유지(遺志)'라고 이해하였다고 한다.

에 힘써 백성은 의복과 음식이 충족하고, 예의를 갖추며, 효제의 도덕이 생겨나니 교화가 이루어지고, 백성들의 마음이 안정되게 되었다.

桑，足衣食，此禮義之所以起，孝弟之所以生，教化之所以成，人情之所以固也.

그런데 사대부들은 매번 농상의 일은 일반 백성들의 업이라고 여기고, 유가에서는[12] 배우지 않는다고 하며, 대부분 소홀히 취급하여 더 이상 알려고 하지 않았다. 혹자는 이에 대해 알더라도 더 이상 논의하지 않았으며, 혹자는 이에 대해 논의를 하더라도 더 이상 실천하지 않았다.

然士大夫每以耕桑之事，爲細民之業，孔門所不學，多忽焉而不復知．或知焉而不復論，或論焉而不復實.

나(진부)는 몸소 서산西山의 땅[13]을 경작하고, 마음으로부터 농상의 중요한 이유를 알았기 때문에『농서農書』3권을 편찬하여, 편과 목으로 나누어 각 항목마다 주제별로 구분하고, 순서에 따라서 그것을 논하였다. 이 책은 구차하게 농상의 일을 조금 안다고 해서 쓴 것이 아니라, 일찍이 실제로 (내가) 경험하였고, 그 일에 아주 능하기 때문에 감히 책을 저술하여 사람들에게 드러내는 것이다.

旉躬耕西山，心知其故，撰爲農書三卷，區分篇目，條陳件別，而論次之．是書也，非苟知之，蓋嘗允蹈之，確乎能其事，乃敢著其說以示人.

공자가 이르기를, "대개 알지 못하면서 글

孔子曰，蓋有不

12) "공문(孔門)"은 좁게는 '공문지도(孔門之徒)'와 같이 공자의 문하를 가리키나, 대개 유가를 뜻한다.

13) 서산(西山)은 진부(陳旉)의 거주지로 학자에 따라서 양주(揚州) 서산설(西山說), 의징현(義徵縣) 서산설, 태호(太湖) 서산설, 항주(杭州) 서산설이 있지만 이에 대해 오사와는 앞의 책,『陳旉農書の研究』, 42~44쪽에서 호주 서산설을 따르고 있다.

을 쓰는 사람이 있는데 나는 그렇지는 않다. 많은 것을 듣고, 그중에서 좋은 것을 골라 거기에 따랐으며, 많은 것을 보고 그것을 이해했다."라고 하였다. 말을 듣고 보는 것이 많을지라도 반드시 그 가운데 좋은 것을 골라서 따르면, 좋지 않은 것도 알 수 있다. 만약 한갓 알기만 하면 비록 아는 것이 많을지라도 어찌 쓸 만할 가치가 있겠는가?

문중자文中子[14]가 이르기를, "무릇 명성을 흠모해, (다른 사람의) 장점을 훔친다든지, (다른 사람의) 공로를 가로채어 능력을 뽐내고, 명예를 훔쳐서 글을 짓는 자가 있다."라고 하였다. 그러한 사람은 어찌 후세에 두고두고 비난을 받지 않겠는가. 갈포박葛抱朴이 신선에 대하여 논한 것이나,[15] 도은거陶隱居[16]가 『신농본초경神農本草經』에 주석을 덧붙인 저작[17] 등은 잘못된 견해이며, 황당한 논리로서 후세 사람들의 책망

知而作者，我無是也．多聞，擇其善者而從之，多見而識之．以言聞見雖多，必擇其善者乃從，而識其不善者也．若徒知之，雖多曾何足用．

文中子曰，蓋有慕名掠美，攘善矜能，盜譽而作者．其取譏後世，寧有已乎．若葛抱朴之論神仙，陶隱居之疏木草，其謬悠之說，荒唐之論，取誚後世，不可勝紀

14) 문중자(文中子)는 수(隋) 왕통(王通)의 시호로서, 584~618년까지 활동하였다.

15) 『포박자(抱朴子)』「신선전(神仙傳)」에 보인다. 이름은 갈홍(葛洪)이며, 283~364년까지 활동했다. 『진서(晉書)』의 기록에 의하면, 갈홍은 자가 치천(稚川)이고, 단양(丹陽) 구용(句容) 사람이라고 하며, 신선도양법(神仙導養法)을 좋아했다고 한다.

16) 도은거(陶隱居)의 이름은 도홍경(陶弘景), 자는 통명(通明), 호는 정백(貞白)으로 456~536년까지 활동했다. 단양(丹陽) 말릉(秣陵) 사람으로 신선술에 밝았다. 도교는 진(晉)과 송(宋)대에 남방에서 아주 활발했으며, 갈홍과 도홍경은 이 무렵의 대표자들이었다.

17) 『구당서(舊唐書)』「경적지(經籍志)」에서는 『본초집경(本草集經)』 7권, 『신당서(新唐書)』「예문지」에서는 『집주신농본초(集注神農本草)』 7권으로 되어 있다.

을 감당할 도리가 없을 것이다.

나는 공자가 말한 '아무것도 모르면서 저술하는 것'을 심히 경계하고, 문중자가 말한 '명성을 흠모해 저술하는 것'을 부끄럽게 여겼다. (그래서 이 책에서는) 모두 갈포박과 도은거의 저술 태도를 본받지 않았다. 나의 이 책은 주로 선대 성군의 겸손하고 절제하며 만물을 사랑하라는 유지를 서술한 것이다.[18] 헛된 말을 입에 올리거나 과장되게 명성을 훔친 『제민요술齊民要術』, 『사시찬요四時纂要』처럼 엉성하고 실용에 적합하지 않은 부류의 책은 아니다. 이 책은 실로 후세에 보탬이 있을 것이다.

矣.

僕之所述, 深以孔子不知而作爲可戒, 文中子慕名而作爲可恥. 與夫葛抱朴陶隱居之述作, 皆在所不取也. 此蓋敍述先聖王撙節愛物之志. 固非騰口空言, 誇張盜名, 如齊民要術四時纂要, 迂疎不適用之比也. 實有補於來世云爾.

스스로 생각하기에 내가 사람됨이 보잘것없고 말이 경박하여, (이 책이) 비록 믿을 수 있고 쓰임새가 있을지라도 사람들에게 반드시 믿고 사용하게 할 수는 없을 것이다. 오직 어진 사람이나 군자의 힘을 빌려서 다른 사람에게 믿도록 하여, 천하를 이롭게 하는 마음을 중심에 두었다. 바라건대 추천하고 널리 퍼뜨려 오늘날에도 시행하고 후세에도 도움이 되기를 바랄 뿐이다. 그리고 우리의 성군과 현명한 재상이 부국하는 길을 다소나마 도와서 백성들을

自念人微言輕, 雖能爲可信可用, 而不能使人必信必用也. 惟藉仁人君子, 能取信於人者, 以利天下之心爲心. 庶能推而廣之, 以行於此時而利後世. 少裨吾聖君賢相財成之道, 輔相

18) 오사와의 평주(評註), 102쪽에서 '준절(撙節)'은 문장의 뜻에서 볼 때 '백성을 사랑하고 인정을 베풂[仁民]'으로 해석하는 것이 좋다고 하였다.

다스리게 한다면, 나(진부)는 '하늘의 화기和氣'를 마시고, '땅의 오곡[德]'을 먹으며, 또한 사물에는 제각기 마땅한 직분이 있다는 것을 다소나마 배우게 되어, 태평한 시대에 태어난 행복한 노인의 인생이 허무하지는 않을 것이다.

之宜，以左右斯民，則旉飮天和，食地德，亦少効物職之宜，不虛爲太平之幸老爾.

서산西山에 은거隱居하는 전진자全眞子[19] 진부陳旉 서序를 쓰다.

西山隱居全眞子陳旉序.

그림 1_ 따비[耒]를 사용하는 모습

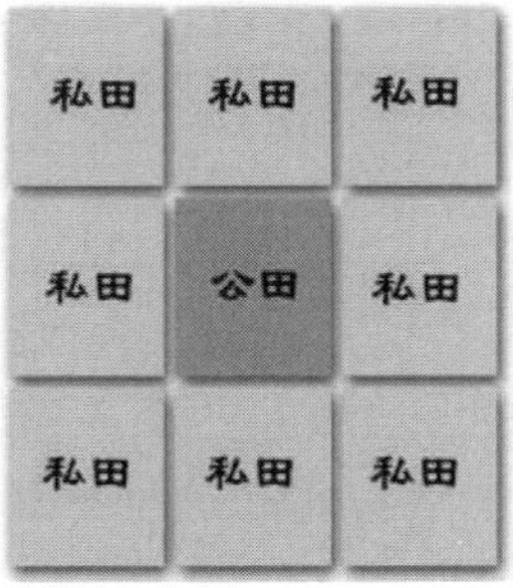

그림 2_ 정전제井田制

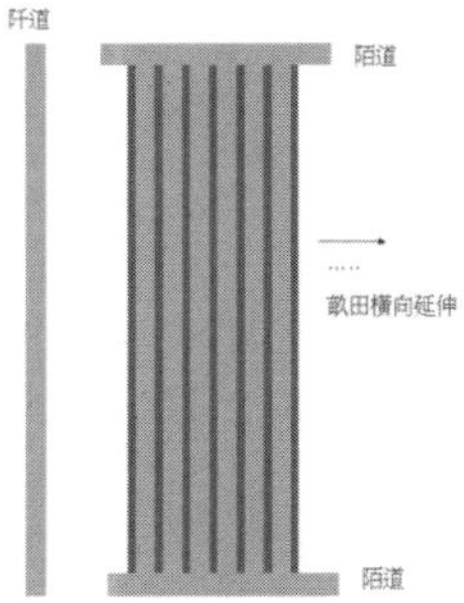

그림 3_ 천맥제阡陌制

19) 진부의 호는 전진자(全眞子)이며 도교의 신도였던 것으로 보인다. 대개 진부를 '서산은거(西山隱居) 전진자' 혹은 '여시암(如是菴) 전진자'라고 부르고 있다.

陳旉農書譯註

JinBunongseo

A Translated Annotation of the
Agricultural Manual "JinBunongseo"

진부농서 역주 상권 卷上

제一 재원과 노동력의 조화 | 財力之宜篇第一 |

제二 지세에 적합한 방식 | 地勢之宜篇第二 |

제三 갈이와 김매기 | 耕耨之宜篇第三 |

제四 자연의 시간에 상응하기 | 天時之宜篇第四 |

제五 여섯 가지 주요 작물의 적합한 파종시기 | 六種之宜篇第五 |

제六 거처의 적당함 | 居處之宜篇第六 |

제七 토지에 거름 주기 | 糞田之宜篇第七 |

제八 김매기의 합당함 | 薅耘之宜篇第八 |

제九 용도 절약의 마땅함 | 節用之宜篇第九 |

제十 근로 독려의 합당함 | 稽功之宜篇第十 |

제十一 사용하는 도구의 적합함 | 器用之宜篇第十一 |

제十二 마땅히 염려해야 할 것 | 念慮之宜篇第十二 |

기원하고 보답함 | 祈報篇 |

모근을 좋게 하기 | 善其根苗篇 |

제1 財力之宜篇第一

재원과 노동력[1]의 조화

무릇 힘써 일한다는 것은 모두 역량에 부합해야지 억지로 대충해서는 안 되며, 탐욕을 부려 얻고자 하는 데만 힘쓰면[2] 끝내 일을 완수할 수 없게 된다. 전하는 말[3]에 따르면, "적

凡從事於務者, 皆當量力而爲之, 不可苟且, 貪多務得, 以致終無成遂

1) 본 편에 서술되어 있는 '재(財)·역(力)'이 각각 구체적으로 무엇을 가리키고 있는가 하는 것은 기록되어 있지 않다. 오사와의 평주에 의하면, 아마노 모토노스케[天野元之助], 「宋, 陳旉『農書』について」(『東方學』 32, 1966; 그 일부를 『中國古農書考』에 수록), 22쪽에서는 '자금(資金)·설비(設備)와 노동력(勞動力)'으로 해석하고 있고, 『중국농학사(中國農學史)』[중국농업과학원(中國農業科學院)·남경농학원중국농업유산연구실(南京農學院中國農業遺産硏究室) 편, 『중국농학사』 하(下), 과학출판사(科學出版社), 1948. 이후 『농학사(農學史)』라고 약칭한다.]에 '경제역량(經濟力量)'과 '노동력'으로 해석하고 있는데, 대체로 타당한 해석이라고 한다.

2) 완궈딩[萬國鼎]의 교주에 의하면, '탐다무득(貪多務得)'은 사자성어이다. '무득(務得)'은 힘을 다해서 얻고자 하는 것을 가리킨다. 『주문공교창려선생집(朱文公校昌黎先生集)』 권12 「진학해(進學解)」에서 한유(韓愈)는 "탐욕이 많아 얻는 데 힘쓰면, 자질구레한 것을 버리지 못한다."라고 해석하고 있는데, 크고 작은 것을 막론하고 전부 버리지 못한다는 것으로, 이는 탐욕이 많으면 어떤 것이라도 반드시 취하려고 한다는 의미이다.

3) 완궈딩의 교주에 따르면, '전(傳)'은 경험 많은 농민들의 말을 가리키는 것으로,

게 가지고 있으면 얻으려 하고, 많이 소유하고 있으면 번뇌가 많다."라고[4] 하였다. 하물며 농업[5]은 특히 힘들고 괴롭고 어렵기 때문에, 적어도 우선 그 재원이 넉넉하고, 인력이 충분하여 여유를 가지고 재촉하지 않아야만 반드시 그 효과를 거둘 수 있으며, 그런 연후에야 일을 성취할 수 있다.

也. 傳曰, 少則得, 多則惑. 況稼穡在艱難之尤者, 詎可不先度其財足以贍, 力足以給, 優游不迫, 可以取必效, 然後爲之.

만일 재원이 넉넉하지 않고, 인력이 충분하지도 않으면서 욕심을 부려 얻는 데만 힘쓴다면, 소홀하고 대충함으로써[6] 생기는 걱정을 벗어나지 못하여, 열에 한둘도 얻지 못하게 된다. 다행히 성공을 하더라도 필연적인 것이라고 할 수는 없다. 비록 토지가 많을지라도 그 걱정과 피해 역시 많아서 이익을 보지는 못하게 된다. 만약 깊이 생각하고 계획을 잘 세운다

倘或財不贍, 力不給, 而貪多務得, 未免苟簡滅裂之患, 十不得一二. 幸其成功, 已不可必矣. 雖多其田畝, 是多其患害, 未見其利益也. 若深思

맹자가 말한 "전하는 것에 의하면"과 같다. 이것은 경(經)에서 전하는 '전(傳)'[예컨대 『좌전(左傳)』, 『모전(毛傳)』과 같은 종류]을 가리키는 것은 아니라고 한다.

4) 『도덕경(道德經)』「익겸(益謙)」의 "少則得, 多則惑."에 대한 해석은 다양하게 행해지고 있는데, 오사와에 의하면, 이 문맥은 오가와 다마키[小川環樹]의 해석이 가장 적합하다고 생각했고, 그것을 따랐다.[『노자(老子)』(中央公論社의 '世界の名著'에 수록)]고 하였다.

5) 완궈딩의 교주를 보면, '가색(稼穡)'의 '가(稼)'는 옮겨 심는 것을 가리키며, '색(穡)'은 수확을 가리킨다. '가색' 두 글자를 합하면 농사를 통칭하는 말이라고 한다.

6) 완궈딩의 교주에 의하면, 『장자(莊子)』에는 "옛날에 내가 조를 경작할 때 소홀히 하니, 그 결실 또한 그렇게 보답하였다. 김매기를 대충대충 하니 그 결실 또한 나에게 그렇게 보답하더라.[昔予爲禾耕而鹵莽之, 則其實亦鹵莽而報予. 耘而滅裂之, 其實亦滅裂而報予.]"라고 한다. '노망(鹵莽)'은 가벼이 하여서 세심한 마음을 갖지 않는 것을 말한다. '멸렬(滅裂)'은 밭에 김매기를 할 때 대충한다는 의미로서 이것은 '정경세작(精耕細作)'과는 반대의 의미라고 한다.

면, 시작이 좋고 또한 중간과정도 좋아져서 끝내는 반드시 성취할 것이다. 어찌하여 한낱 구차하게 일시의 요행을 바라겠는가? 『역경易經』에 이르기를, "군자는 일을 할 때 처음을 잘 도모해야 한다."라고[7] 하는 것은 진실로 이 말을 뜻한다.

熟計, 既善其始, 又善其中, 終必有成遂之常矣. 豈徒苟徼一時之幸哉. 易曰, 君子以作事謀始, 誠哉是言也.

또한 옛날의 분전分田 제도에서는 부부가 100무畝의 토지를 받았으며,[8] 휴경지[草萊]도 경지에 상응하여 수전하였다.[9] 토지는 비옥함과 척박함이 같지 않기 때문에 불역不易 · 일역一易 · 재역再易으로 구별하였다. 휴경하지 않는 땅[不易之地]은 가장 좋은 땅으로, 가구당 100무를 지급하며 해마다 경작할 수 있는 토지를 말한다. 2년 중 한 해를 휴경하는 땅[一易之地]은 그다음 등급으로, 가구당 200무를 지급하며, 한 해에 토지의 절반을 경작하여 땅의 기운을 쉬게 하고, 아울러 백성의 힘도 여유를 가지게 한다.

且古者分田之制, 一夫一婦, 受田百畝, 草萊之地稱焉. 以其地有肥磽不同, 故有不易一易再易之別焉. 不易之地, 上地也, 家百畝, 謂可歲耕之也. 一易之地, 中地也, 家二百畝, 謂間歲耕其半, 以

7) 『역경(易經)』「송(訟)」에 나타난다.
8) 『한서』 권99 「왕망(王莽)」에 보인다.
9) 『주례(周禮)』「지관(地官) · 대사도(大司徒)」에 의하면, "휴경하지 않는 땅[不易之地]은 가구당 100무(畝)씩 지급하고, 2년에 한 해를 휴경하는 땅[一易之地]은 가구당 200무를 지급했으며, 3년에 2년 휴경하는 땅[再易之地]은 가구당 300무를 지급하였다."라고 하였다. 또 「수인(遂人)」편에는, "가장 좋은 땅[上地]은 성인남자[夫]에게 택지와 토지 100무, 휴한지[萊田] 50무를 지급하며, 나머지 성인남자도 이와 같이 지급한다. 그다음 등급의 땅[中地]은 성인남자에게 택지와 토지 100무, 휴한지 100무를 지급하며 나머지 성인남자도 이와 같이 지급한다. 가장 좋지 않은 땅[下地]은 일부에 택지와 토지 100무, 휴한지 200무를 지급하며 나머지 성인남자도 이와 같다."라고 하며, 정현(鄭玄)의 주에는 "'내(萊)'는 휴식하고 경작하지 않는 땅을 일컫는다."라고 하였다.

3년에 2년을 휴경하는 땅[再易之地]은 가장 좋지 않은 땅으로, 가구당 300무를 지급한다. 해마다 100무를 경작하고 3년을 한 주기로 한다. 선왕의 제도는 이와 같으나, 오직 토양이 피폐하면 초목이 자라지 않고, 땅기운이 쇠퇴하면 생물이 자라지 않는다는 것[10]만을 말하고 있지는 않다. 욕심을 억누르고 재원과 인력을 넉넉히 한다면 해마다 일정한 수확을 올릴 수 있는데, 오로지 토지를 넓히는 것에만 힘써 두 가지(토지확장과 수확) 모두를 놓쳐서는 안 될 것이다. 그렇기 때문에 깊이 갈고 빨리 김을 매면,[11] 온갖 곡식[12]이 풍년이 들어서 국가의 창고는 넉넉해지고 백성은 부유하게 되며, 위로는 부모를 모시고 아래로는 처자를 부양하는 것이 반드시 가능할 것이다.

息地氣, 且裕民之力也. 再易之地, 下地也, 家三百畝. 謂歲耕百畝, 三歲而一周也. 先王之制如此, 非獨以謂土敝則草木不長, 氣衰而生物不遂也. 抑欲其財力優裕, 歲歲常稔, 不致務廣而俱失. 故皆以深耕易耨, 而百穀用成, 國裕民富可待也 仰事俯育可必也.

농언農諺에 이르기를, "(파종하지 않은) 빈 땅이 많은 것은 작은 땅에서 충실하게 거두는 것보다 못하며, 넓은 면적에 파종하는 것은 좁은 땅에서 수확에 힘쓰는 것만 못하다."라고[13] 한

諺有之曰, 多虛不如少實, 廣種不如狹收. 豈不信然. 竊嘗有以喻之, 蒲

10) 『예기(禮記)』「악기(樂記)」에 나타난다.

11) 『맹자(孟子)』「양혜왕장구상(梁惠王章句上)」에 보인다.

12) 완궈딩의 교주에 의하면, 『역경(易經)』, 『시경(詩經)』, 『서경(書經)』은 모두 '백곡(百穀)'이라고 말하고 있지만, '오곡(五穀)'이라는 말은 보이지 않는다. '곡(穀)'은 양식작물을 가리키며, '백곡'은 각종 양식작물을 총칭하는 말이라고 한다.

13) 이 농언의 출전은 자세하게 알 수 없지만 『제민요술(齊民要術)』 첫머리의 「잡설(雜說)」에는 "무릇 농가에서 토지를 경영함에 있어서 반드시 자기의 역량을 헤아려야 하는데, 차라리 적은 것이 좋을지언정 토지가 많아서 대충 경작하는 것은 좋지 않다.[凡人家營田, 須量己力, 寧可少好, 不可多惡.]"라는 것과 일치한다.

다. 이와 같은 것을 어찌 옳다고 여기지 않겠는가? 비유를 들면, 포차자蒲且子는 이전에 활을 잘 쏘는 사람이었다. 가늘고 약한 활대를 당겨 푸른 구름 사이에서 날고 있는 두 마리의 두루미를 연이어 쏘아 떨어뜨렸다.[14] 대개 활을 당기는 힘에 여유가 있었기 때문에 잘 조준하여 잡을 수 있었다. 만약 힘이 약한데 활대가 강했다면, 떨려서 겨냥할 겨를도 없었을 것인데, 어찌 잡을 생각을 할 수 있었겠는가? 이로부터 추측해 보건대, 농민이 토지를 경작하는 것은 토지의 면적을 넓히는 데만 힘쓸 것이 아니라 오직 재원과 노동력이 서로 부합되어야 하며, (그렇게 되면) 풍작을 기대할 수 있을 것으로 생각된다.

且子古之善弋者也. 挽纖弱之弓, 連雙鶬於青雲之際. 蓋以挽弓之力有餘, 然後可以巧中而必獲也. 若乃力弱而弓強, 則戰掉惴慄之不暇, 何暇思獲. 擧是以推, 則農之治田, 不在連阡跨陌之多, 唯其財力相稱, 則豐穰可期也審矣.

14) 『열자(列子)』「탕문(湯問)」에 보인다.

地勢之宜篇第二

제 2

지세에 적합한 방식

무릇 산 · 내 · 고원 · 습지[15]와 강 · 호 | 夫山川原隰, 江

15) 완궈딩[萬國鼎]의 교주에는, 『이아(爾雅)』에 근거하여 광활하고 평평한 땅을 '원(原)'이라고 하고 비교적 낮고 습기 있는 땅을 '습(隰)'이라고 한다고 한다. 묘치위[繆啓愉]는 『진부농서선독(陳旉農書選讀)』, 2쪽[(農業出版社, 1981) 이후에는 '묘치위, 『선독(選讀)』'이라고 약칭한다.]에서 "토지에는 고산(高山) · 곡지(谷地) · 고원(高原) · 평원(平原) · 저지(低地) · 강하(江河) · 호박(湖泊) 등의 구별이 있다."라고 해석하고 있다. 주희(朱熹), 『회암집(晦庵集)』「권농문(勸農文)」에는 "산원육지(山原陸地)에는 조, 맥, 삼, 콩을 심을 수 있다.[山原陸地可種粟麥麻豆去處, 亦須趁時竭力耕種, 務盡地力.]"라고 하였다.

한편, 오사와의 평주에 따르면, 일반적으로 '산천원습(山川原濕)'이란 산과 내, 고원과 저습지라고 하여 고저를 대비한 표현이고, '강호수택(江湖藪澤)'이란 같은 뜻의 다양한 지형을 병렬적으로 나타낸 것으로 생각할 수 있다. 그러나 다음 절 「갈이와 김매기[耕耨之宜]」편에서 '산천원습'은 '평피이야(平陂易野)'와 대비된다. 오사와는 이러한 것들을 종합해서 진부는 다음과 같이 묘사한 것으로 보고 있다.

구체적인 표현	총 칭	전지(田地)의 종류
(A) 산천원습(山川原濕)	고지(高地)	고전(高田) · 조전(旱田)
(B) 강호수택(江湖藪澤) = 평피이야(平陂易野)	하지(下地)	우전(圩田) · 비탈진 곳[欹斜坡陀] · 봉전(葑田) · 호전(湖田) · 만전(晚田)

즉 진부는 내륙부(內陸部) 등 표고가 매우 높고 기복이 심한 지역을 (A), 삼각

수·늪지[水澤][16]는 그 높고 낮음의 지세가 이미 다르기 때문에 한랭하고 따뜻하고 비옥하고 척박한 것이 각각 차이가 있다. 대개 높은 지역[高地]은 많이 한랭하고 솟는 샘이 차고 토양도 차갑다. 전하는 바에 따르면 높은 산은 겨울이 길어 항상 바람이 차고 또한 가물며 건조해지기도 쉽다. 낮은 지대의 땅[下地]은 대개 비옥하지만 수해를 입거나 침수되기가 쉽다. 그 때문에 땅을 관리하는 데는 각각 합당한 방법이 있다.

湖藪澤，其高下之勢既異，則寒燠肥瘠各不同．大率高地多寒，泉洌而土冷．傳所謂高山多冬，以言常風寒也，且易以旱乾．下地多肥饒，易以淹浸．故治之各有宜也．

만약 고전高田일 경우에는 그 지세를 보고, 높은 곳에 위치한 물이 모여서 흘러갈 지점을 선정하며,[17] 사용할 물의 양을 헤아려서 못을 판다. 대략 10무畝의 땅일 경우에는 그중에서 2, 3무를 덜어서 웅덩이를 만들어 (빗)물을 저장한다.[18] 봄과 여름의 교체기에 비가 내릴 때

若高田視其地勢，高水所會歸之處，量其所用，而鑿爲陂塘．約十畝田，即損二三畝，以瀦畜水．春夏之

주나 해안부·하안부(河岸部) 등의 평탄지(平坦地)·저습지를 (B)로 표현했던 것이다. (A)는 '하곡평야(河谷平野)' 지역이고, (B)는 '삼각주'지역이라고 볼 수 있다.

16) 완궈딩의 교주에는, 물이 모이는 것을 늪[澤]이라고 하는데, 예컨대 태호(太湖)를 진택(震澤)이라고 하며, 파양호(鄱陽湖)를 팽택(彭澤)이라고 한다. 큰 늪을 일러 수(藪)라고 한다고 한다.

17) '高水所會歸之處'에 대해서 오사와는 평주에서는 "높은 곳에 위치한 물이 모여서 흘러갈 곳을 감안하여"라고 해석했는데, 묘치위, 『선독』, 2쪽에서는 "높은 곳의 물이 모여 흘러갈 지점을 선정하여"라고 해석하고 있다.

18) 오사와의 평주에서는, 혼다 오사무[本田治]가 [혼다 오사무, 「宋代婺州の水利開發 —陂塘を中心に—」, 『사회경제사학(社會經濟史學)』 41-3, 1975, 23쪽] 못[塘]의 면적과 관개지 면적의 비율이 약 10배이었던 점을 논증하였고, 진부는 "(비율이) 약간 낮다."라고 한다. 확실히 진부(陳旉)에 따르면 2대 8 혹은 3대 7로 된다. 1대 10이라는 혼다[本田]의 연구보다 상당히 낮은 비율이다. 이것은 진부의 기술이 실체에 충실하다기보다는 어느 정도 이론적이라는 가능성을 시사하고

에는[19] 그 제방을 높게 쌓고, 못 가운데를 넓고 깊게 파서 많은 양의 물을 수용해야 한다. 제방 위에 뽕나무나 산뽕나무를[20] 드문드문 심어 두면 소를 매어 둘 수도 있다. 소는 시원한 나무 그늘에서 쉬면서 잘 자라고, 제방은 소가 밟아서 단단해지며, 뽕나무는 소의 똥오줌과 연못물의 영양분을 받아서[21] 무성해진다. 가뭄이 들면 제방의 물을 터서 관개하고, 큰비가 올 때는 (저수함으로써) 물이 넘쳐서 농작물에 수해를 입히지 않게 된다.

交，雨水時至，高大其隄，深闊其中，俾寬廣足以有容．隄之上疎植桑柘，可以繫牛．牛得涼蔭而遂性，隄得牛踐而堅實，桑得肥水而沃美．旱得決水以灌漑，潦卽不致於瀰漫而害稼．

고전의 올벼[早稻][22]는 파종에서 수확까지

高田早稻，自種

있다고 한다.

19) 오사와, 앞의 책, 『陳旉農書の硏究』, 83~84쪽에서는 6월을 전후해 최다강수량을 나타낸다. 음력으로 말하면 5월 전후이다. 이 시기의 수위 상승이 수도작에 큰 영향을 끼쳤다는 말이다.

20) '상자(桑柘)'에 대해 오사와는 평주에서 '뽕나무와 산뽕나무'라고 해석한 데 반해, 묘치위는 『선독』에서 단순히 '뽕나무'로 해석하고 있다. 『제민요술』 권5 「종상자(種桑柘)」편에서 별도로 "종자법(種柘法)"을 제시하고 있는 것으로 보면, 뽕나무[桑]와 산뽕나무[柘]로 구분하였음을 알 수 있다. 그리고 이 '상자(桑柘)'에 대해 스성한[石聲漢], 『제민요술금석(齊民要術今釋)』(상), 중화서국(中華書局), 2009, 417쪽에서는 상수(桑樹)와 자수(柘樹)로 번역하고, 묘치위, 『제민요술역주(齊民要術譯註)』, 上海古籍出版社, 2006, 316쪽에서도 이와 똑같이 번역하고 있다.

21) 뽕나무가 받은 '비수(肥水)'는 무엇일까? '똥오줌'인가 아니면 '오줌과 연못물'의 두 가지인가? 묘치위는 『선독』, 3쪽에서 이를 "소의 오줌과 연못의 양분"이라고 해석하고, 오사와는 평주 107쪽에서 "양분과 물"이라고 하여 "비수"의 내용을 두 가지 사실로 해석하고 있다.

22) 고전에서의 올벼[早稻], 늦벼[晩稻] 및 도맥 이모작에 관한 연구는 복잡한 양상을 띠고 있다. 완궈딩의 교주에 의하면, 『지부족재총서본(知不足齋叢書本)』에는 '한도(旱稻)'라고 쓰여 있는데 이는 분명 '조도(早稻)'의 잘못이다. 왜냐하면 여기에서 말하는 것은 수전(水田)이고 또한 벼의 생장기를 볼 때 올벼[早稻]이기 때문이라고 한다.

현재 이에 대한 중국의 연구 성과를 정리하자면, 쩡슝셩[曾雄生]은 고전(高田)

5, 6개월밖에 걸리지 않는다.[23] (만약) 그 사이에 가물어도 4, 5차례 관개하여 힘을 다한다면 일정한 수확을 올릴 수 있다. 또 땅을 갈 때 밭두둑을 넓게 하여 그곳에 소를 방목해 단단하게 밟아 주면 물이 새지 않게 된다. 만약 두둑과 이랑의 높낮이가 같다면 이들을 하나로 합하여, 밭과 두둑을 틔워서[24] 소가 끄는 쟁기를

至收，不過五六月．其間旱乾，不過灌溉四五次，此可力致其常稔也．又田方耕時，大爲塍壟，俾牛可牧其上，踐踏堅實，而無滲漏．

은 쉽게 가물기 때문에, 그 시기가 다른 논에 비해 일찍 시작한다고 하여 한전(旱田)이라 부른다고 하였다. 점성도(占城稻)는 바로 이 같은 고전의 생산 수요를 위해 도입되었다고 한다. 대개 강남의 만도는 음력 9~10월에 수확하는데, 어떤 경우에는 11월까지 늦어지기도 한다. 늦벼[晩稻]는 늦게 수확하여 동맥(冬麥)의 파종시기에 영향을 미치기 때문에, 동맥과 함께 이모작을 실시한 벼 품종은 올벼(早稻)라고 주장하였다. 이에 대해 리끈판[李根蟠]은 쩡슝셩이 올벼와 늦벼의 이양을 혼동하여 생긴 현상이라고 반론을 제기했다. 올벼의 파종은 대략 2월에서 3월 초에 실시하며, 3월 하순에서 4월 하순에 모내기를 한다. 이 기간은 맥을 수확하기 이전이므로 도맥 이모작이 형성되지 않지만, 늦벼는 그렇지 않다. 만도는 9~11월에 수확하여 정지한 후 맥을 파종할 수 있다. 특히 송대의 만도는 성숙기가 다양한 품종이 많았고, 그중 8월에 수확하는 조숙 늦벼[晩稻]가 이미 우위를 차지하였다. 또 늦벼가 올벼보다 생산량이 많았기 때문에 늦벼가 동맥과 결합하여 이모작 되었을 것으로 보고 있다. 이에 대한 연구논문으로는 쩡슝셩[曾雄生], 「析宋代"稻麥二熟"說」, 『역사연구(歷史硏究)』 2005年 1期; 리끈판[李根蟠], 「再論宋代南方稻麥復種制的形成與發展－兼與曾雄生先生商榷」, 『역사연구(歷史硏究)』 2006年 2期; 리끈판, 「長江下游稻麥復種制的形成餘發展－以唐宋時代爲中心的討論」, 『역사연구』 2002年 5期 등이 있다.

23) 묘치위의 『선독』에서 말하길, 이 문장은 3, 4개월의 잘못이다. 왜냐하면 이것은 바로 올벼[早稻]이기 때문이다. 조선(早籼)과 조갱(早粳)은 파종과 수확까지 일반적으로 100일에서 130일 전후이다. 단지 늦메벼[晩粳]의 생장기의 경우는 155~175일이 걸린다고 한다. 그러나 쩡슝셩은 『진부농서』에 보이는 올벼는 생육기간이 150~180일이기 때문에, 실제로는 올벼가 아니라고 보았다. 曾雄生, 「試論占城稻對中國古代稻作之影響」, 『自然科學史硏究』, 1991年 第1期, 63쪽.

24) "전구활이완(田坵闊而緩)"에 대한 해석을 오사와는 평주에서 "전지와 두둑을 넓고 완만하게"라고 해석한 데 반해, 묘치위는 『선독』 3쪽에서 "전지와 두둑[田坵]을 넓게 펼쳐서"라고 해석하고 있다. 쟁기를 돌리기 용이하게 전지형태를 바꾸려면 후자의 해석이 다소 합리적이다.

돌리기 쉽게 한다.[25)]

若其塍壟地勢，高下適等，卽倂合之，使田坵闊而緩，牛犂易以轉側也．

낮은 지대의 땅은 침수되기가 쉽기 때문에, 반드시 물의 형세가 충돌하는 지점을 살펴서 제방을 높고 크게 쌓아 토지를 감싼다.[26)] (또) 경사져 평탄하지 않은 땅에는[27)] 채소[蔬茹]·참깨[麻]·맥麥·조[粟]·콩과식물[豆]을 심고,[28)] 그 곁에는 뽕나무를 심어 소를 묶어 사육한다. 소가 수초水草를 먹기에 편리하여[29)] 적은 힘을 들

其下地易以渰浸，必視其水勢衝突趨向之處，高大圩岸環遶之．其欹斜坡陁之處，可種蔬茹麻麥粟豆．而傍亦可種桑牧牛．牛得

25) 아다치 게이지[足立啓二][오사와의『陳旉農書の研究』, 22쪽; 아다치 게이지,「宋代兩浙における水稻作の生産力水準」,『文學部論叢(熊本大學)』17, 1985, 84쪽]의 지적과 같이 '고전(高田)'은 경사지에 위치해 있고, 이른바 계단식논[棚田]에 가까운 형태를 띠고 있다고 생각한다. '두둑[塍壟]'을 다지지 않으면 물이 샐 우려가 있고, 또 경사지에 위치하고 있기 때문에 하나의 경지의 면적이 협소했던 것으로 보인다.『농학사(農學史)』(하), 40쪽에서는 "이처럼 언덕과 평지를 나누고, 만약 경사지의 구릉지나 산록에 있다면, 계단형태의 산전(山田)을 만든다."라고 하여 '만약'이라는 조건절로 서술되어 있는데, 오사와는 여기서의 기술과 이후의「김매기의 합당함[薅耘之宜]」편 등도 참조해 보면, '고전(高田)'이 경사지에 있는 전지(田地)라는 것은 충분히 수긍할 수 있다고 한다.

26) 완궈딩은, 여기에는 두 종류가 있을 가능성이 있다고 했다. 한 종류는 제방을 이용해서 물을 차단하여 물이 부딪쳐서 밭 안으로 들어오지 못하게 하면서 도랑을 따라 흘러내리게 하는 것이다. 다른 한 종류는 제방을 쌓아서 밭을 두루 돌도록 하는 것으로서 물이 밭 속으로 들어가지 못하도록 하고, 다만 필요할 때는 관문을 열어서 물을 논으로 흘려보내는데 이것은 곧 우전(圩田)과 흡사하다.

27) 오사와는 이 부분은 '하지(下地)' 다음에 서술되고 있으므로 저습지대에 존재하는 다소 높은 지대[微高地] 혹은 약간 경사진 땅[微傾斜地]을 가리킨다고 한다.

28) 묘치위의『선독』에서는 '마(麻)'를 '대마(大麻)'와 '참깨[芝麻]'로 '맥(麥)'은 '보리'와 '밀' 두 가지로 해석하고 있다.

29) 이 부분을 "소가 (채소·참깨·맥·조·콩과식물의 성장을 방해하는) 수초(水草)를 먹음으로써"라고 해석할 수도 있겠지만, 그렇게 되면 재배하고 있는 작물

이고도 그 효과는 두 배를 거둘 수 있다.

水草之便, 用力省而功兼倍也.

만약 물이 깊은 늪지라면 (수면 위에서 작물을 재배하는) '봉전葑田'을 만드는데, 나무를 엮어서 밭이랑 같이 만들어 연결하여 수면에 띄운다. 썩은 풀뿌리를 진흙[30]과 뒤섞어 나무틀 위에 부착시켜 그 흙 속에 파종해 작물을 재배한다.[31] 나무틀 위의 밭이랑은 수량의 증감에 따

若深水藪澤, 則有葑田, 以木縛爲田坵, 浮繫水面. 以葑泥附木架上, 而種藝之. 其木架田坵, 隨水高下浮

근처의 수초를 먹는 것이 되기 때문에 채소작물도 망치기 십상이다. 이 때문에 '목우(牧牛)'는 단순히 채소밭 곁에 소를 풀어 놓은 것이 아니라 밭가에 심은 뽕나무에 묶어 둔 것으로 해석해야 할 것이다.

30) 묘치위 『선독』에서는 '봉니(葑泥)'를 '풀뿌리로 휘감은 진흙'이라고 해석하고 있는데, 이것은 상당히 합당한 의견으로 이렇게 하면 썩은 풀뿌리가 나무틀 사이에 채워져 흙이 쓸려 내려가지 않게 된다.

31) 완궈딩의 교주에는 소식이 항주의 서호를 개방할 것을 건의한 글에서 "물이 마르면 풀이 자라서 점차 봉전(葑田)이 된다."라고 한 것을 보면 봉전이 반드시 깊은 물 위에 띄운 나무틀 위에 흙을 담아서 만든 것은 아닌 것으로 보인다.

그런데 오사와의 평주, 112쪽에는, 봉(葑)은 원래 소채(蔬菜)로서의 무청류(蕪靑類)의 의미밖에 없었다고 한다. 『설문해자(說文解字)』에서는 '수종야(須從也)'라고 하였고, 『시경』「패풍(邶風)·곡풍(谷風)」의 '채봉채비(采葑采菲)'의 정전(鄭箋)에서는 "이 두 개의 채소는 순무[蕪菁]와 무의 종류이며, 모두 먹을 수 있다."라고 하는 것이 그 예이다. 그러나 당초(唐初)에는 '고근(菰根)'이라는 의미도 덧붙여지고 있다. 주조모(周祖謨)『전주본절운(銓注本切韻)』에 수록된「당오대운서집존(唐五代韻書集存)」(페리오문서 3696정면) 이하에 이것이 명기되어 있다. 이 서적은 의봉(儀鳳)2년(677) 장손눌언(長孫訥言)의 손에 의해 작성되었던 것으로, 이 무렵에는 이미 '순무'의 의미 외에 '고근'의 의미도 널리 정착되어 있었다고 생각된다.

또『경진동파문집사략(經進同派文集事略)』 권34, '걸개서호장(乞開西湖狀)'에는 "국초 이래부터 점차 토지가 황폐화되고 경작되지 않아서 물이 마르면 풀이 자라 점차 봉전이 되었습니다. 희녕 연간에 신이 본주의 통판이 되었을 때 호수의 봉전이 대개 10에 2, 3이었습니다. 지금에 이르기까지 겨우 16, 17년 만에 그 절반이 없어졌습니다.[自國初以來, 稍廢不治, 水涸草生, 漸成葑田, 熙寧中, 臣通判本州, 則湖之葑合, 蓋十二三耳, 至今纔十六七年之間, 遂堙塞其半.]"라고 되어

라 뜨기도 하고 가라앉기도 하여 자연스럽게 물에 잠기지 않게 된다.

泛, 自不滄溺.

『주례周禮』에는 "못에 풀이 자라는 곳에는 망종芒種을 파종한다."고[32] 한다.[33] 망종에는 두 가지의 뜻이 있는데, 정현은[34] 까끄라기가 있는 작물이라고 했으며, 오늘날의 황록곡黃綠穀[35]과 같은 것이다. 또 하나는 망종절(6월 5일)

周禮所謂, 澤草所生, 種之芒種是也. 芒種有二義, 鄭謂有芒之種, 若今之黃綠穀是也.

있고, 북송시기 항주 주변의 물가에서는 '봉전'이라고도 불릴 정도로 봉(葑)=고(菰)가 무성하게 번성하는 모습을 엿볼 수 있다. 이렇게 보면 진부의 '봉전'은 소식(蘇軾)의 용례와는 달리 '봉니(葑泥)' 즉 고(菰)의 뿌리와 진흙이 뒤섞인 것을 나무틀 위에 올려서 전지(田地)로 만든 것으로 생각된다.

그런데 이러한 '봉전'은 이미 오대(五代)의 영남(嶺南)에서는 상당히 보급되어 있었던 것 같다. 『태평광기(太平廣記)』 권483, 번우(番禺)의 항목에 인용된 『옥당간화(玉堂閒話)』에는 광주 번우현(廣州番禺縣)에서 모래와 '수초[藻荇]'가 뒤섞인 땅에서 채소를 심고 있던 자의 이야기를 싣고 있다. 이 '채소밭[蔬圃]'은 바다에 떠 있고 '뗏목이 흘러 다니는 것같이' 이동할 수 있다. 이처럼 그 기원을 거슬러 올라갈 수 있지만, 요천(姚天)은 곽박(郭璞)의 「강부(江賦)」에도 같은 전(田)이 보이므로 동진(東晉)에까지 거슬러 올라갈 수 있다고 한다.[「인조경지설봉전(人造耕地說葑田)」, 『농업고고(農業考古)』, 1986년 1期 참조.]

32) 『주례(周禮)』 「지관(地官) · 도인(稻人)」에 보인다.

33) 이 조항은 '봉전(葑田)'에 이어서 "『주례(周禮)』에서 이른바 늪에 풀이 자라면 망종을 파종하는 것이 이것이다.[周禮所謂澤草所生, 種之芒種, 是也.]"라는 문장이 등장하여 마치 '봉전'처럼 기록하고 있다. 그러나 앞뒤의 문맥이 통하지 않는다. 그래서 묘치위는 『선독』, 3쪽에서는 "망종(芒種)에는 두 가지 의미가 있다.[芒種有二義.]"와 "『주례』에서 이른바 운운한다.[周禮所謂云云.]"하는 두 문장을 앞뒤로 바꾸어 해석하고 있다. 그러나 완궈딩의 교주에는, 『주례』에서 이야기하고 있는 것은 '봉전'과는 서로 관계가 없다고 한다.

34) 『주례(周禮)』 「도인(稻人)」조의 정현(鄭玄)의 주에서 "정사농(鄭司農)이 이르기를, 늪에 풀이 자라면 그 땅에는 까끄라기가 있는 종자를 파종할 수 있다. 까끄라기가 있는 종자는 벼나 맥(麥)이다."라고 되어 있다.

35) 완궈딩의 교주에는, 『왕정농서(王禎農書)』 「농기도보집지일(農器圖譜集之一) · 가전(架田)」조에서는 황륙도(黃穋稻)라고 쓰여 있는데, 이것은 생장기가 매우 짧은 메벼의 일종이라고 한다. 이 기록에 대해 아마노 모토노스케[天野元之助]는 '황륙곡(黃稑穀)'이 맞다고 한다.(『중국농업사연구(中國農業史研究)』 증보판,

이 지나 파종하는 것을 일컫는다. 오늘날[宋代]의 사람들은 기후를 살펴 파종하는데, 여름의 소만小滿, 망종절이[36] 되어 큰물이 지나간 후에 황	一謂待芒種節過乃種. 今人占候, 夏至小滿至芒種節,

1133쪽.)

황륙도(黃穋稻)가 『제민요술』에 보이는 황륙도(黃陸稻), 황옹도(黃瓮稻)와 동일한지는 알 수 없다. 쩡슝성[曾雄生]의 연구에 의하면 황륙도(黃穋稻)의 '륙(穋)'의 의미는 후종(後種), 조숙(早熟)이라고 한다. 대개 보통의 벼는 음력 3월 중순~4월 초순 이전에 파종하는데, 황륙도의 경우 망종(芒種: 6월 6일 전후) 혹은 대서(大暑: 7월 23일 전후)가 지나서 파종하여 일반 벼보다 3~5개월이나 늦다. 즉 후종(後種)이다. 문제는 비록 늦게 심을지라도 황륙도는 생육기가 짧아서 수확은 늦지 않다. 곧 조숙(早熟) 품종임을 의미한다.[쩡슝성, 「中國歷史上的黃穋稻」, 『농업고고(農業考古)』 1998年 1期, 293쪽.] 『왕정농서』에는 황륙도의 생육기간이 60일도 안 된다고 한다.[『왕정농서(王禎農書)』「농기도보집지일(農器圖譜集之一)」「가전(架田)」, "周禮謂, 澤草所生, 種之芒種是也 … 鄭玄謂 … 若今黃穋稻是也 … 然後以黃穋穀種之于湖田 … 黃穋稻自種至收, 不過六十日, 亦可以避水溢之患."] 이것은 일반 조도(早稻)의 생육기간은 보통 5개월 이상인데[『陳旉農書』 권上 「地勢之宜篇」, "高田早稻, 自種至收, 不過五六月."] 황륙도는 생장 기간이 두 달 남짓이기 때문에 3~5월에 벼를 파종하여 수확한 후, 8월에 동맥(冬麥)을 파종하고 4월에 수확하고도 다시 벼를 심을 수 있어서 도맥 이모작의 시간 안배에 문제가 없다.

그런데 오사와는 그의 책, 『陳旉農書の研究』, 76쪽에서 『화보(禾譜)』[북송, 증안지(曾安止) 찬]에는 "지금 강남에는 황륙화(黃穋禾)가 있는데, 대서(大暑)에 조종(早種)을 다 베고 나서 파종하며, 상강(霜降)이 되어 늦벼를 베기 전에 익는다."라고 한다. 즉 지금 서창(西昌)[길주(吉州) 태화현(泰(太)和縣)]을 비롯한 강남에 황륙화(黃穋禾)라는 품종이 있다는 것이다. 이 품종의 생육기간은 약 90일간으로 '황륙곡'보다는 약간 길지만 장마철이 지나서부터 심을 수 있는 조숙종이라는 점에서는 거의 같아 동일품종일 가능성이 있다고 한다. 결국 증안지(曾安止)의 시대(1048~1098년)에 이미 이러한 조숙종이 재배되고 있었다는 것은 주목된다고 하겠다.

36) 이 내용은 『농정전서(農政全書)』 권5 「전제(田制)」에도 보인다. 다만 여기서 완궈딩의 교주에서 지적했듯이 문장 속에 등장하는 '하지소만지망종절(夏至小滿至芒種節)'이란 구절은 뜻이 거의 통하지 않는다. 절기의 순서에 따르면 하지(夏至)는 마땅히 망종(芒種) 다음에 온다. 『풍토기(風土記)』에 의하면 "하지 전, 망종 후에 내리는 비를 장맛비"라고 한다. 이때의 남방의 온난기단과 북방의 한랭기단이 접촉하는 부분이 장강유역에서 머무르기 때문에 많은 비가 내린다. 하지 이후에 기단이 마주치는 부분이 북쪽을 향해서 이동하여 회하 이북으로 가면

록곡을 호전湖田[37]에 파종한다. 이것은 망종이 까끄라기가 있는 종자와 망종절이라는 두 의미로 함께 사용되었음을 알 수 있다. 황록곡은 파종에서 수확에 이르기까지 60~70일밖에 걸리지 않아서 침수의 우환을 피할 수 있다.

則大水已過, 然後以黃綠穀種之於湖田. 則是有芒之種與芒種節候二義可竝用也. 黃綠穀自下種至收刈, 不過六七十日, 亦以避水溢之患也.

『주례』의 도인稻人은 저지대 농작물의 파종을 관장하는데, (그 방법은) 웅덩이를 만들어서 물을 저장하는 것은 그 물을 모으기 위함이다. 제방을 만들어서 물을 가두는 것은 물이 넘쳐나지 않게 하기 위해서이다. 논머리에 작은 고랑을 만들어서 물을 논에 고르게 대는 것은 물의 세력을 배분[관개]하기 위해서이다. (그런 후에) 배수구를 통하여 물을 흘려보내는 것은 여분의 물을 빼기 위해서이다. 큰 도랑[澮]을 통해 많은 물을 빼는데 큰 도랑은 배수의 끝자락으로서 강어귀에 위치한 큰 도랑이다(논이 수해

稻人掌稼下地, 以瀦畜水, 使其聚也. 以坊止水, 使不溢也. 以遂均水, 使勢分也. 以列舍水, 使其去也. 以澮寫水, 溝之大者也. 其制如此, 可謂備矣. 尚何水溢之患耶.

장마시기가 끝나게 된다. 가령 '하지'를 여름철로 해석하는 것에도 문제가 있다. 왜냐하면 망종절 다음에는 바로 우기가 되어, 우기는 아직 지나가지 않기 때문이라고 한다.

37) 오사와에 따르면, 당대(唐代)의 '호전(湖田)'이라는 표현에 관해서 구사노 다케시[草野靖]는 물가의 진흙땅에 개간된 전지로서, 저전(渚田)·하전(河田)·강전(江田)과 동일한 것으로 보고 있으며, 여기에 기술된 '호전(湖田)'도 같은 전지(田地)로 생각하였다. 우안(圩岸)과 같은 제방도 없어 수위의 높낮이에 직접 영향을 받는 전지라고 보았다고 한다.[구사노 다케시, 「唐宋時代における農田の存在形態(上)」, 『法文論叢』(熊本大學) 제31호, 1972.]

를 입지 않게 된다).[38] 제도가 이와 같다면 관개 배수가 잘 갖추어졌다고 볼 수 있다. 그러니 어찌 물이 넘치는 피해가 있겠는가?

『시경詩經』에서는 "풍년이 들어 기장도 많고 벼도 많이 수확했다."라고[39] 하는데, 이것은 '고전高田'과 '하전下田'이 모두 잘 경영되었음을 말해 주는 것이다. 지금은 비록 모두 고대의 제도와 같이 경영할 수는 없지만, 참작하여 모방할 수는 있다.

詩稱多黍多稌, 以言高下咸得其宜. 今雖未能盡如古制, 亦可參酌依倣之也.

그림 4_ 봉전[葑田: 부전浮田]의 모습

그림 5_ 호전[湖田: 저전渚田]의 모습

38) 『주례(周禮)』「지관(地官)·도인(稻人)」"稻人掌稼下地, 以瀦畜水, 以防止水, 以溝蕩水, 以遂均水, 以列舍水, 以澮寫水, 以涉揚其芟作田."

39) 『시경(詩經)』「주송(周訟)·풍년(豊年)」편에서는 "풍년이 들면 기장도 많고 벼도 많다."라고 하여, 이 도(稌)가 곧 벼[稻]라고 한다.

耕耨之宜篇第三

제 3

제3 갈이와 김매기[40)]

무릇 갈이와 김매기[41)]의 순서와 속도는 각각의 (작물에 따라) 적합한 방법이 있다.	夫耕耨之先後遲速，各有宜也.

40) 본서 상권[卷上]과 중권[卷中]의 제목 끝에 마땅함이란 의미의 '의(宜)'가 붙어 있다. 예컨대 "耕耨之宜"의 경우 "갈이와 김매기의 합당함"으로 번역해야겠지만, 어색하다. 따라서 국어의 편의상 "갈이와 김매기"로 번역했음을 밝혀 둔다. 오사와는 편명에 붙어 있는 '의(宜)'에 대해서 데라지 쥰[寺地遵]은 [「中國における農業觀の歷史的變遷 ― 特に齊民要術・陳旉農書を中心として」, 『史學硏究』 95, 1966] 50쪽에서 "각 농사는 반드시 이러이러해야만 하는 것으로, 어떻게 되어도 상관없다고 하는 것은 있을 수 없다." 따라서 '의(宜)'라는 글자가 사용되었다고 한다. 진부가 권상(卷上)에서 언급한 것은 그의 경험을 중심으로 해서 논하였다기보다는 그의 머릿속에서 연구하고 추상화한 것을 서술한 듯하고, 그의 표현에는 있어야만 할 모습을 서술한다는 낌새가 농후하므로 여기서는 그러한 의미를 포함해서 해석하고 있다고 보았다. 실제 완귀딩[萬國鼎]의 교주에도 진부는 송대(宋代)의 경영지주로 재력 위주의 사상적 관점을 제시한 것이라고 한다.
하지만 진부의 서문에서도 볼 수 있듯이 진부는 당시 국가와 관료들에게 다소 불만 섞인 표현을 노골적으로 했다. 즉 본서를 처음 저술하여 홍흥조(洪興祖)에게 출판을 의뢰했지만 본질이 왜곡되고 망령되게 삭제하고 개작하여 농민들조차 비웃었던 것에 불만을 품고 발문을 써 농업의 본질을 이해하지 못하는 관료들을 비난하고 있다. 그 후 재차 수정하여 군자로 하여금 임금께 헌상하여 직접 인쇄하여 유포

조전早田[42]에서 수확을 마치면 즉시 밭갈이 하여, 햇볕에 (이랑과 고랑을) 말리고[43] 거름을 주고 북을 돋우어 콩류, 맥류, 채소류를 파종한다.[44] 그 때문에 토양은 부드럽고 비옥하

早田穫刈纔畢，隨卽耕治曒暴，加糞壅培，而種豆麥蔬茹．因以熟土壤

시키도록 희망한 것을 보면, 진부가 농업을 모르는 단순한 지주경영자였다고 보기는 곤란하다. 실제 자신을 춘추시대 은둔자인 장저(長沮)와 걸닉(桀溺)에 비유하고 있거나, 주발(朱拔)의 발문에서 진부농서가 농사의 구석구석을 살펴 농업기술을 백성들에게 명확하게 제시하고 있다는 것도 이를 뒷받침한다.

41) '경누(耕耨)'는 보통 갈이와 김매기[耕起]를 뜻한다. 물론 이 속에는 중경(中耕)과 제초(除草)의 의미도 포함되어 있다고 보아야 할 것이다.

42) 가토 시게루[加藤繁]는 당에서 송에 이르는 시기에 조중만도(早中晩稻)의 세 가지 다른 품종이 존재하였다고 하는데, 이것은 수확기의 선후에 의한 구별이다.(「支那に於ける稻作特にその品種の發達に就いて」, 『지나경제사고증(支那經濟史考證)』 下卷에 수록.) 그러한 기준은 슈토 요시유키[周藤吉之]도 인정하고 있으며, 많은 예를 소개하고 있다.(슈토 요시유키, 「南宋に於ける稻の種類と品種の地域性」, 『송대경제사연구(宋代經濟史硏究)』, 東京大學出版會, 1962에 수록.) 그러나 오사와는 수확기의 선후라는 기준뿐만 아니라 성장시기의 장단(長短), 즉 조숙인가 만숙인가 하는 기준으로 구별하는 것도 이모작의 실시 등을 고려할 때 중요하다고 했다.(오사와, 앞의 책, 『陳旉農書の硏究』, 74쪽 참조.) 다만 이 기준에 의한 구별이 언제부터 명확하게 되었는지에 대해서는 연구가 충분하지 않아 이후의 과제로 남겨 둔다고 하였다.

43) '쇄폭(曒暴)'은 『제민요술(齊民要術)』·『사시찬요(四時纂要)』 등에서 자주 언급되고 있다. 이것은 쇄(曬)와 같은 의미로서 예컨대 『사시찬요(四時纂要)』에는 주로 "曒曝", "曒乾", "攤曒" 등으로 표현되고 있다. 이는 이른바 맥(麥)의 파종 전의 '한지(暵地)'와 동일한 작업이다. 특히 대소맥은 모름지기 5, 6월 햇볕에 땅을 말리지 않으면 반드시 수확이 적어진다. 뒤에 등장하는 「여섯 가지 주요 작물의 적합한 파종시기[六種之宜]」편에서는 "7월에 땅을 손질할 때는 여러 차례 거름을 주고 호미질해 준다. 8월에는 추사(秋社; 입추 후 다섯 번째 무일)일 전에 맥을 파종할 수 있다.[七月治地, 屢加糞鉏轉. 八月社前, 卽可種麥.]"라고 되어 있고, '쇄폭', '한지'라고는 언급되지 않지만 의미하는 바는 같다.

44) 조전(早田)의 수확을 끝내고 정지하여 두맥(豆麥)을 파종했다는 것은 분명 동일 전지에서 이모작을 했다는 내용이다. 이에 대해 쩡슝성[曾雄生]은 송대에는 비록 도맥(稻麥)을 수확했다고 할지라도 재배공간이 다르기 때문에 이모작 관계가 아니라고 하였다. 다만 이후 수도(水稻)가 산간 지역으로 확대 재배되면서 점차 도맥의 이모작이 형성되었다고 하였다. 도맥 이모작의 형성은 표면상으로는

게 되어 이듬해에 노동력을 줄일 수 있고, 또한 수확도 많아져서 한 해의 가계에 도움도 준다.[45)]

而肥沃之，以省來歲功役，且其收足，又以助歲計也.

만전晩田은 봄이 되기를 기다렸다가 (다시) 밭갈이를 해야 하는데, (밭에 남아 있는) 그루터기[46)]가 부드럽지만 질기기 때문에 그것이 썩어 문드러진 이후에 갈이해야 소의 힘이 덜 든다.

晩田宜待春乃耕，爲其藁秸柔韌，必待其朽腐，易爲牛力.

산·내·고원·습지[47)]는 대부분 한랭하여 겨울을 넘길 때는 깊이 갈아 주고, 물을 빼

山川原隰多寒，經冬深耕，放水乾

맥작이 확대된 결과이지만, 실제로는 수도(水稻)가 산간 지역으로 확대된 결과라고 주장하였다. 이에 반해 리끈판[李根蟠]은 맥작이 보급되면서 산지에서 평원, 한지(旱地)에서 수전(水田), 고전(高田)에서 하전(下田)으로 확대되었으며, 우전(圩田)을 제외하고, 도맥 이모작이 가장 이른 시기에 시행된 곳은 산간 지역이 아니라 원래 수도 생산지였던 태호평원(太湖平原)과 회해평원(淮海平原)이라고 주장했다. 한편 리보쭝[李伯重]은 도맥 이모작이 당대 강남에 출현하였으나, 전면적인 보급은 수백 년에 걸쳐 진행되어 청대 중기에 완료된다고 하였다. 이와 관련된 논문은 쩡숑셩[曾雄生], 「析宋代"稻麥二熟"說」, 『역사연구(歷史硏究)』 2005年 1期; 리끈판[李根蟠], 「再論宋代南方稻麥復種制的形成與發展－兼與曾雄生先生商榷」, 『역사연구』 2006年 2期; 리끈판, 「長江下游稻麥復種制的形成餘發展－以唐宋時代爲中心的討論」, 『역사연구』 2002年 5期; 리보쭝[李伯重], 「宋末至明初江南農業技術的變化」, 『중국농사(中國農史)』 1998年 1期 등이 있다.

45) 완궈딩은 교주에서 "且其收又足以助歲計也."라고 이해한 데 반해, 오사와의 평주에는 "且其收足, 又以助歲計也."라고 보고 있다.

46) 오사와에 따르면, '고갈(藁秸)'에는 짚의 의미밖에 없지만 여기서는 의미가 불충분하다. 슈토 요시유키[周藤吉之](「南宋稻作の地域性」, 『史學雜誌』 제70-6, 1960, 80쪽)에 의하면 "그 고갈(藁秸)이 부드럽지만 질겨서 썩어 문드러지기를 기다린다." "봄이 되어 썩은 낙엽 교목[薙], 썩은 풀[腐草], 썩은 나뭇잎[敗葉]을 두루 펴서"라고 해석하고 있는데, 오사와는 슈토의 견해에 동의하지 않고 "볏짚 그루터기"로 해석하고 있다.

47) 묘치위[繆啓愉]는 『선독』에서 "산천원습(山川原隰)"에 대해 「지세에 적합한 방식[地勢之宜]」 편에서는 "고산·곡지·고원·저지"로 번역한 데 반해 「갈이와 김매기[耕耨之宜]」 편에서는 "산천으로 둘러싸인 고전(高田)"으로 해석하여 스스로 혼돈을 초래하고 있다.

서 말려 줘야 한다. 눈과 서리가 내려 얼게 되면, 토양이 부풀어져서 푸석푸석해진다. 봄이 시작될 때, 썩은 관목의 가지[朽薙], 풀[腐草]과 나뭇잎[敗葉]을 두루 논에 깔아 불을 지르면, 토양이 따뜻해져 모종이 쉽게 발육한다. 샘물이 비록 차더라도 (그 자체는) 농작물에 피해를 주지는 않는다. 만약 그렇지 않고 찬물이 항상 논에 잠겨 있으면 토맥土脈이 차가워져서 모[苗]의 생육에 좋지 않게 된다.

涸. 雪霜凍冱, 土壤蘇碎. 當始春, 又偏布朽薙腐草敗葉以燒治之, 則土暖而苗易發作. 寒泉雖洌, 不能害也. 若不然, 則寒泉常侵, 土脈冷而苗稼薄矣.

『시경』에서 이르기를, "차가운 샘물[氿泉]에는 베어 낸 땔나무를 담가서는 안 된다."라고[48] 하며, "흐르는 차가운 샘물에는 양초[涼草; 苞稂], …, 쑥[蕭], …, 톱풀[蓍]을 담가 관개한다."라고[49] 하는데, 이것은 대개 (냉수 관개를 두려워한다는) 그러한 의미이다.

詩稱, 有洌氿泉, 無浸穫薪, 洌彼下泉, 侵彼苞稂 … 苞蕭 … 苞蓍, 蓋謂是也.

완만한 경사나 탁 트인 평지[50]는 평평하게

平陂易野, 平耕

48) 완궈딩의 교주에는, 『시경(詩經)』「소아(小雅)·대동(大東)」편에 이르기를, "옆에서 솟아나는 차가운 샘물에는 땔나무를 담가서는 안 된다.[有洌氿泉, 無浸穫薪.]"라고 한다. 『모전(毛傳)』에는 "옆에서 나오는 샘을 일러 구천이라 한다."라고 하였으며, 그 의미는 차가운 샘물에는 베어 온 땔나무를 담가서는 안 된다는 것이라고 한다.

49) 완궈딩의 교주에 따르면, 『시경(詩經)』「조풍(曹風)·하천(下泉)」편의 문장으로 『모전(毛傳)』에 의하면, "하천은 흐르는 차가운 샘물이다. 포는 본(本)이다.[下泉, 泉下流也. 苞, 本也.]"라고 한다. 정현의 전주(箋注)에는, "낭(稂)은 마땅히 양(涼)으로 써야 한다. 곧 양초와 쑥과 톱풀류이다.[稂當作涼. 涼草蕭蓍之屬.]"라고 한다. 소(蕭)는 곧 쑥이고, 시(蓍)는 시초이다. 그 의미는 흐르는 차가운 샘물을 관개할 때 양초[苞稂], …, 쑥[蕭], …, 톱풀[蓍]을 담근다는 것이다. 이것들은 물을 댈 때 필요한 풀이 아닌데, 물에 잠기게 되면 그 풀들은 좋지 않게 된다고 한다. 반면 오사와는 평주에서 『시경』 가운데 낭(稂)·소(蕭)·시(蓍) 등이 어떠한 풀을 가리키고 있는가를 꼭 집어서 말하기는 어렵다고 하였다.

갈아서 물을 깊게 대어 주면 풀이 자라지 않게 되고, (그루터기가 썩은) 물 또한 거름이 된다. 속언에 이르기를, "봄에 대는 탁한 물은 겨울에 대어 둔 맑은 물만 같지 못하다."라고[51] 하는 것은 이것을 두고 하는 말이다. 장차 파종을 하려면 석회를 뿌려 그것이 진흙 속에 스며들게 하여 명충螟蟲의 피해를 없앤다.

而深浸, 卽草不生, 而水亦積肥矣. 俚語有之曰, 春濁不如冬清, 殆謂是也. 將欲播種, 撒石灰渥漉泥中, 以去蟲螟之害.

그림 6_ 명충螟蟲나방

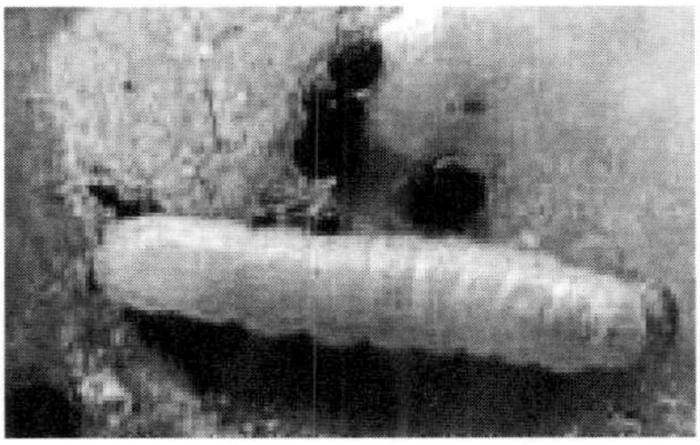

그림 7_ 명충螟蟲 유충의 모습

50) 완궈딩의 교주를 보면, '이(易)'는 평평하다는 의미로서 『이아』「석고(釋詁)」편에 보인다. '야(野)'는 교외의 널따란 곳을 가리키며, '이야(易野)'는 광활한 평지를 가리킨다고 한다.

51) 완궈딩의 교주에는, 봄철 파종기의 관개수[泡水]의 물은 혼탁하다. 겨울철의 관개수는 오랜 시간 동안 물이 잠겨 있어서 맑고 깨끗하다. '춘탁불여동청(春濁不如冬清)'은 봄철의 관개수는 겨울철의 물을 관개하여 논에 담가 두는 것만 같지 못하다는 의미라고 한다.

제 4

자연의 시간에 상응하기

天時之宜篇第四

사시四時[52] · 팔절八節[53]이 운행되면서 기氣와 물후[候]의 정도가 차고 모자라거나 빠르고 늦은 현상[54]이 생긴다. 오운五運,[55] 육기六氣[56]가 주도하는[57] 곳에서는 음양陰陽의 성쇠가 과

四時八節之行，氣候有盈縮蹄贏之度．五運六氣所主，陰陽消長有太過不

52) 사시(四時)는 봄[春], 여름[夏], 가을[秋], 겨울[冬] 4계절을 지칭한다.

53) 팔절(八節)은 입춘(立春), 춘분(春分), 입하(立夏), 하지(夏至), 입추(立秋), 추분(秋分), 입동(立冬), 동지(冬至)를 말한다.

54) 오사와에 따르면, 영축(盈縮)은 천체의 운행이 빠르거나 늦는 것을 나타내는 용어라고 한다. 예를 들면 『한서(漢書)』「율력지(律曆志)」'세술(歲述)'에서는 세(歲: 목성)의 움직임의 빠르고 늦음[盈縮]에 관해서 기록하고 있다.

55) '오운(五運)'은 오행(五行)으로 즉, 목, 화, 토, 금, 수를 뜻한다.

56) '육기(六氣)'는 한(寒), 서(暑), 건(乾), 습(濕), 풍(風), 화(火)를 뜻한다.

57) '오운육기(五運六氣)'에 관해서는 『황제내경(黃帝內經)』「소문(素問) · 천원기대론(天元紀大論)」등 이른바 「운기론(運氣論)」에 기록되어 있다. 오사와에 따르면, 진부(陳旉)도 이를 근거로 한 것으로 생각하였다. 오운육기에 대해서는 많은 연구가 진행되었는데, 그중 마쓰무라 다쿠미[松村巧], 「『黃帝內經素問』のいわゆる運氣論諸篇についての初步的考察」, 『東洋文化』66, 1986의 연구가 주목된다. '육기(六氣)'를 음(陰), 양(陽), 풍(風), 우(雨), 회(晦), 명(明)의 여섯 종류라고도 하지만[『춘추좌씨전(春秋左氏傳)』 소공(昭公) 원년(元年) 등의 기록], 『황제내경』「소문」편에서는 앞에서와 같이 한(寒), 서(暑), 건(乾), 습(濕), 풍(風),

불급 하는[58] 차이가 생긴다. 그 도道는 많이 부족하지만 그 효과는 아주 현저하다.

及之差. 其道甚微, 其效甚著.

대개 만물萬物은 시간의 추이에 따르되 기氣의 영향을 받으며, 기(氣: 즉, 기의 조건)에 의해서 싹이 트고 생장한다. 어떤 것은 천기는 좋지만 때가 이르지 않고, 어떤 것은 때는 이르렀지만 천기가 아직 부합되지 않은데, 만물이 조화하고 발생하는 이치는 이로 인하여 생긴다.[59] 예컨대 11월[仲冬]에 자두와 매화가 결실을 맺고,[60] 9월[季秋]이 되었는데도 곤충이 아직 겨울잠에 들지 않은 것은 이러한 현상으로 볼 수 있다. 천기가 때를 거스르면 재앙[災]이 닥치고, 지기가 만물을 거스르면 괴이한 현상[妖]이 발생한다.[61] 재앙과 괴이한 현상이 생기는 것은 대응

蓋萬物因時受氣, 因氣發生. 其或氣至而時未至, 或時至而氣未至, 則造化發生之理因之也. 若仲冬而李梅實, 季秋而昆蟲不蟄藏, 類可見矣. 天反時爲災, 地反物爲妖. 災妖之生, 不虛其應者, 氣類召之也.

화(火)의 여섯 종류로 이해하고 있다.

58) 마쓰무라 다쿠미[松村巧]에 의하면, '태과(太過)'와 '불급(不及)'은 자연계에 존재하는 오행(五行)의 기(氣)의 허실과 강약을 나타나는 것으로, 도래하는 기(氣)의 양(量)이나 세력이 너무 많든가 혹은 부족한 것이라고 한다.(마쓰무라 다쿠미, 앞의 논문, 1986, 215쪽 참조.) 이렇게 파악하는 것이 송대에는 일반적인 현상이었던 것으로 보인다. 북송대의 심괄(沈括)도 "의학[醫家]에는 오운육기(五運六氣)의 법술[術]이 있는데, 크게는 천지(天地)의 변화, 추위 · 더위 · 거센 바람 · 비, 수재 · 한재 · 곤충의 피해에 대한 징후를 예측하는 것이며, 이는 통상적으로 모두 일정한 규칙이 있다. 적게는 사람들의 많은 질병도 또한 기운(氣運)에 따라 홍성하고 쇠퇴한다. … 산이 무너지고 땅이 갈라지며, 시기에 맞지 않게 먼지가 휘날리는 것, 이것을 태과(太過)라 하며, 시도 때도 없이 음삼하고, 구름이 온통 하늘을 뒤덮어 낮인데도 어두운 것, 이것을 부족(不足)이라 한다."[후다오징[胡道靜] 교주(校注), 『신교정몽계필담(新校正夢溪筆談)』 권7, 「상수일(象數一)」]고 한다.

59) 『황제내경(黃帝內經)』 권3 「소문(素問) · 육절장상론(六節藏象論)」.

60) 『좌전(左傳)』 「희공(僖公)」 33년.

61) 『좌전(左傳)』 「선공(宣公)」 15년.

하는 것이 있기 때문이고 기氣의 현상[62]이 이를 초래한다.

음양陰陽이 한번 어그러지면 사계절의 질서에 혼란을 가져와서 만물이 생장할 수 없게 된다. 춥고 더운 것이 한번 정상적인 교체시기를 잃게 되면, 절후節候가 어그러져서 (정상적인) 기가 운행될 수 없다. 농사를 지으려면 자연의 시간과 땅의 이로움을 몰래 취하려는 것을 알아야 하지 않겠는가?[63]

陰陽一有愆忒，則四序亂，而不能生成萬物．寒暑一失代謝，卽節候差，而不能運轉一氣．在耕稼盜天地之時利，可不知耶．

전하는 말에 의하면, "농시農時에 앞서서 시작해서는 안 되고, 농시를 놓쳐 거두어서도 안 된다."라고 한다. 따라서 농사는 반드시 천지간의 적합한 시간을 알아야만 (파종하여) 싹이 트고 자라나서 익어 수확되어[64] 잘 마무리된다.

傳曰，不先時而起，不後時而縮．故農事必知天地時宜，則生之蓄之，長之育之，成之熟之，無不遂矣．

62) 묘치위[繆啓愉]의 『선독』 6쪽에는 이상기후현상이 초래되었다고 한다.

63) 『열자(列子)』 「천서(天瑞)」. 오사와에 의하면, 궈원타오[郭文韜]는 진부의 "천지(天地)의 때와 땅의 이로움을 훔친다.[盜天地之時利.]"라는 표현을 높게 평가하고, "반드시 천지의 때의 합당함을 알아야 한다.[必知天地時宜.]"라는 표현과 함께 병행해서 생각해 보면 "진부는 객관적인 규칙성에 대한 인식을 중시했을 뿐만 아니라, 인간의 주관적 능동성을 충분히 발휘하는 것을 특히 강조하였다." 라고 한다.[궈원타오, 『중국고대의 농작제와 경작법(中國古代的農作制和耕作法)』, 1982, 104쪽.] 또 스성한[石聲漢]은 이러한 표현은 진부가 도교사상의 영향을 강하게 받고 있다는 사실을 전형적으로 나타내 주는 것이라고 설명하고 도(盜)에 관해서는 "특수한 의미를 지니고 있어 결코 하나의 잘못 표기된 글자가 아니고, 도사(道士)들이 수련을 통해 선인이 되는 것은 천지(天地)의 보물[寶]을 훔친 것이다."라고 해석했다.[스성한, 『중국고대농서평가(中國古代農書評價)』, 1980, 農業出版社, 44쪽.] 이처럼 "훔친다[盜]"는 표현은 적극적인 의미를 지닌 말로 평가할 필요가 있다고 보았다.

64) 『노자도덕경(老子道德經)』 「양덕(養德)」.

『시경詩經』의 「유경由庚」 편[65]에서 만물萬物은 그 도道로 말미암아 생겨난다고 하였고, 「숭구崇丘」 편에서 만물은 아주 높고 큰 경지에 도달하며 「유의由儀」 편에서는 만물의 생성에는 각각 그 합당함이 있다고 하였다. 이는 천지간의 만물은 모두 그 이치에 따른다는 것을 일컫는 말이다. 그렇기 때문에 요堯임금은 그의 아들 희羲와 화和에게 명하여[66] 해와 달 및 별의 운행을 자세하게 관찰하여[67] 백성들에게 농시력農時曆을 알게 하였고, 그들로 하여금 모두 해 뜨는 동쪽에서부터 경작이 시작되고[東作], 남쪽에서는 작물을 배양하고[南訛], 서쪽에서는 가을에 만물이 수확되고[西成], 북쪽에서는 한 해가 바뀌는 징후[朔易]가 있다는 것을 알게 하였다.[68]

由庚萬物得由其道, 崇丘萬物得極其高大, 由儀萬物之生各得其宜者. 謂天地之間, 物物皆順其理也. 故堯命羲和, 曆象日月星辰, 以欽授民時, 俾咸知東作南訛西成朔易之候.

65) 완궈딩[萬國鼎]에 의하면, '유경(由庚)', '숭구(崇丘)', '유의(由儀)'는 『시경』 「소아(小雅)」편의 편명으로서 지금은 전해지지 않는다. 『시경』 「유경」편에 의하면, "만물(萬物)은 그 도(道)로 말미암아 생겨나고, 「숭구」편에서는 만물은 아주 높고 큰 경지에 도달한다고 하며, 「유의」편에서는 만물의 생성에는 각각 그 합당함이 있다. 그 뜻은 있지만 그 말은 없다."라고 한다.

66) 『서경(書經)』 「요전(堯典)」에 의하면 희(羲)씨와 화(和)씨는 대대로 천지사시(天地四時)의 관직을 관장했다. 『서경』 「요전」 "乃命羲和, 欽若昊天, 曆象日月星辰, 敬授人時. 分命羲仲, 宅嵎夷, 曰暘谷. 寅賓出日, 平秩東作. 日中星鳥, 以殷仲春. 厥民析. 鳥獸孳尾. 申命羲叔, 宅南交. 平秩南訛, 敬致. 日永星火, 以正仲夏. 厥民因. 鳥獸希革. 分命和仲, 宅西, 曰昧谷. 寅餞納日. 平秩西成. 宵中星虛, 以殷仲秋. 厥民夷. 鳥獸毛毨. 申命和叔, 宅朔方, 曰幽都. 平在朔易. 日短星昴, 以正仲冬. 厥民隩. 鳥獸氄毛."이 그것이다.

67) 완궈딩의 교주를 보면, 해와 달과 별의 운행궤도를 일러 역(曆)이라고 한다. 별[星]은 사방 중성(中星)을 가리키고, 진(辰)은 해와 달이 교체되며 만나는 것을 가리킨다. 이것은 천체운행의 방위를 관찰하여 절기(節氣)를 나누어서 자연의 시간[天時]을 기록하는 것을 말함이라고 한다.

68) 앞의 「『진부농서』 자서 [陳旉自序]」 편의 각주 5)를 참조하라.

천체의 운동을 헤아리면 조성鳥星, 화성火星, 허성虛星, 앙성昻星[69](이 사계절에 따르고 있는 것)은 명확하다. 사물의 이치를 살펴보면 (봄에는) 새와 짐승이 교미하여 새끼를 낳고, (여름에는) 깃과 털이 적게 나며, (가을에는) 털갈이를 하고, (겨울에는) 솜털이 많이 나는 것[70] 또한 명확하다. 그리고 백성들은 (봄에는) 늙은이와 젊은이가 서로 떨어져 있다가[民析], (여름에는) 노약자도 농사일을 돕고[民因], (가을에는) 늙은이와 젊은이가 함께 수확하고[民夷], (겨울에는) 모두 함께 집에 있다[民隩].[71] (이 역시 천문과 사물의 이치를) 헤아리고 모방한 것이라 할 수 있다.[72]

稽之天文, 則星鳥星火星虛星昴, 於是乎審矣. 驗之物理, 則鳥獸孶尾希革毛毨氄毛亦詳矣. 而厥民析因夷隩. 可得而稽倣之也.

---

69) 완궈딩의 교주에는, 『서경(書經)』「공전(孔傳)」에 이르기를, "조(鳥)는 남방 주작의 칠수(七宿)이다. … 춘분의 황혼(黃昏)에서 오성(鳥星)이 나타났다가 사라지면 중춘(中春)의 절기에 해당된다." "화(火)는 창용(蒼龍)의 중성(中星)으로 가운데에 위치하면 칠성(七星)이 보인다." "허(虛)는 현무(玄武)의 중성(中星)이다." "앙(昴)은 백호(白虎)의 중성(中星)이다." 총체적으로 말하자면 춘분의 황혼기에 남방의 주조칠성(朱鳥七星)이 모두 보이고, 하지의 황혼기에는 동방의 창용칠성(蒼龍七星)이 모두 보이고, 추분의 황혼기에는 북방의 현무칠성(玄武七星)이 모두 보이고, 동지의 황혼기에는 서방의 백호칠성(白虎七星)이 모두 보인다고 하였다.

70) 완궈딩의 교주에 의하면, '자미(孶尾)'는 『서경(書經)』「공전(孔傳)」에 이르기를, "새끼를 낳는 것을 일러 '자(孶)'라고 하고, 교미하는 것을 일러 '미(尾)'라고 한다."라고 하였다. '희혁(希革)'은 "여름철에 새와 짐승의 깃과 털이 적게 나는 것"을 가리킨다. '모선(毛毨)'은 "털갈이 하는 것"을 가리킨다. '용모(氄毛)'는 "솜털이 생겨나는 것"을 가리킨다고 한다.

71) 완궈딩의 교주에 따르면, 『서경(書經)』「공전(孔傳)」에 이르기를, '민석(民析)'은 "늙은이와 젊은이가 서로 떨어져 있는 것을 말한다." '민인(民因)'에서 "'인(因)'은 노약자를 가리키는데, 노약자가 밭에 있는 젊은이의 농사일을 돕는 것을 말한다." '민이(民夷)'는 "'이(夷)'가 평평하다는 의미로, 노약자와 젊은이가 밭에서 여름에 함께 노동하는 것이다." '민오(民隩)'는 "오(隩)가 집[室]을 뜻하며, 백성들이 해가 바뀌면 집에 들어가서 찬바람과 추위를 피하는 것이다."라고 하였다.

(농민이) 천지와 형상에서 큰 도를 취하면, 오르내리는 도리가 어그러짐이 없게 된다. 분명한 것은 해와 별[73]의 법칙을 따르면 농업 경영의 법도가 어지럽지 않게 된다는 것이다. 사시四時를 통해서 그것을 정하고, 천문과 역법에 따라서 대응한다. 이것은 하늘을 받들고 백성을 위해 일한다는 뜻인데, 어찌 소홀히 할 수 있겠는가? 자연의 시간에 화합하면 그 해가 풍년이 든다는 까닭은 진실로 이러한 사실을 말미암은 것이다.

大則取象乎天地, 無乖升降之機. 明則取法乎日星, 不亂經營之度. 定之以時, 應之以數. 此欽天勤民旨意, 豈率然哉. 其所以時和歲豐, 良由此也.

지금의 사람들은 헛된 소문에 의해 건인(建寅: 정월)의 첫날[朔]을 봄의 시작으로 삼고,[74] 건사(建巳: 4월)의 첫날[朔]을 여름의 시작으로 삼고 있다.[75] 실로 음양은 쇠하기도 하고 성하기

今人雷同以建寅之月朔爲始春, 建巳之月朔爲首夏. 殊不知陰陽有消

72) 『서경(書經)』 「요전(堯典)」.

73) 완궈딩의 교주에는 '일월(日月)'로 되어 있는데, 오사와의 평주(評註)에는 앞부분의 내용은 달에 대한 이야기보다 별에 대한 이야기가 대부분이기 때문에 '일성(日星)'으로 처리하고 있다.

74) 완궈딩의 교주에 따르면, 일 년 중 북두칠성의 자루[柄]는 시계바늘과 같이 한 바퀴를 돈다. 십이진(十二辰)이 나뉘어 하늘을 돌면서 12방위가 형성되며, 정북(正北)은 자(子)의 방위이다. 인(寅)일을 세우는 달은 북두칠성의 손잡이가 인(寅)의 방위를 가리키는 한 달이며, 이는 곧 음력으로 정월이다. 삭(朔)은 해와 달이 교차되며 만나는 날이며, 이것을 달의 첫날로 삼는다고 한다.

75) 건인(建寅: 정월), 건사(建巳: 4월), 건신(建申: 7월), 건해(建亥: 10월) 등은 건제(建除)의 원리에 따라 달[月]을 정하는 방법이다. 오사와의 평주에는, 심괄(沈括)에 의하면 건인(建寅), 건사(建巳) 등의 월(月)을 세는 법은 당시의 역법(曆法)과는 차이가 있다고 한다. 즉 후다오징[胡道靜] 교주(校注), 『신교정몽계필담(新校正夢溪筆談)』 권7, 「상수일(象數一)」에 의하면 "정월의 인(寅), 이월(二月)의 묘(卯)를 건(建)이라 하는데, 이 말은 북두칠성[斗杓]이 세워진 바를 이르며, 반드시 이 말을 쓸 필요는 없다. 다만 봄[春]은 인(寅)·묘(卯)·진(辰)이 되고, 여름[夏]은 사(巳)·오(午)·미(未)가 되는 것은 이치로 보아 당연하며 모름지기

도 하며, 기[氣]와 물후[候]도 빠르고 늦음이 있다[76]는 것을 모르는 것이다. 무턱대고 경작한다고 하여 그것을 극복하고 성취할 수 있겠는가? 설령 어쩌다가 성취했다고 하더라도 이 또한 요행일 뿐이지 항상적인 것이겠는가?

長, 氣候有盈縮. 冒昧以作事, 其克有成耶. 設或有成, 亦幸而已, 其可以爲常耶.

성군이 사물의 위치를 부여할 때는[77] 모두 관청을 설치해 직무를 분담하여 일을 관장하게 하고,[78] 각각 그 관의 장[官師]을 두어 관리를 지도하게 하였다. (이러한데) 농사[農師]의 관직을 (어

聖王之莅事物, 皆設官分職以掌之, 各置其官師以教導之. 農師之職, 其可已耶.

북두칠성이 세워진 바에 의한 것은 아니다. … 예전에 북두칠성[斗杓]은 정월(正月) 인(寅)일에 세워졌는데, 지금은 정월 축(丑)일에 세워졌다.[正月寅, 二月卯, 謂之建, 其說謂斗杓所建, 不必用此說, 但春爲寅卯辰, 夏爲巳午未, 理自當然, 不須因斗建也, (中略) 古者正月斗杓建寅, 今則正月建丑矣.]"라고 기록되어 있다. 진부의 기술도 이러한 상황을 근거로 하고 있었던 것으로 보인다. 그렇다고 보면 건인(建寅)의 월(月)은 실제로는 2월에 해당하고, 농작업에 큰 영향이 있었을 것으로 생각된다.

76) 완귀딩에 의하면, 중국의 옛 역법(오늘날 음력)은 일종의 음양(陰陽)에 따른 역(曆)으로서 초하루와 보름[朔望]으로써 달을 정하고, 또한 지구가 태양을 한 바퀴 도는 것과 합치되도록 하였다고 한다. 역법 중 매 달[月]의 일수는 다만 정수(整數)로 계산을 하는데 삭망의 월(달이 지구를 한 바퀴 도는 것)의 실제 길이는 소수점(29.53059일)이 있어 이 때문에 달이 큰 것은 30일, 달이 작은 것은 29일로 조정하였다. 12개의 삭망월의 실제 길이는 354.3672일로 이것은 회귀년(回歸年: 지구가 태양을 한 바퀴 도는 시간간격)보다 10.8750일이 짧기 때문에 윤달[閏月]로써 조정했으며, 19년에는 7번의 윤달이 든다. 비록 1년 중에 어떤 경우에는 윤달이 있고 어떤 경우에는 윤달이 없어서, 달[月]은 확실하게 계절을 표시할 수가 없다. 여기에서 말하는 "음양은 쇠하기도 하고 성하기도 하며, 기와 물후에도 빠르고 늦음이 있다."라고 하는 것은 이러한 상황을 가리키는 것이다. 이 때문에 중국에서는 24절기를 규정하여 이러한 부족한 점을 보완하고 있다. 따라서 정확하게 말하면 입춘을 봄의 첫날, 입하를 여름의 첫날이라고 해야 한다고 하였다.

77) 오사와는 평주에서 "聖王之莅事物"에 대한 해석을 "성왕이 정치를 행할 때에는"이라고 하고 의역으로 처리하고 있다.

78) 『주례(周禮)』「천관(天官)·총재(冢宰)」.

찌) 폐지할 수 있겠는가?[79]

춘추시대에는 법도가 모두 피폐하여 흉년이 들고 토지가 거듭 황폐해졌다. 풍년이 들었다거나 크게 풍년이 들었다고 기록한 것은[80] 대개 요행이었기 때문이다. 이는 또한 하늘의 이치는 항상적인 규칙이 있는데, 인간이 스스로 과오를 저질렀음을 보여준다. 『시경詩經』에는 "풍년에는 (수확이 풍성하여) 알곡이 가득하다."라고[81] 일컫고, "쌓아 놓은 곡식의 노적가

春秋之時，法度竝廢，宜凶荒荐至．乃書有年，書大有年，蓋幸而書之．抑見天道有常，而人自愆忒也．詩稱豐年穰穰，其崇如墉，其比如櫛，以

79) '농사(農師)'에 관해서 『사기(史記)』「주본기(周本紀)」에 "요임금이 그것을 듣고 기(棄)를 천거하여 농사(農師)로 임명하였는데, 천하는 그 이로움을 얻었으며 공이 있었다.[帝堯聞之, 擧棄爲農師, 天下得其利, 有功.]"라고 되어 있는 것처럼 농사는 고대의 관직이었다. 그러나 『송회요집고(宋會要輯稿)』「식화(食貨)」 63-162, 농전잡록(農田雜錄)에는 "태평흥국 7년 12월, 조를 내리기를, 무릇 노(路)와 주(州)의 민호 중에 농사에 힘쓰고자 하지만 종자나 토지가 부족하거나, 토지는 있는데 남정(男丁)이나 경우(耕牛)가 적은 경우에는 많은 민호 중에서 농사일을 잘 숙지하고 있는 1명을 추천하여 주현(州縣)에서 증명서[帖]를 발급해 주고 농사(農師)로 임명하였다. … 9년 그것이 번잡하여 폐지했다.[太平興國七年, 十二月, 詔, 諸路州民戶, 或有欲勤稼穡而乏子種與土田者, 或有土田而少男丁與牛力者, 許衆戶推一人暗會種植者, 州縣給帖, 補爲農師. (中略) 九年, 以其煩擾罷之.]"라고 되어 있다. 북송(北宋) 태종(太宗) 연간에도 농사(農師)라고 하는 직책이 설치되었지만 겨우 2년도 되지 않아 폐지되었다는 것을 알 수 있다. 다만 진부가 말한 농사(農師)가 구체적으로 무슨 역할을 했는가에 관해서는 이 기록으로는 명확하지 않다고 보았다.

홍미롭게도 원말(元末)에 농사(農師)에 대한 기록을 볼 수 있다. 『원사(元史)』 권43 「순제(順帝)」편에 의하면 지정(至正)13년(1353) 정월에 중서성(中書省)에서 강절회동(江浙淮東) 등지에 "수전(水田)의 파종과 위전 및 제방을 잘 쌓은 사람" 천 명을 뽑아 '농사'라고 이름하고 농민에게 파종법을 가르쳤다고 한다. 당시 농사는 농업기술에 능통한 전문가로서 농업생산기술을 전문적으로 인민에게 전파하는 역할을 하였다. 이들은 농민출신으로 특별한 훈련을 거치지 않고 장기간 생산의 실천 중에서 성장한 자였던 것이다.

80) 『춘추(春秋)』「공양전(公羊傳)」 환공(桓公)3년.

81) 『시경(詩經)』「상송(商頌)·열조(烈祖)」"豐年穰穰."

리가 성벽과 같으며, 나란히 쌓아 놓은 곡식이 빗살과 같다."라고[82] 하였는데, 이는 그 법도가 때의 합당함에 맞았기 때문에 풍년이 들 수밖에 없었던 것이다.

言其得法度時宜，故豐登有常也.

『서경書經』「홍범洪範」편의 9가지 법도에는 천시天時와 지리地利를 파악하여 순서에 따라서 진행하면[83] 백곡百穀을 풍성하게 거둘 수 있지만 천시와 지리를 따르지 않게 되면 각종 작물을 풍성하게 거둘 수 없다고[84] 한다. 따라서 천지간의 농시와 지리의 합당함에 따르고, 음양이 쇠하고 성하는 이치를 알게 되면, 온갖 곡식이 풍성하게 수확되는 것은 필연적인 이치이다.

洪範九疇，彝倫攸敘，則百穀用成，彝倫攸斁，則百穀不成. 然則順天地時利之宜，識陰陽消長之理，則百穀之成，斯可必矣.

그 때문에 옛 성군이 역법을 반포하여 농시를 명확하게 한 것은, 단순히 (정치상의) 대통일이 아니라,[85] 그 백성들로 하여금 삼가 시령時令을 알게 하여 일을 즐겁게 하고 충분한 효과를 거두기 위함이었다. 이 때문에 농사일을 함에 있어서 미리 준비[86]하여 예견할 수 있도록

古先哲王所以班朔明時者，匪直大一統也，將使斯民知謹時令，樂事赴功也. 故農事以先知備豫爲善.

82) 『시경(詩經)』「주송(周頌)·양사(良耜)」"其崇如墉, 其比如櫛."

83) '이륜유서(彝倫攸敘)'에 대해 묘치위, 『선독』에서는 사계절의 규칙으로 해석했고, 오사와는 '윤(倫)'을 인륜으로 해석했다. 바로 뒤에 등장하는 곡물의 수확과 내용이 이어지기 위해서 본문에서 '윤(倫)'을 천시와 지리로 해석했음을 밝혀둔다.

84) 이 구절은 『서경(書經)』「홍범」편에 보인다. '홍범구주(洪範九疇)'의 의미는 9가지의 큰 법도이다. 9가지란, 첫째, '오행(五行)', 둘째, '경용오사(敬用五事)', 셋째, '농용팔정(農用八政)', 넷째, '협용오기(協用五紀)', 다섯째, '건용황극(建用皇極)', 여섯째, '예용삼덕(乂用三德)', 일곱째, '명용계의(明用稽疑)', 여덟째, '염용서징(念用庶徵)', 아홉째, '향용오복(嚮用五福), 위용육극(威用六極)'이 그것이다.

85) 『춘추(春秋)』「공양전(公羊傳)」은공(隱公) 원년(元年).

하는 것을 최선으로 삼았다.

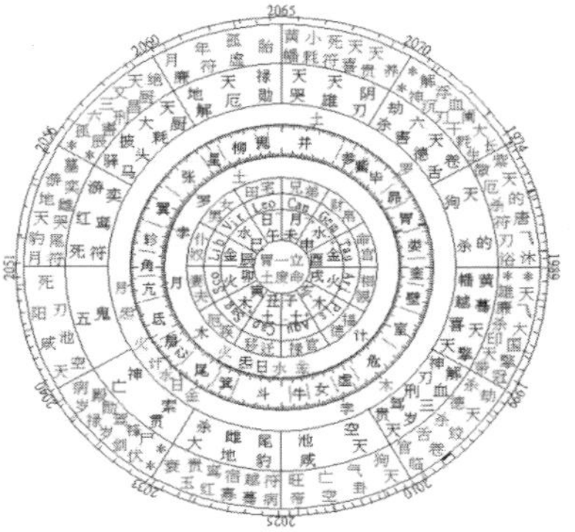

그림 8_ **천문도**天文圖

그림 9_ **노적가리**

86) ‘예(豫)’에 대한 용례를 살펴보면 『국어(國語)』 「진어(晉語)」의 “진실로 준비하는 것만 같지 않다. 준비한 후에는 넉넉해진다.[誠莫如豫. 豫而後給.]”의 위소(韋昭)의 주(注)에는 “예(豫)는 준비[備]이다.”라고 했다. 『회남자(淮南子)』 「설산훈(說山訓)」의 고유(高誘) 주(注)에 “기교가 뛰어난 자는 헤아리기를 잘하고, 지혜로운 자는 준비를 잘한다.[巧者善度, 知者善豫.]”라는 사실과도 동일하다. 그리고 『좌전(左傳)』 문공(文公)6년에 “문자(文子)가 이르기를 미리 준비하면 근심이 없다는 말이 있는데, 이는 옛날부터 전해 오는 좋은 가르침이다.[文子曰, 備豫不虞, 古之善敎也.]”라는 등의 사례가 있다.

제 5 여섯 가지 주요 작물의 적합한 파종시기[87] 六種之宜篇第五

농작물을 파종하는 일에는 각각 순서가 있 | 種蒔之事, 各有

87) 완궈딩[萬國鼎]의 교주에는, 이른바 '육종(六種)'은 어떤 의미인지 알 수 없다고 하였다. 『범승지서(氾勝之書)』에는 "전지(田地)에는 육도(六道)가 있는데 맥을 가장 먼저 파종한다."라고 한다. 여기에서는 '육도'가 무엇인지 해석하지 않고 있다. '맥위수종(麥爲首種)'의 의미로 볼 때 '수종(首種)'은 1년 중에 가장 먼저 밭에 파종하는 것으로 '육도'는 묘목을 심고 파종하는 시기의 전후를 가리키는 말이라고 볼 수 있다고 하였다.

오사와에 의하면, 본편(本篇)에서 기술하고 있는 작물은 삼[麻枲], 조[粟], 깨[油麻], 콩[豆], 무[蘿蔔], 배추[菘菜], 맥류[麥] 등 일곱 종류이며, 무와 배추는 일괄해서 기록하고 있어서, 여섯 종류[六種]라는 말의 근거는 현재 명확하지는 않다고 보았다.

쭝슝셩은 『中國農業通史(宋遼夏金元卷)』, 中國農業出版社, 2014, pp.777~783에서 우선 '首種'의 뜻에 대하여, 한대(漢代)의 정현(鄭玄)은 "옛날에는 수종(首種)을 일컬어 기장[稷]이다.[舊說首種謂稷.]"라고 한다는 주(注)를 달았는데, 직(稷)이 곧 수종(首種)이라고 해석한 것은 아니었기 때문에, 당대(唐代) 공영달(孔穎達)은 직(稷)이 선종(先種)이자 수종(首種)인 것으로["百穀之內, 稷先種, 故云首種."] 오해하였다고 하였다. 쭝슝셩에 따르면 선종을 수종으로 해석해도 무방하지만, 『범승지서(氾勝之書)』의 "맥위수종(麥爲首種)"에 어긋난다. 맥(麥)은 일찍 심는 작물이 아니기 때문이다. 일반적으로 농서에서 말하는 맥은 동맥(冬麥)이다. 또한 '종(種)'은 '심는다'라는 뜻 외에 '종류' 즉, 양식작물 종류의 뜻도 가지고 있다. '수(首)'는 '중요하다'는 의미가 있으므로 결국 '수종(首種)'은 가장 중요한 양식작물을 가리킨다고 한다. 다음으로 '육종(六種)'의 뜻을 살펴보면,

다. 적당한 농시를 알고 전후의 순서를 어기지 않으면, 각종 작물은 연이어 성장하고, 서로 교차하여 파종할 수도 있다.[88] 파종에 쉬는 날이 없으면 수확도 빠지는 달이 없게 된다. 일 년 동안 줄곧 먹고 쓰는 것이 계속 이어지니, 어찌 부족한 것에 대한 근심으로 춥고 굶주릴 걱정을 할 수 있겠는가?

攸敍. 能知時宜, 不違先後之序, 則相繼以生成, 相資以利用. 種無虛日, 收無虛月. 一歲所資, 緜緜相繼, 尚何匱乏之足患, 凍

'육종'이란 6가지 종류의 중요한 농작물이란 뜻이다. 육곡(六穀) 외에도 오곡(五穀), 구곡(九穀)이 있는데, 중복되는 것을 간추리면 직(稷)·숙(菽)·맥(麥)·도(稻)·서(黍)·마(麻)로서, 이는『여씨춘추』「심시(審時)」에 언급된 6가지 작물과 완전히 일치한다. 이 6종은 다른 사료에 기재된 것[『사민월령(四民月令)』;『회남자(淮南子)』「추형훈(墬形訓)」;『급취편(急就篇)』]과도 일치한다. 즉,『범승지서』의 "전유육도(田有六道)"에서 육도(六道)는 화(禾)·서(黍)·도(稻)·마(麻)·숙(菽)·맥(麥)의 6가지이고 이것을 다시 세분화한 것이 구곡(九穀)이다. "맥위수종(麥爲首種)"은 맥(麥)이 6가지 작물 중 가장 중요하다는 의미이다. 그렇다면「여섯 가지 주요 작물의 적합한 파종시기[六種之宜]」편의 '육종'은 무엇인가. 진부가 본편에서 제시한 작물은 마(麻)·속(粟)·유마(油麻)·두(豆)·무[羅葍]·배추[菘菜]·맥(麥)의 7가지인데, 육도(六道)의 작물은 모두 양식작물인 반면 본편의 작물은 속(粟)과 맥(麥)을 제외한 나머지는 중요하지 않은 작물이며, 당시 중요시되던 수도(水稻)가 포함되지 않았다. 진부가 언급한 작물들은 모두 한전(旱田)작물, 즉 '육전(陸田)'에서 재배하는 작물이며, '육전(陸田)'은 수전(水田)과 대칭되는 개념이다. 그런데 '육(陸)'은 '육(六)'과 발음이 같고 서로 통용되는 글자이다. 따라서 육종(六種)이 육종(陸種)을 뜻한다는 것은 의심의 여지가 없다. 송 정부는 보릿고개나 흉작에 의한 기근에 대비하기 위해 북방에는 수도를 확대하고 남방에는 한전작물을 보급하기 위하여 노력하였는데,『진부농서』에서는 남방 수도(水稻) 생산을 주된 대상으로 하지만, 본편을 통해 한전작물에 대해서도 다루고 있는 것 역시 이러한 이유에서이다. 게다가『진부농서』가 편찬된 소흥(紹興)19년(1149)은 양송(兩宋) 교체기로서, 북방 인구가 대량 남천하여 남방에서도 맥과 같은 한전작물이 생산될 필요가 있었던 사실도 본편 출현의 또 다른 이유이다.

88) 완궈딩의 교주에는, '상자(相資)'는 서로 돕는다는 의미이다. '상자이이용(相資以利用)'은 앞선 작물과 뒤의 작물을 배합하는 것을 가리키며 상호 교차하여 이용한다는 의미라고 한다.

餒之足憂哉.

정월에는 삼[麻枲][89]을 파종한다. 열흘 간격으로[90] 한 번씩 거름[糞]을 준다. 5, 6월에는 수확한다. 삼을 물에 담가서 껍질을 벗겨 내고 실을 꼬아서 베를 짜는데,[91] 이것은 부녀자들이

正月種麻枲. 間旬一糞. 五六月可刈矣. 漚剝緝績以爲布, 婦功之能事

89) 삼(麻)의 종류에 관해서 후다오징[胡道靜] 교주(校注), 『신교정몽계필담(新校正夢溪筆談)』 권26에서 "호마(胡麻)는 지금은 유마(油麻)라고 하며 다른 말은 없다. 나는 이미 『영원방(靈苑方)』에서 이것을 논한 바 있다. … 중국의 마(麻)는 바로 지금의 대마(大麻)이다. 열매가 있으면 저마(苴麻)라 하고 열매가 없으면 시마(枲麻)라고 하며, 또 모마(牡麻)라고도 한다. 장건이 처음에 대완(大宛)에서 유마(油麻)의 품종을 구해 왔는데, 이를 일러 마(麻)라고 하였기 때문에, 호마(胡麻)라고 불러 이것과 구별하였다. 한마(漢麻)라는 것이 곧 대마(大麻)이다.[胡麻直是今油麻, 更無他說. 予已於靈苑方論之. … 中國之麻, 今謂之大麻是也. 有實爲苴麻, 無實爲大麻, 又曰牡麻. 張騫始自大宛得油麻之種, 亦謂之麻, 故以胡麻別之, 謂漢麻爲大麻也.]"라고 되어 있다. 삼의 분류 방법은 『제민요술』과 거의 동일하며, 진부(陳旉)도 이에 따르고 있다. 다만 저마(苧麻)에 관해서는 『진부농서(陳旉農書)』 권下, 「뽕나무를 재배하는 방법[種桑之法]」 편에서도 기술하고 있는데, 묘치위[繆啓愉]의 『선독』에서는 '마시(麻枲)'를 대마(大麻)로 해석하고 있다.

90) 완궈딩의 교주에 따르면, '간순(間旬)'은 매 열흘[日旬] 간격을 가리키는데 예컨대 상순에 덧거름[追肥]을 하면 중순에는 시비하지 않고 하순에 다시 시비하는 것으로 실제는 20일마다 한 번 시비하는 것이라고 한다.

91) 완궈딩에 의하면, 『지부족재총서본(知不足齋叢書本)』에는 '구별집적(驅別緝績)'이라고 쓰여 있는데, '구별(驅別)'의 두 글자는 뜻이 통하지 않아서 '구박(漚剝)'의 잘못으로 보인다. 『함해본(函海本)』에도 '구박집적(漚剝緝績)'이라고 쓰여 있어 이에 따라 고쳐 바로잡았다. 삼을 수확한 후에는 반드시 먼저 물에 1개월 정도 담가야 비로소 껍질을 벗길 수 있다. '집(緝)'은 삼 껍질을 이어서 실 가닥으로 만드는 것이며, '적(績)'도 삼의 섬유질을 벗겨 내서 실을 꼬아 연속으로 방직하여 실을 만드는 것을 가리킨다. '구별(驅別)'을 '구박(漚剝)'으로 고친 것에 관해서는 오사와의 평주에서도 언급하고 있지만, 『제민요술』 권2 「종마(種麻)」 편에서는 "수확할 때는 잎이 매달리지 않게 깔끔하게 처리한다. 삼을 담글 때는 맑은 물을 써야 하고, 담근 삼은 삶은 정도가 적합해야 한다. 물이 맑지 않으면 삼이 검게 변질되고, 물이 적으면 삼이 약해진다. 충분히 삶지 않으면, 껍질 벗기기가 곤란해지고, 너무 오래 삶아서 문드러지면, 실이 잘 끊어져 감당하지 못하게 된다. 물은 미지근하여 얼지 않는 샘물이 가장 좋으며, 겨울에 담가서 꺼낸 것이 가장 부드럽고 질기다.[穫欲淨. 漚欲淸水, 生熟合宜. 濁水則麻黑, 水少則麻

감당하는 일이다.

2월에 조[粟]를 파종한다. 종자는 반드시 드문드문 파종하고 굴대[轆軸][92]로써 토지를 다져 주면, 땅이 단단해져 식물의 그루가 무성하게 뻗어나고 이삭도 크게 되어 알갱이도 견실해진다. 7월이면 수확하여 식량이 끊기는 걱정이 없게 된다.

깨[油麻]는 조생종과 만생종의 두 가지[93]가 있다. 3월에는 조생종 깨를 파종하는데 껍질이 갈라져서 갓 싹이 나오면, 호미로써 한 차례 김을 매어[94] 모종의 간격을 드문드문하게 해 준다. 한 달에 3차례 호미로 김을 매 주면 무성해

也.

二月種粟. 必疎播種子, 碾以轆軸, 則地緊實, 科本晐茂, 穡穟長而子顆堅實. 七月可濟乏絶矣.

油麻有早晩二等. 三月種早麻, 纔甲拆, 卽耘鉏, 令苗稀疏. 一月凡三耘鉏則茂盛. 七

脆. 生則難剝, 大爛則不任. 暖泉不冰凍, 冬日漚者, 最爲柔肕也.]"라고 하고 있다. 이는 '구박(漚剝)'이 타당하다는 근거가 된다고 하였다.

92) '녹축(轆軸)'은 『제민요술(齊民要術)』 권2 '수도(水稻)'조에 등장하는 '육축(陸軸)'과 동일한 것으로 보인다. 이것을 니시야마[西山]·구마시로[熊代]는 '이빨이 있는 롤러'라고 하고, 『왕정농서(王禎農書)』 「농기도보집(農器圖譜集)」에서는 '역택(礰礋)'이라고 풀이하고 있다.[『교정역주 제민요술(齊民要術)』 상(上), 105쪽]. 묘치위의 『제민요술교석(齊民要術校釋)』에서도 비슷하게 해석하고 있다. 묘치위의 『선독』, 9쪽에서는 '곤축(棍軸)'이라고 하고, 현대어로 '롤러', 즉 '이빨이 없는 롤러'로 풀이하고 있다. 여기에서 진부의 기록은 조[粟]의 파종 후의 복토(覆土) 및 진압(鎭壓) 작업을 뜻하기 때문에 이빨이 있는 롤러로 보기는 어렵다. 따라서 '녹축'은 묘치위의 『선독』에서 해석하고 있는 것처럼 '이빨이 없는 롤러'로 해석해 둔다. 『제민요술』에서는 이 작업에 '중달(重撻)'을 사용하고 있다고 한다.

93) 오사와는 평주, 125쪽에서 조생과 만생의 두 종류의 깨[胡麻]의 생육기간을 계산하면 4~5개월이며, 양자는 차이가 없다고 하였다. 여기서 말하는 조(早)·만(滿)이라는 것은 빨리 파종하고 빨리 수확하는 품종[早種早收], 늦게 파종하고 늦게 수확하는 품종[晩種晩收]을 지칭한다고 하였다.

94) 오사와의 평주 126쪽을 보면 '운서(耘鉏)'는 보통 중경제초(中耕除草)를 말하는데, 여기서는 '솎음'이라는 의미도 포함되어 있다고 한다.

진다. 7, 8월이면 수확할 수 있다.

4월이 되면 두류[豆]를 파종하며, 호미로써 김을 매는 것은 깨와 같다. 7월이면 익게 된다.

5월 중순 이후에는 만생종 깨를 파종하며, 호미로 김매는 것은 앞의 (조생종) 방식과 같으며 9월이면 익는다. 파종을 너무 늦게 해서는 안 된다. 파종이 늦으면 결실이 좋지 않고, 차가운 안개와 이슬을 맞을까 두렵다. 조생종 깨는 희고 깍지가 모여 떨기를 이루고 있는 것이 좋으며, 이를 일러 전협마纏莢麻라고 한다. 만생종 깨는 엽리숙葉裏熟이라고 부르는 종자가 좋은데, 이를 일러 오마烏麻[95]라고 하며 기름이 가장 좋다. 깨는 한 종류가 아닌데 오직 이 두 가지를 사람들이 가장 많이 파종한다. 무릇 깨를 수확한 이후에는, 반드시 먼저 쌓아서 하루 이틀 밤동안 덮어 준 이후에, 시렁에 걸쳐 햇볕에 말리고, 즉시 다시 거꾸로 기울어서 털어 낸다.[96]

八月可收也.

四月種豆, 耘鉏如麻. 七月成熟矣.

五月中旬後, 種晚油麻, 治如前法, 九月成熟矣. 不可太晚. 晚則不實, 畏霧露蒙冪之也. 早麻白而纏莢者佳, 謂之纏莢麻. 晚麻名葉裏熟者佳, 謂之烏麻, 油最美也. 其類不一, 唯此二者人多種之. 凡收刈麻, 必堆罨一二夕, 然後卓架曬之, 卽再傾

95) 오마(烏麻)는 검정깨이다. 유지(油脂)를 함유하고 있어, 약으로도 사용한다. 명대『본초강목(本草綱目)』「곡일(穀一)·호마(胡麻)」(附方)에서는 호마는 "흰머리를 검게 바꿔 준다.[白髮返黑.]"라고 하였고, 당대(唐代) 손사막(孫思邈)의 저서『천금요방(千金要方)』을 인용하여, 검정깨를 환으로 복용하는 방법을 소개하고 있다.["烏麻九蒸九晒, 研末, 棗膏丸, 服之."]

96)『제민요술(齊民要術)』권2의 '호마(胡麻)'조에 의하면 깨는 "베어서 작은 단[束]으로 묶는데, 대여섯 단을 한 묶음으로 만들어 비스듬하게 서로 기대게 한다. 참깨의 껍질이 터질 무렵에 수레에 실어 평평한 밭으로 옮겨 털어 내는데(주: 거꾸로 세워서 작은 막대기로 살살 쳐서 두드린다.) 다시 묶음을 만들어서 세워 둔다. 3일에 한 번씩 털면서 너덧 번 털어야 수확이 완료된다.[刈束欲小, 五六束爲一叢, 相倚之. 候口開, 乘車詣田斗藪(注: 倒豎, 以小杖輕打之), 還聚之. 三日一打, 四五遍乃盡耳.]"라고 되어 있다. 이것을 인용한『사시찬요(四時纂要)』권2「이월

오랫동안 덮어 두면 짜낸 기름이 짙은 검은색으로 변하게 된다.

5월이 되면 땅을 다스리는데, 깊게 갈아 엎어 부드럽게 하고, 새벽[五更]이슬을 맞게 한 이후에 5~7차례 호미[97]질을 해 주면 토양이 더욱 윤기가 난다. 몇 차례 계속해서 거름을 주고 또 다시 호미질하여 덮어 준다.[98] 칠월

倒而盡矣. 久罨則油暗.

五月治地, 唯要深熟, 於五更承露鉏之五七徧, 卽土壤滋潤. 累加糞壅, 又復鉏轉. 七夕已

(二月)」의 문장에는 "베어서 작은 단[束]으로 묶는데, 대여섯 단을 한 묶음으로 만들어 비스듬하게 서로 기대게 한다. 참깨의 껍질이 터질 무렵에 수레에 실어 평평한 밭으로 옮겨 단을 거꾸로 세워 작은 막대기로 가볍게 쳐서 털어 내는데, 다시 다발로 만들어 (말려) 3일에 한 번씩 턴다. 너덧 번 털어야 수확이 완료된다.[刈束欲小, 五六束爲一叢, 相倚之. 候口開, 乘車詣田, 逐束倒竪, 小杖輕打之, 斗藪取了, 還聚之, 三日一打. 四五遍乃盡耳.]"라고 하여 잘 정리하고 있다. 또 이 두수(斗藪)에 관해서 니시야마[西山]·구마시로[熊代]는 "때리다."라고 풀이하고 있는데, 묘치위는 "이것은 곧 참깨의 줄기를 뒤집어서 가볍게 두드리고 참깨를 털어낸 정황이다."(묘치위, 『제민요술교석(齊民要術校釋)』, 109쪽)라고 보고 있다.

97) 진부의 기술에는 호미[鉏]가 종종 등장하는데, 이것의 용도는 중경 제초용으로만 쓰이는 것은 아니다. 오사와에 따르면, 보통 중경 제초용의 호미는 『왕정농서(王禎農書)』「농기도보집(農器圖譜集)」에 기술되어 있는 것처럼, 안쪽으로 굽은 머리 부분이 쇠로 된 날이 붙어 있지만[우서(耰鉏), 누(耨), 서(鉏) 등] 이 형태는 다음 각주에 나오는 전경(轉耕) 등의 작업에 적합하지 않다고 한다.

98) 서전(鉏轉)의 '전(轉)'에 대해 『제민요술』 권1 「경전(耕田)」편에는 "초경은 깊이 갈이하고 (재경하여) 땅을 뒤엎을 때는 얕게 해 준다. 주: 갈이가 깊지 않으면 땅이 부드럽지 않고, 번토가 얕지 않으면 생토가 일어난다.[初耕欲深, 轉地欲淺. 註: 耕不深, 地不熟, 轉不淺, 動生土也.]"라고 하고, 『왕정농서(王禎農書)』「농상통결집(農桑通訣集)·간경(墾耕)」편에는 "토지를 경작하는 방법에서 아직 경작하지 않은 것을 생(生)이라 하고, 이미 경작한 것을 숙(熟)이라 하며, 처음 경작한 것을 탑(塌)이라 하고 다시 경작하는 것을 전(轉)이라고 한다.[耕地之法, 未耕曰生, 已耕曰熟, 初耕曰塌, 再耕曰轉.]"라고 되어 있다. 때문에 전(轉)은 두 번 경작한다는 의미로 볼 수 있다. 그런데 오사와는 진부의 경우는 그 의미가 약간 다르게 사용되고 있다고 한다. 진부는 비료나 뿌리[根荄]를 경작된 토지에 넣는 경우(「김매기의 합당함[薅耘之宜]」편, 하권[卷下] 「뽕나무를 재배하는 방법[種桑之法]」편)와 "또한 두 차례 갈고 써레질하여 뒤엎는다.[又再三耕耙轉.]"는 것과 같

칠석[7월 7일] 이후에 무[蘿蔔]와 배추[菘菜][99]를 파종하면 그루가 크고 맛이 좋다. (파종할 때는) 거름[糞]을 가는 체에 쳐서 종자와 섞어 이랑에 흩어 뿌리되[100] 드문드문 뿌려 주는 것이 가장 중요하다. 구운 토분[土糞][101]을 거름하면 서리와 눈이 내려도 시들지 않는다. 석회를 섞어 뿌리면 벌레가 먹지 않는다. 더욱이 장어[102]

後, 種蘿蔔菘菜, 即科大而肥美也. 篩細糞和種子, 打壟撮放, 唯疏爲妙. 燒土糞以糞之, 霜雪不能彫. 雜以石灰, 蟲不能蝕. 更

이 경작된 토양을 잘게 부수는 경우(「모근을 좋게 하기[善其根苗]」편)에도 '전(轉)'자를 사용하고 있는데, 이들은 모두 시비와 관련된 문맥이다. 이처럼 진부는 앞에서 언급한 방법과는 다른 용법으로 이 글자를 사용하고 있기 때문에, 이들의 의미를 전부 포함해서 "전경(轉耕)한다."라고 하였다.

99) 배추[菘菜]에 관해서는 쩡슝성[曾雄生], 『中國農業與世界的對話』, 貴州民族出版社, 2013, 119쪽을 참조.

100) 촬방(撮放)으로, 촬(撮)은 '집다'는 뜻으로 풀이하는 경우가 많으므로 "집어 파종한다."는 의미에 따른다. 즉 점파(點播)이고, 묘치위의 『선독』에서는 "구덩이를 파서 점파한다.[打窩點播.]"라고 풀이하고 있다. 그러나 오사와에 따르면, 원문의 '촬(撮)'은 후술하는 「토지에 거름 주기[糞田之宜]」편에도 보이는데, 거기에는 "손에 쥐고 듬성듬성하게 뿌려 준다.[疎把撮之.]"라고 되어 있다. 여기서 '집다'라는 의미는 통하지 않는다. 그렇지만 『제민요술』 권3 「만청(蔓菁)」조에서는 "배추와 무를 파종하는 방법은 순무와 같다.[種菘, 蘆菔法, 與蕪菁同.]"라고 되어 있고, 이 순무는 "칠월에 처음 파종하고, 1무에 종자 3되를 사용하여 흩뿌리는데, 수고로움이 많다.[七月初種之, 一畝用子三升, 漫散而勞.]"라고 되어 있기 때문에, '흩뿌리다[漫散]'는 의미이다. 한편 『왕정농서(王禎農書)』 「백곡보집지삼(百穀譜集之三)·나복(蘿蔔)」조에는 "파종은 순무의 방식과 같으며, 종자 1되로써 20개의 고랑에 파종할 수 있다.[種同蔓菁法, 每子一升, 可種二十畦.]"라고 되어 있다. 순무의 항목에서는 『제민요술』 권3 「만청(蔓菁)」조의 내용이 인용되어 있다. 따라서 순무의 파종법에 관해서는 이랑을 만들 것인가 그렇지 않을 것인가의 차이는 있지만, 『제민요술』과 『왕정농서』 모두 '흩어 뿌림'의 의미로 되어 있다. 그렇다면 촬(撮)은 이러한 의미로 해석해야 할 것이며, 현대적인 의미로는 '내던지다'의 의미에 가깝다. 여기서는 이러한 것에 의거하여 풀이한다고 한다.

101) '토분(土糞)'에 관해서는 후술하는 「모근을 좋게 하기[善其根苗]」편의 '화분(火糞)'의 설명에서 잘 제시하였다.

102) 완궈딩의 교주에 따르면, 장어[鰻鱺魚]는 몸집이 길고 원통과 비슷하며 점액이 많다. 간단히 '만어(鰻魚)'라고도 하며 '백선(白鱓)'이라고도 부른다고 한다.

머리뼈를 삶은 즙에 종자를 담가[103] 파종하면 더욱 좋다.

7월에 땅을 손질할 때는 여러 차례 거름을 주고 호미질 해 준다.[104] 8월에는 사일社日[105] 전에 맥[冬麥]을 파종할 수 있다. 여러 차례 김매고 거름을 주는 것이 좋다. 맥은 양사[秋社와 春社]가 지나면 수확이 배가 되고 열매도 견실해진다.

『시경詩經』에 이르기를, "10월에 화곡류禾穀類를 수확하는데, 만생종, 조생종의 메기장[黍]과 차기장[稷]이 있고, 조[禾], 대마, 콩, 맥류[麥]와 같은 품종도 있네."라고[106] 하였는데, 모든 것을

能以鰻鱺魚頭骨煮汁漬種，尤善．

七月治地，屢加糞鉏轉．八月社前，即可種麥．宜屢耘而屢糞．麥經兩社，即倍收，而子顆堅實．

詩曰，十月納禾稼，黍稷穜稑，禾麻菽麥，無不畢有，以資歲計，尙何窮

103) 뱀장어의 즙에 적셔 파종하는 방법은『사시찬요(四時纂要)』 권4 「칠월(七月)·종만청(種蔓菁)」의 조항에 인용된『산거요술(山居要術)』에도 보이는데, 즉 "이 달 상순에 그것을 파종하며, 묵혀 두고자 한다면 마른 뱀장어의 즙에 적셔, 종자를 햇볕에 말리면 반드시 해충이 없게 된다.[此月上旬種之, 欲陳者, 以乾鰻鱧魚汁浸之, 曝乾種, 必無蟲矣.]"라고 되어 있다. 이러한 처리법은 명대(明代)에도 보인다(와타베 다케시[渡部武],『四時纂要譯注稿』, 1982, 137쪽)고 하였다.

104) 맥류[麥] 파종 전의 작업에 관해서는 「갈이와 김매기[耕耨之宜]」편에 잘 제시되어 있다.

105) 완궈딩의 교주에서 '사(社)'는 사일(社日)을 가리키고, 입춘 후 다섯 번째 무(戊)일을 춘사(春社)라고 하며, 입추 후 다섯 번째 무일을 추사(秋社)라고 했다.

106) 완궈딩의 교주에 의하면,『시경』「빈풍(豳風)·칠월(七月)」편의 "9월에 밭두둑을 쌓아 채마밭을 만들고, 10월에 화곡류를 수확하는데 메기장·차기장[黍稷]의 만생종·조생종이 있고, 조[禾]·대마·콩·맥류[麥]와 같은 품종도 있네."라는 문장을 모전(毛傳)에서는 "늦게 익는 것을 '중(重)'이라 하고, 먼저 익는 것을 '육(穋)'이라고 한다."라고 한다. 진부는 '동육(穜稑)'이라고 쓰고 있는데, 이는 곧 '중육(重穋)'의 이체자(異體字)이다. 공영달(孔穎達)의 주소(註疏)와 주희(朱熹)의 주(註)에서는 모두 이 화(禾)는 두루 쓰이는 이름이며, 메기장·차기장[黍稷]의 만생종·조생종을 포함할 뿐만 아니라, 또한『시경』에는 열거되지 않은 벼[稻]·찰조[秫]·고(菰)·고량[粱] 등의 화곡류(禾穀類)도 그 속에 포함되어 있다. 그러나 삼[麻], 콩[菽], 맥류[麥]는 화(禾)의 반열에 들어 있지 않다고 한다.

갖추고 있으면 한 해 가계에 보탬이 되지 않는 것이 없으니 오히려 어찌 부족하고 모자라서 끊기는 근심이 있을 수 있겠는가.

匱乏絶之患耶.

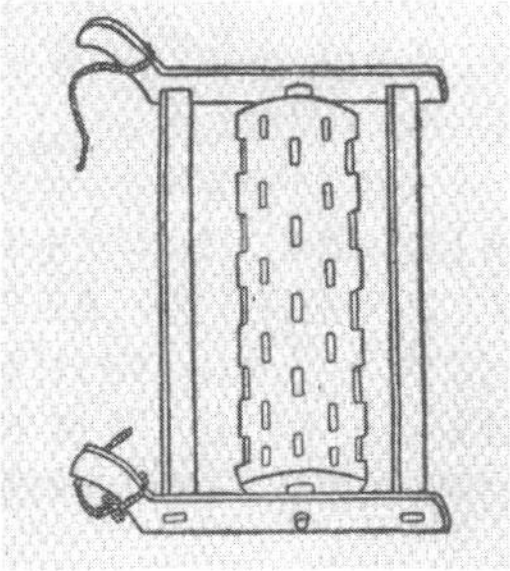

그림 10_ 석역택石礰礋: 『왕정농서』「농기도보집」

그림 11_ 호마胡麻

그림 12_ 대마大麻

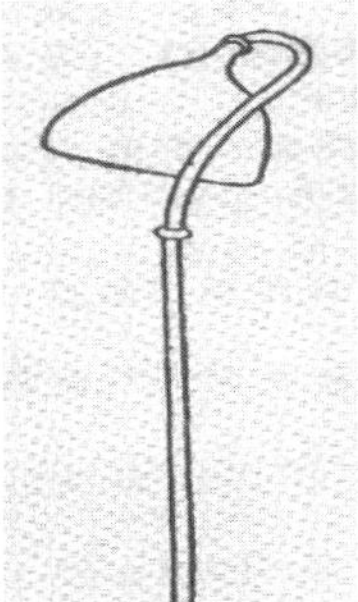

그림 13_ 우서耰鋤: 『왕정농서』「농기도보집」

그림 14_ 기장[黍]

그림 15_ 조[粟]

居處之宜篇第六

제 6

거처의 적당함

선왕은 사농공상의 사민四民을 정주하게 하고, 토지의 비옥도에 따라 수전授田할 때에도107) 도리가 있었다. 농민에게는 5무畝의 땅을 거처로 정하고, 2무 반은 마을[廛] 내에 두었다.108) 『시경

先王居四民, 時地利亦必有道矣. 制農居五畝, 以二畝半在廛. 詩云,

107) 완궈딩[萬國鼎]의 교주에는 이 문장을 "先王居四民時, 地利亦必有道矣."라고 읽고 있는 데 반해, 오사와는 원문을 '시지리(時地利)'를 붙여서 읽고 있다. 『서경(書經)』「주관(周官)」"司空掌邦土, 居四民, 時地利."에서 인용한 부분의 전(傳)에 "동관의 경이 국가의 경작하지 않는 토지를 주관하고, 사농공상의 사민들을 거주하게 했으며, 자연의 시간[天時]에 따르고 토지의 비옥도[地利]를 감안하여 수전했다.[冬官卿主國空土, 以居民士農工商四人, 使順天時, 分地利, 授之土.]"라는 것의 '분지리(分地利)'에 대해서 오사와는 이것을 와타나베 신이치로[渡邊信一郞]가 연구한 '분전(分田)'의 용법으로 보고 있으며(와타나베 신이치로, 『中國古代社會論』, 제3장 참조), 오사와 역시 '시지리(時地利)'라고 읽는 것이 좋다고 보았는데, 이때 '시(時)'는 '사(伺)', '사(司)'의 의미로 해석하고 있다.

108) 완궈딩의 교주에서 말하길, '전(廛)'은 곧 '전(廛)'으로 『주례(周禮)』「재사(載師)」편의 정현 주에서는 "전(廛)은 백성들이 거주하는 구역이다."라고 한다. 후한 초 정사농(鄭司農)은 『주례(周禮)』 전(廛)에 대해 "시장[市]의 빈터에 아직 가게가 없는 곳, 성내의 빈터에 주택이 없는 곳"이라고 풀이하고 있다. 진부도 이러한 해석에 근거한 듯하다. 여기서는 마을과 밭에 설치된 주거지 혹은 경작을 위한 작은 집으로 이해하고 있다.

詩經』에 이르기를 "이 집[室]에 들어와서 산다."[109] 라는 것이 바로 이것이다. 2무 반의 집은 밭 가운데에 있었는데 『시경詩經』에서 "밭 가운데에 오두막[廬]이 있다."[110]라는 것이 이것이다.

바야흐로 따비[耜]를 준비하여 발을 들어 (입토하여) 땅을 일굴 때가 되면,[111] (집에서 나가) 밭 가운데의 오두막집에 거처함으로써 농사일을 편리하게 하였다. 그곳에서 씀바귀를 캐고, 땔나무를 채취하여 농민들이 생활을 영위했다. (오두막 앞의 넓은 마당을 손질하여) 채소밭을 만들어 채소를 심는데, 『시경詩經』에서 이르는 "마당가에 외[瓜]가 달려 있다."라고 하는 것이 이것이다. 또 담장 아래에는 뽕나무를 심어서 누에 치기에 편리하였다.[112] 옛 사람들이

入此室處者是也. 以二畝半在田, 詩云中田有廬者是也.

方于耜擧趾之時, 出居中田之廬, 以便農事. 俾採荼薪樗, 以給農夫. 治場爲圃, 以種蔬茹, 詩所謂疆場有瓜是也. 又牆下植桑, 以便育蠶. 古人治生之理, 可謂曲盡矣. 至九月築圃爲

109) 『시경(詩經)』「빈풍(豳風) · 칠월(七月)」에서 "10월에 귀뚜라미가 나의 침상 밑으로 들어오고, 쥐구멍과 연기가 새는 곳을 막고 북쪽창의 창문 틈 사이를 흙을 채워 메운다. 아! 나의 처자여 한 해가 바뀌게 되어 이 집에 들어와서 살게 되는구나.[十月蟋蟀入我牀下, 穹室熏鼠, 塞向墐戶. 嗟我婦子, 曰爲改歲, 入此室處.]"라고 하고 있다.

110) 완궈딩의 교주에 따르면, 『시경』「소아(小雅) · 신남산(信南山)」에서는, "밭 가운데 오두막[廬]이 있고, 마당가에는 외[瓜]가 자라니 깎아 먹기도 하고 절여 김치도 담그는구나!"라고 하는데, 정현의 전주[箋註]에서는, "중전(中田)은 밭 가운데이다. 농민이 그곳에 오두막[廬]을 지어서 농사일을 편리하게 하였다."라고 한다. 또한 여기에서 '역(埸)'의 음은 '역(亦)'이고, '강역(疆埸)'은 토지의 경계를 가리킨다고 한다.

111) 『시경』「빈풍(豳風) · 칠월(七月)」의 "3월[음력으로는 정월]에 따비를 준비하고, 4월[음력으로는 2월]에는 발을 들어서 (입토하여) 땅을 일군다.[三之日於耜, 四之日擧趾.]"에 보인다.

112) 『맹자(孟子)』「진심장구상(盡心章句上)」"五畝之宅, 樹牆下以桑, 匹婦蠶之, 則老者足以衣帛矣."

생계를 도모하는 데 몸과 마음을 다했다는 것을 알 수 있다. 9월이 되면 채소밭을 (타작)마당으로 만들고, 10월이 되어 화곡류禾穀類를 수확하면[113] 한 해의 농사일이 끝난다.

봄에는 밭을 갈고 씨를 뿌리면서, 충분히 노동하고, 가을에 수확하고 나면 또한 휴식을 취할 수 있다.[114] 이리하여 노인을 모시고 어린이를 데리고, 마을의 집에 들어와서 살게 된다. (농민들이) 오랫동안 밭 가운데의 오두막에 거처하느라 마을의 집을 내버려 두고 관리하지 않았기 때문에 (우선) 쥐구멍과 연기가 새는 곳을 막고, 북쪽 창문 틈 사이를 흙을 채워 메운다.[115]

『국어國語』에 "관중管仲은 사민四民을 거주시킬 때 제각기 거주 지역을 정해 섞여 살지[116] 못하게 했다."고 하는데, 이는 그 생업에 전념하여 본분에서 벗어나[117] 그 뜻을 흐트러지지

場，十月而納禾稼，則歲事畢矣.

春耕種，形足以勞動，秋收斂，亦可休息矣. 于是扶老攜幼，入此室處. 以久居中田之廬，則鄽居荒而不治，于是穹窒熏鼠，塞向墐戶也.

國語載管仲居四民，各有攸處，不使厖雜，欲其專業，不爲異端紛更其志

---

113) 이 단락은 『시경』「빈풍(豳風)·칠월(七月)」편에서 채용한 것이다. "7월에 외를 먹고, 8월에는 박을 타고, 9월에는 삼씨를 줍고, 씀바귀나물을 캐고, 땔나무를 하여 우리 농민을 부양하도다. 9월이 되면 채소밭을 (타작)마당으로 만들고, 10월에는 화곡류(禾穀類)를 수확한다."라고 하였는데, 완귀딩은 교주에서 「신남산(信南山)」편의 "마당가에 외가 달려 있도다."와 『맹자』의 "담장 아래에 뽕나무를 심다." 역시 같은 의미로 쓰였다고 한다.

114) 『장자(莊子)』「양왕(讓王)」"春耕種, 形足以勞動. 秋收斂, 身足以休食."

115) 『시경(詩經)』「빈풍(豳風)·칠월(七月)」"穹窒熏鼠, 塞向墐戶."

116) 완귀딩의 교주에서는 '방잡(龐雜)'이라고 본 데 반해, 오사와는 '방난(厖雜)'으로 보고 있다.

117) 『논어(論語)』「위정(爲政)」편의 "공자가 이르기를 이단을 공격함으로 피해도 없어졌다.[子曰, 攻乎異端, 斯害也已矣.]"라고 하며, 오사와는 평주에서 이단(異端)을 유행을 좇는 "정통이 아닌 가르침"으로 풀이하고 있다.

않게 하기 위함이었다. 추위를 피해 따뜻한 곳을 찾고, 힘든 일을 뒤로하고 편안함을 누리려는 것이 백성의 심정이다. 각자의 거주지에 머무는 까닭은 편안하기 때문이다. 이것이 선왕이 백성을 아끼는 정치인 것이다.

也. 違寒就溫, 去勞就逸. 所以處之各得其宜. 此先王愛民之政也.

비록 지금은 이와 같지 않을지라도, 중요한 것은 백성들이 밭 가까운 곳에 거주하게 되면, 여러 가지 편리한 점이 있고, 일하기가 쉽다는 점이다. 농언에 이르기를, "집이 (논밭에서) 가까우면 척박한 땅이 없게 되고, 논밭이 (집에서) 멀리 떨어져 있으면 부자가 되는 사람이 없다."라고 하는 것을 어찌 믿지 않겠는가?118)

今雖不能如是, 要之, 民居去田近, 則色色利便, 易以集事. 俚諺有之曰, 近家無瘦田, 遙田不富人, 豈不信然.

그림 16_ 여사[廬舍: 전사田廬]: 『왕정농서』「농기도보집」

그림 17_ 따비보습[耜]

118) 이처럼 주거와 경지가 밀착되어 있는 형태는 농업경영에서 종종 있을 수 있는 상태이고, 진부도 이러한 의미에서 본편을 하나의 장으로 분류해 놓았다고 생각된다. 실제 본서 권下「뽕나무를 재배하는 방법[種桑之法]」편을 보면, 뽕나무밭[桑圃]이 집으로부터 멀리 떨어진 경우와 집과 가까운 경우에 관해서 서술하고 있다. 따라서 현실적으로는 뽕나무밭[桑圃]뿐만 아니라 경지(耕地)의 소재지는 멀고 가까운 등 다양한 형태였던 것으로 생각된다. 이는 송대(宋代)에 보이는 경지(耕地)의 세분화를 나타내는 것이기도 하다. 이와 같이 농업경영에서 있을 수 있는 모습을 제시한 진부의 기본적인 자세를 여기에서도 볼 수 있다고 오사와는 논평하고 있다.

제 7 토지에 거름 주기

糞田之宜篇第七

토양의 기氣와 맥脈의 성질은, 그 유형이 하나같지 않아서, 비옥하기도 하고 척박하기도 하여, 좋고 나쁨이 같지 않다.[119] 따라서 그것을 다스리는 데는 제각기 적합한 방법이 있다.

대체로 검은 토양의 땅은 좋다고 하지만, 비옥함이 지나치면 농작물은 무성할지라도 열매는 견실하지 못하다.[120] (이런 경우에는) 경작

土壤氣脈, 其類不一, 肥沃磽埆, 美惡不同. 治之各有宜也.

且黑壤之地信美矣, 然肥沃之過, 或苗茂而實不堅.

119) 『논형(論衡)』 「솔성(率性)」 "夫肥沃墝埆, 土地之本性也, 肥而沃者性美, 樹稼豊茂, 墝而埆者性惡, 深耕細鋤, 厚加糞壤, 勉致人功, 以助地力."

120) 완궈딩[萬國鼎]의 교주에 따르면 토양은 지나치게 비옥한 것을 싫어한다. 간혹 흙 속에 함유된 속효성의 질소가 너무 많아 작물이 웃자라서 결실을 맺지 못하게 된다. 여기서 말하는 검은 토양이란 점토성의 부식토를 가리키며, 만약 사질토의 새 흙으로써 섞어 주면 토양의 구조를 개선하여 유기질의 분해가 촉진된다. 이른바 "푸석하고 굳센 것이 적당하게 된다."라는 것은 이 같은 현상을 가리키는 것이라고 한다. 이 '검은 토양[黑壤]'에 관해서 완궈딩의 교주, 34쪽에서는 '점토질의 부식토[粘質腐植土]'를 '모래 성질의 새흙[沙質新土]'과 혼합하여 토양의 구조를 개량하고 유기질의 분해를 촉진할 수 있다고 하였다. 이 땅은 속효성의 질소 성분이 많은 것을 의미한다. 이에 대해 아다치 게이지[足立啓二]는 이러한 기술이 등장한 것은 당시의 수도(水稻)를 비롯한 작물에는 비옥한 토양에 잘 견디는 성

하지 않은 새로운 흙을 가져다 섞어 풀어 주면 토양은 비옥도가 적당하게 된다.121) 척박한 땅은 메말라서 좋지 않다고 하지만, 토양에 거름을 주고 잘 배양하면, 그 싹이 무성해지고 열매도 견실해진다.

當取生新之土以解利之, 卽疏爽得宜也. 磽埆之土信瘠惡矣, 然糞壤滋培, 卽其苗茂盛而實堅栗也.

비록 토양의 적합한 성질은 다르지만, 그것을 어떻게 다스릴 것인가를 고려하여 적절히 관리하면, 모두 바라는 바를 얻을 수 있다.

雖土壤異宜, 顧治之如何耳, 治之得宜, 皆可成就.

『주례周禮』에서의 초인草人은122) "토양을 개

周禮草人掌土化

질이 결핍되어 있다는 것을 간접적으로 말해 주는 것이라고 하였다.(아다치 게이지, 「宋代における兩浙水稻作の生産力水準」, 『文學部論叢(熊本大學)』 17, 1985, 86쪽을 참조.)

121) '상(爽)'은 통기성이 좋아진다는 의미로서 후술하는 「모근을 좋게 하기[善其根苗]」 편의 각주를 참고하라.

122) 완궈딩의 교주에 의하면, 『주례(周禮)』 「초인(草人)」 편에서는 "掌土化之法以物地, 相其宜而爲之種. 凡糞種, 騂剛用牛, 赤緹用羊, 墳壤用麋, 渴澤用鹿, 鹹潟用貆, 勃壤用狐, 埴壚用豕, 彊檗用蕡, 輕爂用犬."이라고 하였는데, 정현이 주석하기를 "토양을 개량하는 법은 그것을 바꾸어 기름지게 하는 것으로 범승지의 기술과 같다. 원문의 '이물지(以物地)'는 그 형색을 살펴서 파종하는 것이다. 황백색의 토지에는 화곡류를 파종하기에 적합하다."라고 하였다. 또 이르기를 "무릇 분종이라고 하는 것은 모두 삶아 즙을 내어 담가 파종하는 것이다. … 정사농은 이르기를 '용우(用牛)는 소뼈의 즙에 종자를 담그는 것으로 이를 분종(糞種)이라고 한다."라고 했다. 하지만 분종이 뼈 즙을 달여서 종자를 담그는 것인지 아니면 똥[糞便]과 함께 시비하는 것인지는 다소 의문이 있다. 진부가 뼈 즙을 사용했는지 아니면 똥[糞便]을 사용했는지에 대한 설명은 없다. 그중에서 분(蕡)은 삼씨이고, 어떤 짐승의 뼈가 아니다. 지금 잠시 '용우(用牛)'를 '우분(牛糞)'으로 사용한 것으로 해석해 보자. 무엇 때문에 가치 없는 것을 연구했는지 의문이며, 상이한 짐승의 뼈나 똥을 구분하여 토양에 시비한 것도 이치에 합당하지 않고, 또 합리성도 매우 적다. 여기에서 다만 한 가지 얻을 수 있는 것은 9종류의 상이한 토양을 제시하고, 아울러 서로 다른 토양에는 상이한 시비법을 사용해야 한다는 인식을 제기한 것이다.

량하는 방법을 관장하였다. 작물과 토양에 합당한 비료를 선정하여 파종하였다."라고 한다. (이는) 토양의 등급을 구별하여 비료를 주고 다스렸다는 것이다. 아울러 흙 중에 붉고 굳센 토양[騂剛]에는 소뼈를 달여 그 즙에 종자를 담가 파종[糞種]123)하는 것이 적합하고, 붉은빛 토양[赤緹]의 시비는 양의 뼈 즙에 담가 파종한다. 물이 많은 토양[渴澤]은 사슴의 뼈 즙에 담가 파종하고, 소금기 많은 토양[鹹潟]은 오소리 뼈 즙에 담가 파종하며, 분양토[墳壤]는 큰사슴의 뼈 즙에 담가 파종하고,124) 쉽게 흩날리는 토양[勃壤]은 여우의 뼈 즙에 담가 파종하며, 흑색의 차진토양[埴壚]은 돼지의 뼈 즙에 담가 파종하고, 굳고

之法. 以物地相其宜而爲之種. 別土之等差而用糞治. 且土之騂剛者糞宜用牛, 赤緹者糞宜用羊. 以至渴澤用鹿, 鹹潟用貆, 墳壤用麋, 勃壤用狐, 埴壚用豕, 彊檃用蕡, 輕爂用犬, 皆相視其土之性類, 以所宜糞而糞之, 斯得其理矣. 俚諺

123) 분종(糞種)에 대해, 『주례(周禮)』 해당 조(條)의 정현 주(注)에는 "무릇 분종(糞種)하는 까닭은 모두 삶아서 즙을 취하는 것을 이른다. … 갈택(渴澤) 토양은 물이 고여 있는 곳이며, 석(潟)은 소금기이고, 환(貆)은 오소리이다. 발양(勃壤)은 토양이 가루로 분해되어 흩날리는 것이다. 식양(埴壤)은 성글게 차진 것이고, 강함(强檃)은 굳고 딱딱한 토양이며 경포(輕爂)는 가볍고 무른 토양이다.[凡所以糞種者, 皆謂煮取汁也. (中略) 渴澤, 故水處也, 潟, 鹵也, 貆, 貒也. 勃壤, 粉解者. 埴壤, 黏疏者, 强檃, 强堅者, 輕爂, 輕脆者.]"라고 하며, 이에 대해 정사농은 "소를 쓴다[用牛]는 것은 소뼈 즙에 종자를 담구는 것이고, 이를 분종이라고 한다.[鄭司農云, 用牛, 以牛骨汁漬其種也, 謂之糞種.]"고 하였다. 아마노 모토노스케[天野元之助], 「中國における施肥技術の展開」(1), 『松山商大論集』 10-2, 9는 "두 명[二鄭]의 해석이 틀리지 않았다면 이는 주술적인 조치로 행해졌다고 볼 수 있다."라고 하였으며, 오사와의 평주에서는 선진시대에 시비가 보편적으로 행해지고 있다는 견해에 의문을 표시하였다.

124) 완궈딩 교주에 따르면, 『진부농서(陳旉農書)』의 원작에는 "以至墳壤用糜, 渴澤用鹿, 鹹潟用貆."이라고 적혀 있다. 그런데 『주례(周禮)』에서는 본문과 같이 '분양(墳壤)'을 '함석(鹹潟)'과 '발양(勃壤)' 사이에 배치하여 '분양(墳壤)'과 '발양(勃壤)'을 서로 접하게 하고 있다. 진부(陳旉)가 이처럼 『주례(周禮)』와 같이 (이전처럼) 다시 고쳐 배열한 것은 폐단만 있지 도움이 되지 않았기 때문이라고 한다.

딱딱한 토양[彊檗]은 삼씨[蕡] 달인 물에 섞어 파종하며, 가볍고 무른 토양[輕㓇]은 개의 뼈 즙에 종자를 담가 파종하는데, 모두 그 토양의 성질을 살펴서 그에 합당한 거름으로 시비하는 것이 이치에 합당하다. (지금) 농언에서 비료를 '분약糞藥'이라 이르는 것은 (농작물에) 거름을 주는 것이 마치 (사람에게) 약을 쓰는 것 같다고 하여 그리 말한 것이다.

謂之糞藥, 以言用糞猶藥也.

무릇 농가의 거주지 곁에는 반드시 거름간[糞屋]을 설치하는데, 처마와 기둥을 낮게 하여서 바람이 휘날리고 비가 들이치는 것을 막아야 한다. 또한 거름이 노천에서 별과 달에 노출되면 역시 거름기가 손실된다.[125] 거름간 속에는 깊은 구덩이를 파고 (그 바깥쪽에) 벽돌로 담을 쌓아서, 물이 새거나 빠져나가지 못하게 해야 한다.

凡農居之側, 必置糞屋, 低爲簷楹, 以避風雨飄浸. 且糞露星月, 亦不肥矣. 糞屋之中, 鑿爲深池, 甃以磚甓, 勿使滲漏.

(그곳에는) 청소하면서 생긴 흙, 불에 태운 초목의 재, 탈곡 후에 까불러서 생긴 곡물의 겨나 쭉정이, 흐트러진 볏짚과 떨어진 낙엽 등을 쌓아 두고 태워서, (다시) 그 위에 똥오줌을 뿌려 오랫동안 쌓아 두면 (부숙이 되면서 풀이 죽어)

凡掃除之土, 燒燃之灰, 簸揚之糠粃, 斷稿落葉, 積而焚之, 沃以糞汁, 積之既久, 不覺其

125) 『농학사(農學史)』(하), 43쪽에서는 "비료를 쌓아 저장할 때 만약 햇볕을 쬐고, 비를 맞고 바람에 노출되면 쉽게 비료의 효과가 손실된다."라고 한다. 즉 노천(露天)에 비료를 그대로 두면 비료의 효과를 잃게 된다는 의미이다. 또 탕치위[唐啓宇] 편저, 『중국농사고(中國農史稿)』, 농업출판사(農業出版社), 1985, 582쪽. 이후 『농사고(農史稿)』라 약칭한다.]는 "양분이 손실됨에 따라"라고 주석하고 있다. 이것은 바로 다음의 각주에서 보이는 것처럼 질소 성분을 잃어버릴 수 있다는 것을 의미한다. 이러한 지적은 과학적인 근거를 지니고 있다. 오사와는 다만 그것을 "거름기가 없어진다."라고 해석하는 것은 곤란하다고 하였다.

그것이 많다는 것을 깨닫지 못하게 된다.126)

무릇 파종하고자 할 때에는 (거름을) 체로 쳐서 돌이나 기와조각을 제거하고, 곱고 부드러운 비료를 취하여 종자와 고루 섞어서 손에 쥐고 듬성듬성하게 뿌려 준다.127) 싹이 자라나면, 또 비료를 흩뿌리고 복토한다. 이렇게 하면 수확이 배가되지 않는다고 어찌 걱정을 하겠는가?

혹자는 말하기를 "토양이 피폐하면 초목이 자라지 않고, 땅기운이 쇠퇴하면 생물128)이 잘

多.

凡欲播種, 篩去瓦石, 取其細者, 和勻種子, 疎把撮之. 待其苗長, 又撒以壅之. 何患收成不倍厚也哉.

或謂土敝則草木不長, 氣衰則生命

126) 오사와는 평주, 133쪽에서 이 같은 거름간[糞屋]에 의한 복합비료의 제조 방법은 근현대까지는 존재하지 않았다고 한다. 예를 들면 아마노 모토노스케[天野元之助], 「中國における施肥技術の展開」(1), 『松山商大論集』 10-2에서는 전쟁 중에 행해진 강남 삼각주의 답사에서 이러한 '분옥'을 볼 수 없었다고 했다. 또 와그너가 열거한 비료 중에는 '혼합비료'가 비교적 이와 유사하지만, 그것은 마른 연못이나 물기가 있는 '경작토양이나 부식토'가 중심이었다는 점에서[Wilhelm Wagner(高山洋吉譯), 『중국농서(中國農書)』, 하(下), 刀江書院, 1972, 56쪽] 진부가 기술하고 있는 비료와는 전혀 다르다. 이러한 진부의 비료가 현재까지 전해지지 않는다는 사실은 이 비료가 어떤 결함이 있고, 그 후 이러한 결함이 역사적으로 극복되었기 때문에 사라진 것으로 추정하고 있다. 이러한 문제점에 관해서 일찍이 천주궤이[陳祖槼]는 "이러한 혼합은 비료 중의 질소 성분을 상실하게 하여 비력을 저하시킨다."(陳祖槼, 「中國文獻上的水稻栽培」, 『農史硏究集刊』 第二策, 1960)와 같이 재[灰]와 똥오줌[糞汁]을 혼합하면 질소성분을 잃을 수 있다고 지적했다. 그리고 중국농업과학원(中國農業科學院), 『중국농학사(中國農學史)』(하), 科學出版社, 1984, 43쪽에서는 이 점을 상세히 언급하여, '똥오줌[糞汁]'과 '재[灰]'가 접촉하면 암모니아염이 발생하지만 재 속의 탄산칼륨과 화학 변화를 일으켜 암모니아가 날아가 버린다고 한다. 한편 와그너는 [앞의 책, 『중국농서(中國農書)』, 51~53쪽] 분뇨비료가 분해되어 가는 과정에서 질소성분이 상실되어 가는 데이터를 제시하고 있다. 이런 지적을 인정한다면 송대(宋代) 이후의 역사적 과정에서 이러한 결점은 경험적으로 극복되어 갔을 것으로 보인다. 따라서 진부가 제시한 비료는 역사적인 한계를 염두에 두지 않으면 안 된다고 한다.

127) 이 촬(撮)에 관해서는 「여섯 가지 주요 작물의 적합한 파종시기[六種之宜]」편 각주를 참조하라.

128) "생명불수(生命不遂)"에 대한 해석을 묘치위[繆啓愉]의 『선독』, 11쪽에서는

자라지 못한다. 무릇 토지는 3년에서 5년을 파종하면 그 지력이 이미 다한다."고 한다. 이 말은 절대 합당하지 않다. (이전의 습속에 따르고) 깊이 생각하지 않고 한 말이다. 만약 때맞추어 신선하고 비옥한 토양을 넣어 주고, 비료를 주어 관리한다면 토양은 더욱 부드럽고 비옥해져서 지력이 항상 새롭게 왕성해지니 어찌 땅이 쇠퇴한다고 하겠는가?

不遂. 凡田土種三五年, 其力已乏. 斯語殆不然也. 是未深思也. 若能時加新沃之土壤, 以糞治之, 則益精熟肥美, 其力常新壯矣, 抑何敝何衰之有.

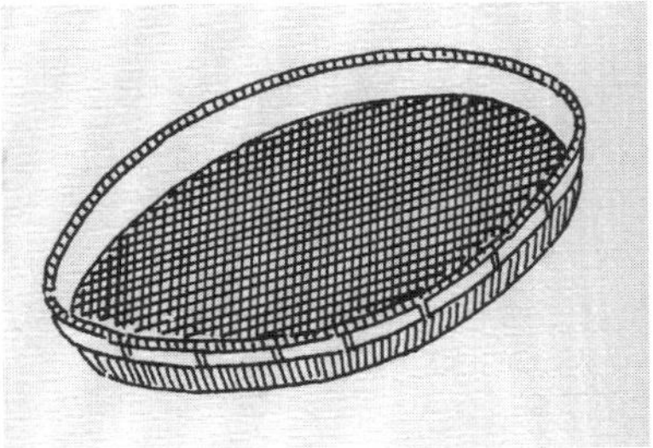

그림 18_ 체[篩]: 『왕정농서』「농기도보집」

그림 19_ 강서江西 농촌의 지붕이 무너진 거름간[糞屋]의 모습

그림 20_ 「청대淸代 옹정雍正 경직도耕織圖」

"농작물이 잘 자라지 못한다."고 한다. 이 경우 앞의 "토양이 피폐하면 초목이 자라지 못한다."는 문장과 거의 중복되기 때문에 "생물"로 해석하는 것이 좋을 듯하다.

薅耘之宜篇第八

제 8

김매기의 합당함[129)]

『시경詩經』에 이르기를, "씀바귀와 여뀌를 김매어, 그 잡초[씀바귀와 여뀌]가 썩게 되니, 기장과 조가 무성하도다."라고[130)] 하였다. 『예기禮記』에서 이르기를, "6월의 무더운 여름날[季夏][131)]은 잡초를 제거하기에 유리하고, 그것을 논에 시비하면 토양을 기름지게 할 수 있다."라

詩云, 以薅荼蓼, 荼蓼朽止, 黍稷茂止. 記禮者曰, 季夏之月, 利以殺草, 可以糞田疇, 可以美土疆. 今農夫不

129) 오사와는 '호운(薅耘)'이 제초라는 의미이지만 본편에서 말하고 있는 내용은 그것에 한정하고 있지 않고, 아래에서 보는 바와 같이 중경이나 물의 관리에 대해서도 언급하고 있다. 이 점을 앞서 제시한 『농학사(農學史)』(하)의 45쪽에서도 지적하고 있다. 그래서인지 오사와는 번역문의 제목을 '중경(中耕)・제초(除草)'라고 표시해 두고, '운(耘)'에 대해서도 마찬가지라고 하였다.

130) 『시경(詩經)』「주송(周頌)・양사(良耜)」편의 "씀바귀와 여뀌를 김매어, 씀바귀와 여뀌가 썩게 되니 기장과 조가 무성하도다.[以薅荼蓼, 荼蓼朽止, 黍稷茂止.]"에서 보인다.

131) 완궈딩의 교주에서는, 『예기(禮記)』「월령(月令)」에서 "6월[季夏] … 이 달은 토양에 습기가 많고 무더우며 큰비가 수시로 내린다. 잡초를 태워 물을 대면 잡초를 제거하기에 유리하고, 논은 마치 열탕과 같아서 논에 거름을 주는 것이 되니 땅이 기름지게 된다.[季夏之月, …是月也, 土潤溽暑, 大雨時行. 燒薙行水, 利以殺草, 如以熱湯, 可以糞田疇, 可以美土疆.]"라고 하였다. 완궈딩에 따르면, 금본의 『진부농서』에서는 이 문장을 인용하여 '중하지월(仲夏之月)'이라고 하였는데, '중(仲)'은 '계(季)'자의 잘못으로 이에 고쳐서 바로잡는다고 한다.

고[132] 하였다. 지금의 농부는 이렇게 한다는 사실을 알지 못하고, (도리어) 김을 맨 잡초를 다른 곳으로 던져 버리는데, (이 잡초를) 진흙과 잘 섞어 벼의 뿌리 밑 깊숙한 곳에 묻어서 오랫동안 담가 두면, 풀이 썩어 문드러져 토양이 비옥하게 되어 곡물이 무성하게 성장한다.

하지만 제초법에도 그 자체의 이치에 합당한 방법이 있다. 『주례周禮』에서 치씨薙氏는 잡초를 없애는 일을 관장하였다.[133] 봄에는 풀이 갓 자라날 때 흙째로 밀어 제거한다. 여름이 되면 호미로 (뿌리째) 김을 매는데, 이것은 뿌리째 잡초를 깨끗하게 제거하여 더 이상 무성하게 자라지 않게 한다. 하지夏至가 있는 여름날에는 풀이 잘 자라서, 날마다 노동력을 투입하여 김매기를 해 주어야 한다. 가을이 되면 계속 그 이삭을 베어 주어야 하는데, 풀을 베어 잡초의 씨를 제거하면 풀씨가 땅에 떨어져 쉽게 확산

知有此，乃以其耘除之草，拋棄他處，而不知和泥渥濁，深埋之稻苗根下，漚罨既久，即草腐爛而泥土肥美，嘉穀蕃茂矣.

然除草之法，亦自有理. 周官薙氏掌殺草. 於春始生而萌之. 於夏日至而夷之，謂夷剗平治之，俾不茂盛也. 日至謂夏時草易以長，須日日用力. 於秋繩而芟之，謂芟刈去其實，無俾易種於地也. 於冬

132) '전주(田疇)'는 두둑, 이랑, 논으로 해석할 수 있으며, 이어서 등장하는 '토강(土疆)'은 논 두둑으로 볼 수 있다. 그렇게 되면 결국은 논 두둑에 시비하는 것이 되어서 '전주'를 논으로 해석하는 것이 보다 합당하다. 이것은 논에서 제초한 잡초를 '타처(他處)', 즉 논 밖으로 버리는 것과 대비해 볼 때도 합당한 해석이라고 생각되어 전주(田疇)를 논으로 해석하고자 한다.

133) 『주례(周禮)』「추관(秋官)」에서는, "치(薙)씨는 제초를 관장하였다. 봄에 잡초가 갓 자라날 때 흙을 밀어 김을 맨다. 여름에도 김을 맨다. 가을에도 계속해서 잡초를 벤다. 겨울이 되면 밭갈이하여 제초한다. 만약 토양을 변화시키고자 할 때는 물과 불로써 바꾸었다. (이처럼) 무릇 잡초를 제거하는 정령을 관장하였다.[薙氏, 掌殺草. 春始生而萌之. 夏日至而夷之. 秋繩而芟之. 冬日至而耜之. 若欲其化也, 則以水火變之. 掌凡草殺之政令.]"라고 하였다.

되지 않는다.[134] 겨울이 되면 땅을 갈아엎는데, (이것은) 파종한 농작물을 이미 수확하고 남아 있는 곡물과 잡초의 뿌리를 모두 쟁기나 호미로 갈아엎어, 눈과 서리에 얼게 하여, 뿌리그루터기가 썩어 문드러져서 이듬해 다시 자라지 못하게 하며, 또한 그것으로 토지에 거름을 줄 수 있다. 『춘추좌씨전』에서 이르기를,[135] "농부는 잡초 제거에 힘써야 한다. 제거한 잡초를 높게 쌓아 두고 본래의 뿌리를 잘라 더 이상 번식할 수 없도록 하는 것이 확실히 가장 좋은 방식이다."라고 한다. (작물의 생장에 방해되는) 강아지풀을 깨끗하게 제거하면 좋은 곡식이 무성하게 성장하는 것을 기대할 수 있다는 말이다. 옛사람들은 이와 같은 점에 유념했지만, 지금의 사람들은 이러한 것을 소홀히 하고 있으니 이것이 옳은 일인가?

日至而耜之，謂所種者已收成矣，卽併根荄犂鉏轉之，俾雪霜凍沍，根荄腐朽，來歲不復生，又因得以糞土田也．春秋傳曰，農夫之務去草也．芟夷蘊崇之，絕其本根，勿使能殖，則善者信矣．以言盡去稂莠，卽可以望嘉穀茂盛也．古人留意如此，而今人忽之，其可乎．

또 논을 김매기 하는 방법은[136] 반드시 먼

且耘田之法，必

134) 이 문장은 출전(出典) 주(注)와 같이 『서경(書經)』 「반경(盤庚)」편에 근거하고 있다. 공영달(孔穎達)의 소(疏)에, "종자가 쉽게 뿌리를 내린다는 것은 지금의 풍속에 의하면, 풀씨가 쉽게 땅에 떨어지면서 섞이게 된다는 의미이다. 나쁜 종자가 착한 사람에게 있으면 착한 사람 또한 나쁘게 변하는 고로 그 나쁜 종류를 잘라서 새로운 읍락에 쉽게 이식되지 못하게 나쁜 종자를 절멸시키는 것이 일상적인 방법이다.[易種者, 卽今俗語云, 相染易也. 惡種在善人之中, 則善人亦變易爲惡, 故絶其類, 無使易種於此新邑也, 滅去惡種, 乃是常法.]"라고 한다.

135) 『좌전(左傳)』 「은공(隱公)」에는 "주임이 말하기를 국가를 위하는 것은 나쁜 것을 보면 마치 농부가 잡초를 제거하는 데 힘쓰는 것같이 하는데, 제거한 잡초를 높게 쌓아 두고 본래의 뿌리를 잘라 번식할 수 없도록 하는 것이 확실히 믿을 만한 방식이다.[周任有言曰, 爲國家者, 見惡如殷夫之務去草焉, 芟夷蘊崇之, 絕其本根, 勿使能殖, 則善者信矣.]"라고 한다.

저 토지의 형세를 살펴, 아래쪽[低田]에서부터 위쪽[高田]으로 김을 매며,[137] 물을 빼서 말리면서 동시에 김매기를 행한다.

先審度形勢, 自下及上, 旋乾旋耘.

먼저 가장 위쪽에 물을 가두어 두고, 물이 빠져나가지 못하도록 한다. 그런 후에 가장 아래쪽의 논에서부터 물을 빼 말리면서 김매기를 한다(순서에 따라 위로 올라가며 물을 빼면서 김매기 한다). 잡초가 있고 없음을 불문하고 (모든 논을 김매야 하며), 반드시 손으로 곳곳을 두루 휘저으면서 김매기 하여 벼 뿌리 주변의 진흙이 질척질척해질 때까지 한다.[138] 김매기를 한 논은

先於最上處收滀水, 勿致水走失. 然後自下旋放令乾而旋耘. 不問草之有無, 必徧以手排攎, 務令稻根之傍, 液液然而後已. 所耘之田, 隨於中間

136) '운전(耘田)'을 오사와는 평주에서 '중경 · 제초'로 해석하고 있다.

137) 이 사료만으로는 상 · 하전(上 · 下田)의 위치가 어디인지 정확하게 알 수는 없다. 다만 물을 빼면서 김을 매고, 다시 위에 가두어 둔 물을 아래로 관개하는 것을 보면 그 위치가 물이 흐르는 산곡(山谷) 근처의 제전(梯田)이었을 가능성도 배제할 수 없다. 실제 강소성 소주(蘇州) 출생의 남송 관리 범성대(范成大)는 구릉지에 층층이 제전을 만들어 벼를 재배했던 사실을 그의 일기에 적고 있다.[范成大, 『참난록(驂鸞錄)』, "緣山腹喬松之磴甚危, 岭阪上皆禾田, 層層而上至頂, 名梯田."] 주지하듯 송대 이후 대량으로 화북지역의 주민이 강남으로 이주하면서, 그들의 습성에 맞는 두맥(豆麥)작물을 재배하기 위해 구릉지를 개발한 것이 남송대 제전(梯田)이 신속하게 발전하게 된 요인이었다. 리보쭝[李伯重]의 연구에 의하면 대개 개간은 평원에서 구릉지로 진행되는 것이 일반적인데 남송의 강남에서는 저지대보다 산간 구릉 지대가 먼저 개발되는 양상을 보였다고 한다.[리보쭝[李伯重], 「宋末至明初江南農業變化的特點和歷史地位」(『중국농사(中國農史)』 1998年 3期), 40쪽 참조.]
오사와는 진부가 염두에 두고 있던 수전(水田)은 경사지에 존재했던 것으로 보고 있다. 이때 관개법은 용골차(龍骨車) 등으로 물을 퍼 올리는 인공관개가 아닌 논을 따라 순차적으로 하는 중력관개였다. 또 진부가 물의 배분 등을 문제로 삼고 있지 않은 것은 상위-하위의 수전이 모두 동일한 소유자였기 때문이라고 한다.

138) 진부는 이때 김매기 작업이 제초뿐만 아니라 중경의 작업도 중요하다는 점을 주장하고 있다. 오사와의 지적에 의하면, 『농학사(農學史)』(하), 45쪽에서는 이와 같이 김매기 하면 "뿌리 주변의 굳은 토양을 부드럽고 연하게 해 줄 뿐만 아니

중간 및 주변[四傍]을 따라 깊고 큰 도랑을 파서 물을 전부 말리되, 논바닥의 흙이 갈라지도록 바싹 말린다.139)

及四傍爲深大之溝, 俾水竭涸, 泥坼裂而極乾.

그런 후에 (관개용) 고랑을 만들어 차례대로 물을 댄다. 이미 말린 진흙에 갑자기 비가 내리면 곧 진흙이 부서지면서 되살아나는데, 3~5일이 되지 않아 벼의 모는 무성해지고, 특별히 거름을 주는 것보다 좋아진다. 또 순서에 따라 아래에서부터 위쪽을 향해 (물을 빼면서) 김을 매면, 소홀하거나 꼼꼼하지 못해서 생기는 병폐가 없어지게 된다.140) 논은 말라 있어 물은 따뜻해지고, 죽은 잡초로 인해 땅이 비옥해지며, 순서에 따라 관개한다면, 물이 빠져나가지 않는다. 이처럼 우환을 미리 예방한다면 어찌 소기의 목적을 달성하지 못하겠는가?

然後作起溝缺, 次第灌溉. 夫已乾燥之泥, 驟得雨卽蘇碎, 不三五日間, 稻苗蔚然, 殊勝於用糞也. 又次第從下放上耘之, 卽無鹵莽滅裂之病. 田乾水暖, 草死土肥, 浸灌有漸, 卽水不走失. 如此思患預防, 何爲而不得乎.

지금의 농부들을 보면 먼저 꼭대기에 물을

今見農者不先自

라 토양 중의 공기도 새롭게 교체되어 세균과 벼 뿌리의 생장에 이롭다."라고 한다. 즉 경토(耕土)가 부드러워지고 흙 속의 공기를 유통시킴으로써 뿌리와 흙 속의 세균의 생육이 촉진된다는 것이다. 이 같은 과학적인 인식이 진부에게 있었다고는 생각되지 않지만, 제초와 구별을 지어 중경에 관하여 기술한 것은 그가 처음이었다. 이것은 주목할 필요가 있다. 또 이 작업은 손으로 이루어지는 까닭에 왕정(王禎)이 언급하고 있는 '운탕(耘盪)'은 아직 쓰이지 않고 있다. 이후에 나타나는 왕정의 기술과의 격차가 있었음을 인정해야 한다고 보고 있다.

139) 이것은 이른바 '중건법(中乾法)'의 일종이다. '토양을 말리는 효과'와 뿌리의 성장 등을 기대하고 있는 것이다. '중건법(中乾法)'의 의의에 대해서는 이이누마 지로[飯沼二郎]의 『日本の古代農業革命』에 상세하다. 오사와는 이에 더하여 오늘날 화동(華東)에서도 고전(烤田)이라 부르는 진부와 같은 방법이 실시되고 있다고 한다.(『농학사(農學史)』, 46쪽.)

140) 『장자(莊子)』 「즉양(則陽)」 "長梧封人問子牢曰, 君爲政焉, 勿鹵莽, 治民焉, 勿滅裂."

모아 두지 않고 아래에서부터 위쪽으로 김을 매지도 않으며, 갑자기 (아래 위의 논의 물을) 동시에 빼고 말려 신속하게 끝내고자 한다. (그러니) 노동력이 고르게 미치지 못하여 논바닥의 진흙이 마르고 딱딱해져 손으로 두루 휘저으며 김매기가 어렵게 되니, 반드시 대충하게 되어 김매기에 소홀해질 수밖에 없다. 땅은 아직 마르지 않고 잡초가 아직 죽지 않았는데 물은 이미 빠져나가 버린다. 불행하게도 비가 오지 않으면 그로 인해 심하게 말라 버려 물을 대고 싶어도 할 수가 없게 되고, 결국 말라 타 버려도 손쓸 수 없게 된다. 이와 같이 하면 수확의 8, 9할은 손실을 면하지 못하며,[141] 끝내 반성하여 깨닫지 못한다면 탄식할 수밖에 없지 않겠는가?

上滀水，自下耘上，乃頓然放令乾，務令速了．及工夫不逮，恐泥乾堅，難耘攊，則必率略，未免滅裂．土未及乾，草未及死，而水已走失矣．不幸無雨，因循乾甚，欲水灌漑，已不可得，遂致旱涸焦枯，無所措手．如是失者十常八九，終不省悟，可勝歎哉．

그림 21_ 여뀌[蓼]: 『모시명물도설毛詩名物圖說』

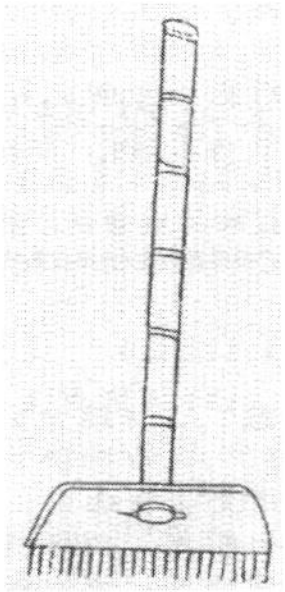

그림 22_ 운탕耘盪: 『왕정농서』 「농기도보집」

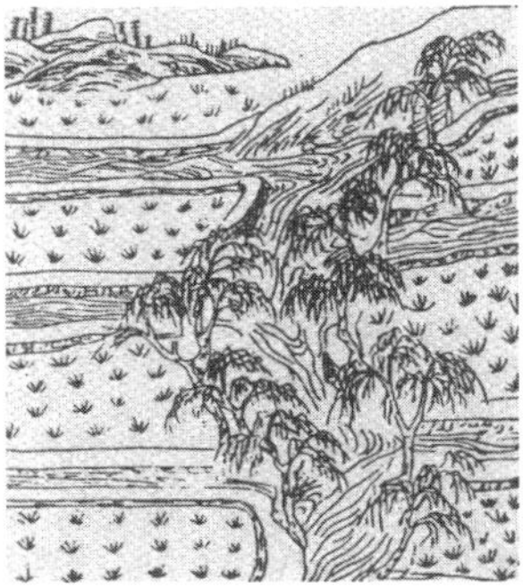

그림 23_ 준거浚渠: 『왕정농서』 「농기도보집」

141) 이 부분의 해석을 묘치위[繆啓愉]의 『선독(選讀)』, 14쪽에서는 “이와 같은 손실을 입은 사람이 10명 중에 8, 9명이다.”라고 해석하고 있는데, 오사와는 “수확의 8, 9할이 손실이다.”라고 해석하고 있다.

節用之宜篇第九

제 9

용도 절약의 마땅함

옛날에는 1년을 경작하면 반드시 3년치의 식량을 비축할 수 있었다. 3년을 경작하면 반드시 9년치의 식량을 비축할 수 있었다. 30년이라는 시간 동안 비록 가뭄과 수재가 있을지라도 백성들에게 배고픈 기색이 없는 것은,[142] 실로 그 이유가 있는 것이다. 주대周代의 총재冢宰[143]는 그 해의 풍흉을 보고 국가의 용도를 결

古者一年耕，必有三年之食．三年耕，必有九年之食．以三十年之通，雖有旱乾水溢，民無菜色者，良有以也．冢宰眡年之豐凶以

142) 원래『예기(禮記)』「왕제(王制)」에서는 "3년간 경작하면 반드시 1년간의 식량을 비축할 수 있고, 9년간 경작하면 반드시 3년치의 식량을 비축할 수 있으며, 30년의 기간으로 보면 비록 가뭄과 수재가 있을지라도 백성들이 배고픈 기색이 없다.[三年耕必有一年之食, 九年耕必有三年之食, 以三十年之通, 雖有凶旱水溢, 民無菜色.]"고 한다. 그리고 정현의 주에는 "백성들이 먹음에 있어 배고픈 기색이 없다.[民無食菜之飢色.]"라고 되어 있다. 이것은 본문에서 보듯 진부의 지적과는 차이가 있다. 당시 생산이 소비를 크게 초과했다거나 자료 간의 시간차는 인정하더라도 송대 사회의 실정으로 보기에는 무리가 있다.

143) 태재(太宰)라고도 한다. 육관(六官)의 수장으로서 전국의 정무를 총관리하고, 왕을 도와 천하를 다스렸다.『주례(周禮)』「천관(天官)·총재(冢宰)」에는 "惟王建國, 辨方正位, 體國經野, 設官分職, 以爲民極, 乃立天官冢宰, 使帥其屬而掌邦治, 以佐王均邦國."이라 하였다.(쉬롄다[徐連達],『中國歷代官制大辭典』, 廣東教

정했으며, 들어오는 것을 헤아려서 나갈 것을 정하여, 풍년에도 사치하지 않고, 흉년이 들어도 절검節儉하지 않았으며, 제사비용으로 10분의 1을 (세비로) 지출하였다.144) 또한 구부九賦·구공九貢·구식九式에 따라145) 공평하고 절도 있게 운용

制國用， 量入以爲出， 豐年不奢， 凶年不儉， 祭用數之仂． 而又九賦九貢九式均節． 各有條

育出版社, 2002 참조.)

144) 『예기(禮記)』「왕제(王制)」에서는 "총재는 국가의 용도를 조절한다. 반드시 연말에 오곡을 모두 납입한 이후에 국가의 용도를 조정하였다. 토지 면적의 크고 작은 것과 그 해의 풍년의 여부를 살폈다. 30년간을 통하여 국가의 용도를 조정함에 있어 들어올 것을 헤아려서 나갈 용도를 결정했다. 제사의 비용은 10분의 1로 하였다. … 제사는 풍년이 들더라도 호화롭지 아니하고 흉년이 들어도 검소하지 않았다.[冢宰制國用. 必於歲之杪, 五穀皆入, 然後制國用. 用地大小, 視年之豐耗. 以三十年之通制國用, 量入以爲出. 祭用數之仂. … 祭, 豐年不奢, 凶年不儉.]"라고 한다. 이때 '륵(仂)'은 수(數)의 일부분으로, 정현이 주석하기를 "금년 한 해에 써야 할 수를 헤아려서 10분의 1을 사용하였다.[算今年一歲經用之數, 用其什一.]"라고 하였다. 오사와는 이것을 따르고 있다.

145) 『주례(周禮)』「천관(天官)·대재(大宰)」에는 "9부(賦)로서 재회(財賄)를 거두는데, 첫 번째는 나라 안의 부(賦)이고, 두 번째는 사교(四郊)의 부이고, 세 번째는 방전(邦甸)의 부이고, 네 번째는 가삭(家削)의 부이고, 다섯 번째는 방현(邦縣)의 부이고, 여섯 번째는 방도(邦都)의 부이고, 일곱 번째는 관시(關市)의 부이고, 여덟 번째는 산택(山澤)의 부이고, 아홉 번째는 폐여(幣餘)의 부이다. 그리고 9식(式)으로 재용(財用)을 골고루 나누었는데, 그 첫 번째는 제사의 식(式)이고, 두 번째는 빈객(賓客)의 식이고, 세 번째는 상황(喪荒)의 식이고, 네 번째는 수복(羞服)의 식이고, 다섯 번째는 공사(工事)의 식이고, 여섯 번째는 폐백(幣帛)의 식이고, 일곱 번째는 추말(芻秣)의 식이고, 여덟 번째는 비반(匪頒)의 식이고, 아홉 번째는 호용(好用)의 식이다. 방국(邦國)의 용도로 삼은 9공(貢)으로는, 첫 번째는 사공(祀貢)이고, 두 번째는 빈공(嬪貢)이고, 세 번째는 기공(器貢)이고, 넷째는 폐공(幣貢)이고, 다섯 번째는 재공(材貢)이고, 여섯 번째는 화공(貨貢)이고, 일곱 번째는 복공(服貢)이고, 여덟 번째는 유공(斿貢)이고, 아홉 번째는 물공(物貢)이다.[以九賦斂財賄, 一曰邦中之賦, 二曰四郊之賦, 三曰邦甸之賦, 四曰家削之賦, 五曰邦縣之賦, 六曰邦都之賦, 七曰關市之賦, 八曰山澤之賦, 九曰幣餘之賦. 以九式均節財用, 一曰祭祀之式, 二曰賓客之式, 三曰喪荒之式, 四曰羞服之式, 五曰工事之式, 六曰幣帛之式, 七曰芻秣之式, 八曰匪頒之式, 九曰好用之式. 以九貢致邦國之用, 一曰祀貢, 二曰嬪貢, 三曰器貢, 四曰幣貢, 五曰材貢, 六曰貨貢, 七曰服貢, 八曰斿貢, 九曰物貢.]"라고 한다.

했다. 각각의 항목에는 용도가 있었으며 다른 용도로 돌려쓰지 않았는데, 이것이 국가재정을 관리하는 방식으로 예로부터 일정하였다.

敍, 不相互用, 此理財之道, 故有常也.

나라에 9년분을 비축해 두지 못한 것을 '부족不足'이라 하고, 6년분을 비축해 두지 못한 것을 '급急'이라 하고, 3년분을 비축해 두지 못한 경우에는 "나라가 있어도 나라가 아닌 것이다."라고[146] 하였다. 가정을 다스리는 것 또한 그러하다. 지금 한 해의 일상적인 용도와 비상시를 대비하는 비용을 항상 함께 계획해 두면, 만일 비일상적인 의외의 일이 생길지라도 평소에 준비되어 있어 대처할 수 있다. 그리고 일상적인 비용을 다소 넘어서더라도, 부족한 상태에 빠지지 않게 되는 것 역시 이러한 (준비가 평소에 있었기) 때문이다.

國無九年之蓄曰不足, 無六年之蓄曰急, 無三年之蓄曰國非其國也. 治家亦然. 今歲計常用, 與夫備倉卒非常之用, 每每計置, 萬一非常之事出於意外, 亦素有其備. 不致侵過常用, 以至闕乏, 亦以此也.

지금의 농사를 짓는 사람들은 자꾸 눈앞에 있는 것만 보고 멀리 내다보지 못한다. 한 해만 풍년이 들면 매우 만족하여, 본업[本]을 버리고 말업[末]을 좇는다. 사치하고 마구 쓰며 하루의 즐거움에 만족한다. 그중에는 수확이 갓 끝날 무렵에도 입에 풀칠조차 할 수 없는 자가 있는데,[147] 그래서야 1년간의 비용을 댈 수 있겠는가? 의복과 식량을 대지 못하고, 하루의

今之爲農者, 見小近而不慮久遠. 一年豐稔, 沛然自足, 棄本逐末. 侈費妄用, 以快一日之適. 其間有收刈甫畢, 無以餬口者, 其能給終歲之用

146) 『예기(禮記)』「왕제(王制)」.

147) 묘치위의 『선독』에서는 이 부분을 생략하고 있다. 확실히 이 문장이 없는 쪽이 문맥이 쉽게 통하지만, 이를 생략할 근거도 없다.

비용도 이미 부족한데, 그런 상태에서 평상심을 지키면서 의롭지 않은 것을 물리치기란 거의 어렵다.

乎. 衣食不給, 日用既乏, 其能守常心而不取非義者乎, 蓋亦鮮矣.

전하는 말에 의하면, “거두어 비축하고, 용도를 절약하고 욕심을 억누른다면, 하늘도 그를 가난하게 할 수 없고, 영양가 있는 것을 먹고 적당한 시기에 운동을 한다면 하늘도 그를 병들게 할 수 없다.”라고[148] 하였다. 어찌 그러한 것을 믿지 않겠는가? 또 이르기를, “절약을 통해 부유하게 된 자는[149] 곳간 및 움집과 궤에 (곡식과 재물을) 비축해 두고 함부로 비단 옷을 입지 않는다. 행차를 할 때도 분별없이 가마와 말을 타지 않는다.[150] 하고 싶지 않아서가 아니다. 미래를 걱정하여, 그것이 계속 이어지지 않을까 두려워한 것이 아니겠는가?”라고 하였다.

傳曰, 收斂蓄藏, 節用御欲, 則天不能使之貧, 養備動時, 則天不能使之病. 豈不信然. 又曰, 約有者囷窖箱篋之藏, 然而衣不敢有絲帛. 行不敢有輿馬. 非不欲也. 幾不長慮而恐無以繼之也.

『춘추좌씨전春秋左氏傳』에서 이르기를, “검소함은 미덕이고, 사치는 큰 악이다.”라고[151] 하였다. 『논어論語』에서는 “예를 표할 때 사치하는 것은 차라리 검소함만 못하다.”라고[152]

春秋傳曰, 儉, 德之共也, 侈, 惡之大也. 語曰, 禮與其奢也寧儉. 奢

148) 『순자(荀子)』 「영욕(榮辱)」과 『순자』 「천론(天論)」에 보인다.

149) 이 ‘약(約)’자를 가나야 오사무[金谷治]는 ‘금은보석 등의 귀금속’으로 해석하고 있지만(『荀子』上, 岩波文庫, 68쪽), 오사와는 진부가 인용하고 있는 방식이나 문장이 이어지는 것을 보면 이와 달리 해석해야 한다고 하였다.

150) 『순자(荀子)』 「영욕(榮辱)」에 보인다.

151) 『좌전(左傳)』 「장공(莊公)」24년에 “검소함은 덕목의 기본이고 사치는 큰 악이다.[儉, 德之共也, 侈, 惡之大也.]”라고 한다.

152) 『논어(論語)』 「팔일(八佾)」 “예는 사치한 것보다 오히려 검소한 것이 낫다.[禮

하였고, "사치하면 오만해지고, 검소하면 인색해진다. 불손한 것보다는 차라리 인색한 것이 낫다."라고[153] 하였다. 『역경易經』에서 이르기를, "군자는 검약을 지나치게 강조한다."라고[154] 한다. 성인들의 훈계도 이와 같다. 검소함은 비록 인색하고 고루할지라도, 사치하여 오만하고 큰 악을 행하는 것보다 낫지 않은가?

그렇기 때문에 예禮로써 만사를 조절하고, 그것을 사용할 때에는 적절해야 한다. 사치가 방종에 이르러서도 안 되며, 검소함도 지나치게 인색해서는 안 된다. 힘들게 절제하여[155] 오히려 흉이 되어서는 안 되며, 적절하게 절제하여[156] 길吉[157]이 되도록 해야 한다. 이것이

則不孫, 儉則固, 與其不孫也寧固. 易曰, 君子用過乎儉. 聖人之訓誡如此. 儉雖若固陋, 然不猶愈於奢而不孫爲惡之大者耶.

然以禮制事, 而用之適中. 俾奢不至過泰, 儉不至過陋. 不爲苦節之凶, 而得甘節之吉. 是謂稱事之情而中理

與其奢也寧儉.]"에 나타난다.

153) 『논어(論語)』「술이(述而)」"사치하게 되면 불손하게 되고 검소하게 되면 인색해진다. 불손한 것보다는 차라리 인색한 것이 낫다.[奢則不孫, 儉則固. 與其不孫也寧固.]"라고 한다.

154) 『역경(易經)』「소과(小過)」"군자는 행함에 있어 다소 지나치게 공손하고, 상을 당해서는 다소 지나치게 슬퍼하고, 용도에 있어 절약하는 것이 지나치다.[君子以行過乎恭, 喪過乎哀, 用過乎儉.]"라고 한다.

155) 『역경(易經)』의 「절(節)」편에는 '고절불가정(苦節不可貞)'이라고 하였는데 이에 대해서 왕필(王弼)이 주석하기를, "절약하는 것이 지나치게 궁색하면 사물은 감당할 수 없고, 사물이 감당할 수 없으면 정도를 회복할 수 없다.[爲節過苦, 則物不能堪也, 物不能堪, 則不可復正也.]"라고 하였다.

156) 『역경(易經)』의 「절(節)」편에는 "九五, 甘節吉"이라고 하였는데, 이에 대해 왕필(王弼)이 주석하기를, "마땅히 중심에 위치해야만 절도[節]의 주(主)가 되며, 그 중심을 잃지 않으면 재물이 상하지 않고 백성이 해를 입지 않게 된다는 것을 이름이다. 절제하면서도 궁핍하지 않는다면 편안하지 않겠는가?[當位居中, 爲節之主, 不失其中, 不傷財, 不害民之謂也. 爲節而不苦, 非甘而何.]"라고 한다.

157) 묘치위의 『선독』, 16쪽에서는 "得甘節之吉"을 "做到當省卽省"이라고 해석한 데 반해 "오사와는 이 해석을 다카다 마사하루[高田眞治], 고토 모토야[後藤基巳] 譯,

일의 본질에 부합되고, 도리에 적합한 것이라고 할 수 있다.

者也.

『국어國語』에서 이르기를, 검약하면 씀씀이를 충당할 수 있다고 하는데,158) 이것은 오로지 검약해야만 비로소 일상적인 용도를 충족시켜 결핍에 이르지 않는다는 것이다. 『논어論語』에서 이르기를, "검약을 하여 사정을 그르치는 사람은 적다."라고159) 하였는데, 이 또한 이것을 이르는 말이다.

國語云, 儉以足用, 言唯儉爲能常足用, 而不至於匱乏. 語云, 以約失之者鮮矣, 亦此之謂也.

『역경易經』에서 이르기를, "군자는 편안한 가운데서도 위험을 잊지 않으며, 안전할 때도 위태로울 때를 잊지 않아야 하며, 안정되었을 때도 어지러울 때를 잊지 말아야 한다. 이처럼 자신의 몸이 안전해야 국가를 (비로소) 보존할 수 있다."라는160) 것이다.161) 또 이르기를, "재

易傳曰, 君子安不忘危, 存不忘亡, 治不忘亂. 是以身安而國家可保也. 又曰, 理財正辭, 禁民爲非曰義. 以

『역경(易經)』(岩波文庫, 1969, 186쪽)을 참고하여 "甘節の吉" 즉 "편안한 마음의 정도를 지켜야 길하게 된다."라고 해석하고 있다.

158) 완궈딩의 교주에 의하면, 『국어(國語)』「주어(周語)」에는, "儉所以足用也."라고 하고 『함해본(函海本)』에서는 "詩云, 儉以足用."이라고 쓰고 있는데, 이조원(李調元)이 『시경』「노송(魯頌)·동서(駉序)」에 "儉以足用"이라는 구절에 교감하여 바로 고쳤다. 그러나 진부의 글 쓰는 습관에 의거할 때 "『국어(國語)』운(云)"이라고 하는 것은 아마도 그가 쓴 원래의 문장인 듯하다고 보았다.

159) 『논어(論語)』「이인(里仁) 편의 "검약을 하여 사정을 그르치는 사람은 적다.[以約失之者鮮矣.]"에 나타난다.

160) 완궈딩에 따르면, 『역경(易經)』「계사하(繫辭下)」에 나온다. 금본의 『진부농서』에서는 "유불망망(有不忘亡)"이라고 쓰여 있는데 '존(存)'자가 잘못 쓰여 있어서 이에 고쳐서 바로잡는다고 한다.

161) 이 문장과 다른 부분의 기술을 읽어 보면 진부의 시야에는 촌락공동체와 같은 중간단계는 설정되어 있지 않고 가정과 국가가 바로 연결되어 있다고 한다. 오사와는 평주, 143쪽에서 진부가 중국 고래의 전통적 사고에 의거하고 있기 때문이

정의 운영을 바르게 하고 명령을 엄정하게 세워, 백성들이 그릇된 행동을 하지 못하게 하는 것을 일러 의義라고 한다."라고[162] 하였다. 이것은 재정 운영의 도리를 말한 것으로, 위에서 (모범을 보여) 이끌어야 하며, 백성들이 사치하고 허망하게 낭비하는 자가 있으면 엄격히 금지해야 한다. 이것은 곧 억제함으로써 적절한 것을 얻을 수 있음을 말하는 것이다.

謂理財之道, 在上以率之, 民有侈費妄用則嚴禁之. 夫是之謂制得其宜矣.

『노자老子』에서 이르기를, 알지 못한다는 것을 인식하는 것이 최상이다. 그 사실을 알지 못한다는 것을 인식하지 못하는 것이 문제이다. 오직 이런 병폐를 걱정할 때만 이런 문제는 없어진다. 성인에게 있어 병폐가 없는 것은 그

老子曰, 能知其所不知者上也. 不能知其所不知者病矣. 夫惟病病, 是以不病. 聖人不病,

며, 근본적으로 진부의 이러한 인식을 뒤엎을 정도의 의미를 가진 중간단계가 당시 존재하지 않았다는 사실을 제시하고 있다. 물론 오사와도 인정했듯이 당시의 농촌에서는 농민조직이 전혀 존재하지 않은 것은 아니다. 『왕정농서』에서 언급하고 있는 '서사(鋤社)' 등의 조직이나 종족 · 친족 등의 연계망도 있었을 것이다. 오사와는 이들은 촌락공동체와는 달라서 일정 지역 내의 모든 경영에 참여하지 않고 개별경영에 대한 규제력도 갖지 않았다고 한다. 단지 노동과정에서 필요에 따라 맺게 되는 관계를 표현하는 것에 지나지 않았다는 것이다.

162) 완궈딩의 교주에 의하면, 『역경(易經)』「계사하(繫辭下)」에서는, "재정을 관리하고 명령을 바로 세우며, 백성이 그릇된 것을 하는 것을 금하는 것이 의라고 한다.[理財正辭, 禁民爲非曰義.]"라고 하였다. 이에 대해서 공영달은 주소하기를, "성인이 재물을 관리하고 그것을 씀에 있어 절도가 있고, 명령을 바로 세워 다스리는 것을 말함이다. 백성들이 그릇되고 편벽한 일을 하는 것을 금지하고 악행을 하지 못하게 하는 것을 일러 의라고 한다. 의는 그 마땅함이고, 의는 이러한 행위를 함으로써 그 마땅함을 얻는 것을 이름이다.[言聖人治理其財, 用之有節, 正定號令之辭, 出之以理. 禁約其民爲非僻之事, 勿使行惡, 是謂之義. 義, 宜也, 言以此行之而得其宜也.]"라고 한다.
그러나 묘치위의 『선독』에서는 백성들이 마음대로 낭비하는 것을 금지하는 것을 '의(義)'라고 하여 독특한 해석을 하고 있다.

들이 이와 같은 병폐를 고민했기 때문에 병폐가 없는 것이다.163) 무릇 이와 같이 한다면, 누가 갑자기 닥치는 걱정을 하겠는가?	以其病病, 是以不病. 夫能如此, 孰有倉卒窘迫之患哉.

그림 24_ 고대의 양식 창고[糧倉]

그림 25_ 궤[箱篋]

163) 완귀딩의 교주에 의하면, 왕필본(王弼本) 노자(老子)의 『도덕경(道德經)』 71장에는 "알면서 알지 못하는 바가 상(上)이다. 알지 못하면서 스스로 안다고 여기는 것이 병이다. 대체로 오로지 병을 병으로 여긴다면 이는 병이 아니다. 성인이 병들지 않았음은 병을 병으로 여기지 않기 때문에 병이 없는 것이다.[知不知, 上矣. 不知知, 病矣. 夫惟病病, 是以不病. 聖人之不病也, 以其不病, 是以無病.]"에 대해 진부농서에서는 첫 구절을 고쳐서 '알지 못하는 바를 알게 할 수 있는 것이 최상이다.[能知其所不知者上也.]"라고 썼는데 원뜻과 서로 부합되지 않는다. '지부지(知不知)'는 "분명히 알고 있으면서 여전히 알지 못한 바가 있다."는 것이고, '부지지(不知知)'는 "마땅히 알지 못하면서 스스로 안다고 생각하는 것"을 말함이라고 한다. 이 부분의 해석은 묘치위의 『선독』이 주목된다.

稽功之宜篇第十

제 10 근로 독려의 합당함[164]

안락함을 좋아하고 힘든 것을 싫어하는 것은 인지상정이다. 눈치나 보며 게으름이나 피우고 구차해 하며 대충 처리하는 것은, 소인의 병폐이다. 특히 힘써 노력하는 것이 곧 안락함의 기본이 된다는 것을 알지 못한다. 『시경詩經』에서 말하지 않았던가, "고생 끝에 낙이 오며, 그로 인해 만물이 풍성해진다."라고.[165]

소인은 작고 근시안적인 것을 알고자 힘쓰

好逸惡勞者，常人之情．偷惰苟簡者，小人之病．殊不知勤勞乃逸樂之基也． 詩不云乎，始於憂勤，終於逸樂，故美萬物盛多．

彼小人務知小者

164) 계공(稽功)은 『주례(周禮)』의 기술에 기초하고 있다. 여기에 덧붙이고 있는 가공언(賈公彦)의 소(疏)에 이르기를, "이 부분은 위 문장의 작업과 연결된 것으로서 일을 마치면 이내 그 공의 크고 작음에 따라서 공과를 매기고, 마땅히 그 일의 가부를 헤아려서 공이 있는 자는 상을 주고 공이 없는 자는 벌하였다.[此經結上文功役之事，事訖，乃稽考其功多少，當計會其事之可否，而有功者賞，無功者誅也.]"라고 되어 있다. 오사와는 '계공회사(稽功會事)'는 공적의 평가라고 보았다. 본편의 내용으로 보았을 때 근로를 독려하여 평가한다는 것이기 때문에 제목을 이 방향에 따랐다. 『농학사(農學史)』에서도 "힘써 노동하고 전심을 다해야 뜻을 이룬다.[要勤勞和專心致志.]"가 진부의 주장이라고 보고 있다.

165) 『시경(詩經)』「소아(小雅) · 어려서(魚麗序)」에서는 "시작할 때의 고생은 끝에 즐거움을 가져다주기 때문에 만물이 풍성하여 신명에 고할 수 있다.[始於憂勤，終於逸樂，故美萬物盛多，可以告於神明矣.]"라고 한다.

고, 눈치나 보며 게으름을 피우고 구차해 하며 일을 대충대충 처리하면서, 일상적인 감정에 사로잡힌다. 윗자리에 있는 사람이 만약 근로를 독려하는 일이 생겼을 때 상벌을 분명히 하지 않는다면,[166] 무엇으로 권장하고 저지하겠는가. 비유하자면 수레를 끄는 말이 우둔하고 비틀거리면 채찍을 아껴서는 안 된다.

『역경易經』에서 이르기를, "군자는 백성의 노고를 위로하며 힘써 돕고 권장한다."라고[167] 하였다. 대사도大司徒의 직무[168]는 만민을 위무하는 것이다.[169] 백성을 권면하는 것은 그들을 평온하게 하는 바탕이고, 위무한다는 것은 편

近者， 偷惰苟簡， 狃於常情. 上之人倘不知稽功會事， 以明賞罰， 則何以勸沮之哉. 譬之駕馭駑蹇， 鞭策不可弛廢也.

易曰， 君子以勞民勸相. 大司徒之職曰， 以擾萬民. 勞之，乃所以逸之，擾之， 乃所以安之

166) 『주례』 「지관(地官) · 현정(縣正)」 "旣役則稽功會事而誅賞."

167) 완궈딩[萬國鼎]의 교주본에서는 『역경(易經)』 「정(井)」의 "군자는 백성을 권면하며 돕고 권장한다.[君子以勞民勸相.]"에 대해 왕필(王弼)은 "상은 조와 같다.[相猶助也.]"고 주석하였다고 한다.

168) 『주례(周禮)』 「천관(天官) · 대재(大宰)」에서 나타나듯이 이것은 대사도(大司徒)편에는 없고, '대재(大宰)'편에 있는데, 『서경(書經)』의 '사도(司徒)'조에도 비슷한 문장이 있어 진부가 혼동한 것 같다.

169) '요(擾)'의 사전적 의미 속에는 '길들이다[馴順]', '편안하다[安]', '달래다' 등의 뜻이 있다. 완궈딩의 교주에 의하면, 『주례(周禮)』의 '대사도지직(大司徒之職)' 아래에는 '이요만민(以擾萬民)'이라는 구절이 없고, 단지 "황정책을 12년간 써서 만민을 불러 모았다.[以荒政十有二, 聚萬民.]"나 "여섯 가지의 장려정책을 통해서 만민을 양생한다.[以保息六, 養萬民.]" 또는 "여섯 가지의 전통적인 풍습으로써 만민을 편안하게 한다.[以本俗六, 安萬民.]" 등의 구절이 있다. 그 외에 "여전히 지관사도를 세워서, 그 속료들을 이끌고 나라의 교육을 관장하여 왕을 도와서 나라의 걱정을 편안하게 하였다.[乃立地官司徒, 使帥其屬而掌邦敎, 以佐王安擾邦國.]"라는 구절도 있다. 이에 대해 정현은 주석하기를 "요(擾) 역시 편안함[安]이며, 배부르고 넉넉함을 말하는 것이다.[擾亦安也, 言饒衍之.]"라고 하였다. 결코 어루만지거나 길들인다는 뜻이 아니다. 진부가 여기서 말하는 것은 『주례(周禮)』의 뜻과 부합되지 않는다고 한다.

안하게 하는 까닭이다. 주周의 재사載師(의 직무)가 "무릇 그 집에 뽕과 삼[桑麻]을 심지 않는 자는[170] '이포里布'를 내게 했다."라는 것은 벌罰로 1리里당 25가家분의 포[稅布]를 내게 했다는 의미이고, "무릇 수전한 밭을 경작하지 않은 자에게는 옥속屋粟을 내게 했다."라고 하는데, 이것은 밭을 비워 둔 자는 벌금으로서 세 집 분의 조[稅粟]를 세금으로 내게 했다는 것을 말함이다. "무릇 직분을 다하지 않는 백성에게 부가夫家의 세금을 내게 했다."라고 하는 것은, 빈둥빈둥 놀면서 일이 없는 사람은 마땅히 인두세[夫稅]와 호세[家稅]를 내게 한 것이다. 『주례周禮』「여사閭師」편에[171] "무릇 일을 갖지 않는 장정들에게 포를

也. 載師, 凡宅不毛者有里布, 謂罰以一里二十五家之泉也, 凡田不耕者出屋粟, 謂空田者罰以三家之稅粟也. 凡民無職事者出夫家之征, 謂雖有閒民無職事者, 猶當出夫稅家稅也. 閭師, 凡無職者出夫布, 凡庶民不畜者祭無牲, 不

---

170) 완궈딩에 의하면, 『주례(周禮)』「재사(載師)」편에 "무릇 집에 뽕나무나 삼을 심지 않으면 이포(里布)를 내게 하고, 무릇 밭을 경작하지 않으면 옥속(屋粟)을 내게 하며, 무릇 백성이 일을 하지 않고 놀게 되면 부가의 세금을 내게 했다.[凡宅不毛者有里布, 凡田不耕者出屋粟, 凡民無職事者出夫家之征.]"에 대해 정현은 주석하여 말하기를 "정사농이 이르기를, '택불모자(宅不毛者)'는 뽕나무와 삼을 심지 않는 것을 말한다. 이포(里布)는 폭 두 치[寸], 길이 두 자[尺]로 포의 규격을 정하여 화폐로 삼아서 물건을 교역하고 바꾸었다. … 정현은 집에 뽕이나 삼을 심지 않는 자는 1리에 25가(家)분의 비단을 내는 벌금에 처했다고 한다. 땅을 비워 둔 자는 세 가구분의 세(稅)를 내는 벌금에 처함으로써 길흉이복의 비용과 상사의 제기를 구입하는 데 사용했다. 빈둥거려 일이 없는 자에게는 부세(夫稅)와 가세(家稅)를 내게 하는 것과 같이 했다. 부세라는 것은 100무의 토지에 대해 내는 세금이다. 가세라는 것은 병력과 수레를 마련하기 위해 내는 요역비용이다. [宅不毛者, 謂不樹桑麻也. 里布者, 布參印書, 廣二寸, 長二尺, 以爲幣, 貿易物. … 玄謂宅不毛者, 罰以一里二十五家之帛. 空田者, 罰以三家之稅粟, 以供吉凶二服及喪器也. 民雖有閒無職事者, 猶出夫稅家稅也. 夫稅者, 百畝之稅. 家稅者, 出士徒車輦, 給繇役.]"라고 하였다. 오사와도 '불모(不毛)'에 대해 가공언(賈公彦)의 소(疏)의 주석에 근거하여 해석하고 있다. 하지만 '불모'자에 대해 당시 '포(布)'를 내게 했는지, 정현처럼 '비단'을 납입하게 했는지는 더 많은 검토가 필요하다.

[夫布] 내게 했고, 서민들 중에 가축을 기르지 않는 자에게는 제사 때 희생물을 올리지 못하게 하고, 경작하지 않는 자에게는 제례에 제물을 담아 올리지 못하게 하고, 나무를 심지 않는 자에게는 (죽어도) 관과 곽을 사용하지 못하게 하고, 누에를 치지 않는 자에게는 비단옷을 입지 못하게 하고, 삼[麻]을 방적하지 않는 자에게는 상복을 입지 못하게 하였다."라고 한다. 이처럼 선왕이 백성에 대한 배려와 고충이 이와 같으니 (그것을) 도대체 누가 자신을 괴롭히는 것이라고 하겠는가?[172]

耕者祭無盛, 不植者無槨, 不蠶者不帛, 不績者不衰. 此先王之於民, 困之如此, 莫厄之又如此, 夫孰爲厲己哉.

무릇 분발하여서 그 악폐를 고치고자 한다면 무리를 이끌고 (한꺼번에) 일을 도모해야 한다.[173] 이것은 땅에 남겨진 지력을 다하여 불모지를 없게 하는 근본이다. (그렇다면) 어찌 빈둥거리면서 말업[末]을 쫓고 본업[本]을 돌보지 않아서 토지에 잡초가 우거지고 황폐하게 될 걱정을 하겠는가?[174] 이러한 백성이 어찌 다시 굶어죽는다거나 유랑하며 고통스럽다는 걱정

凡欲振發而飭興其蠱弊, 俾率作興事耳. 此其所以地無遺利, 土無不毛. 尙豈有惰游徇末忘本, 而田萊多荒之患哉. 斯民也, 寧復有餓莩流離困苦

171) 『주례(周禮)』 「여사(閭師)」 "凡無職者出夫布, 凡庶民不畜者祭無牲, 不耕者無盛, 不樹者無槨, 不蠶者不帛, 不績者不衰."

172) 『논어(論語)』 「자장(子張)」 "子夏曰, 君子信而後勞其民, 未信則以爲厲己也."

173) 『서경(書經)』 「익직(益稷)」 "皐陶拜手稽首, 颺言曰, 念哉, 率作興事, 愼乃憲欽哉, 屢省乃成欽哉."

174) 『시경』 「소아(小雅)·초자(楚茨)」 "楚茨, 刺幽王也, 政煩賦重, 田萊多荒, 饑饉降喪, 民卒流亡, 祭祀不饗, 故君子思古焉."에 나타난다. 오사와는 이 '전래(田萊)'가 논밭, 휴경전, 방목지 등을 가리킨다고 한다. 이에 대해서는 '재원과 노동력의 조화[財力之宜]'편 주석을 참조하라.

을 하겠는가?

옛날에 한漢 문제文帝[175]가 권농勸農의 조칙을 내리며 이르기를, "문양을 조각하고, 금은을 새기는 수공업에 종사하게 되면, 농사일에 손실을 초래한다. 비단에 수놓고 끈을 짜는 일을 하게 되면, 여성노동이 부족하게 된다. 농사일이 손실되는 것은 굶주림의 근본이며, 여성노동이 손실되는 것은 추위에 떨게 되는 원천이다."라고 하였다. 즉 "한 남자가 경작하지 않으면 천하에는 그 부분만큼 굶주리는 자가 있게 된다. 그리고 한 여자가 누에를 치지 않으면 천하에는 그 부분만큼 추위에 떨게 되는 자가 있게 된다."라고[176] 했다. 그러하니 본업[本]을 숭상하고 말업[末]을 억제하는 방책은 선을 권장하고 악을 물리치는 방법을 명확하게 한다는 점에 있을 뿐이다. 하물며 국가는 농업에 대해, 중요한 문제는 사자[遣使]를 파견하고, 그 다음 문제는 (지방)관리에게 명하여 그 일을 주관하게 하였다. 그러한

之患哉.

昔漢文帝下勸農之詔曰, 雕文刻鏤, 傷農事也. 錦繡纂組, 害女工也. 農事傷, 則飢之本也, 女工害, 則寒之原也. 一夫不耕, 天下有受其飢者. 一婦不蠶, 天下有受其寒者. 然崇本抑末之道, 安在明勸沮之方而已. 況國家之於農, 大則遣使, 次則命官主管其事. 然則在其位者, 可不擧其職而任其責哉.

175) 완궈딩의 교주에는, 『한서(漢書)』「경제기(景帝紀)」에 "한 문제는 여름 사월에 조칙을 내려 이르기를, 문양을 조각하고 금은을 새기는 수공업에 종사하게 되면 농사일이 손상된다. 비단에 수놓고 끈을 짜는 일을 하게 되면, 여성노동을 손상하게 된다. 농사일이 손상되는 것은 굶주림의 근본이다. 여성노동의 손상은 추위에 떨게 하는 원천이다. 무릇 배고픔과 추위가 동시에 다가오면 잘못되지 않는 것이 적다.[夏四月詔曰, 雕文刻鏤, 傷農事者. 錦繡纂組, 害女赶者也. 農事傷, 則飢之本也. 女紅害, 則寒之原也. 夫飢寒竝至而能亡爲非者寡矣.]"라는 내용이 있는데, 이것은 경제의 조칙으로 진부가 문제(文帝)가 농업을 권장하는 조칙이라고 인용한 것은 잘못되었기 때문에 고쳐서 바로잡는다고 한다.

176) 『잠부론(潛夫論)』 권3 「부치(浮侈)」 "一夫不耕, 天下必受其飢者, 一婦不織, 天下必受其寒者."

데 그 역할을 맡은 자가 자기 자신의 직職을 들어 그 책임을 다하지 않을 수 있겠는가!

그림 26_ **방직**紡織**의 모습을 묘사한 토용**土俑

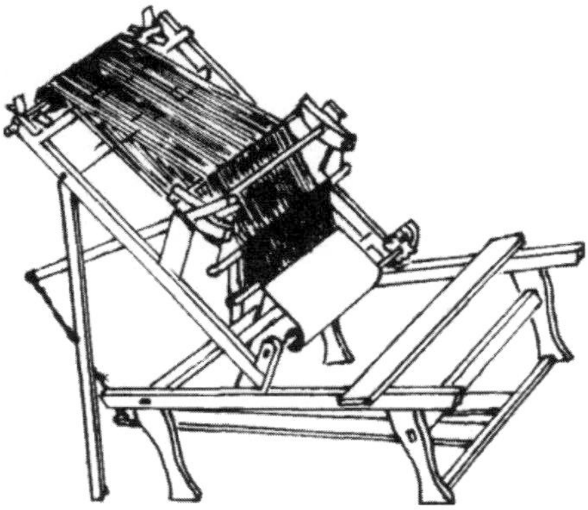

그림 27_ **한대**漢代**의 사직기**斜織機

器用之宜篇第十一

제 11

사용하는 도구의 적합함

일하는 자[農工人]가 그 일을 잘하려면, 반드시 먼저 도구가 예리해야 한다.177) 도구가 구차하여 예리하지 않으면, 일을 잘할 수가 없다. (도구가) 예리할지라도 여건이 갖추어지지 않으면 또한 그 쓰임새가 적어진다.

『시경詩經』에 이르기를, “가래와 호미를 잘 갖추니 결국 낫질[수확]하는 일이 많아졌다.”라고178) 하였다. 전해져 오는 말에 이르기를, “그대여, (수확을 위해) 창고를 잘 수리하고 (공사에 쓸) 삼태기를 준비하라.”라고179) 했다. 때맞추

工欲善其事，必先利其器．器苟不利，未有能善其事者也．利而不備，亦不能濟其用也．

詩曰，偫乃錢鎛，奄觀銍艾．傳曰，收而場工，偫而畚梮．時雨既至，挾其槍刈耨鎛，以旦

177) 『논어(論語)』「위령공(衛靈公)」“子貢問爲仁, 子曰, 工欲善其事, 必先利其器.”

178) 『시경(詩經)』「주송(周頌)·신공(臣工)」“偫乃錢鎛, 奄觀銍艾.” 이 부분에 대한 정현의 전주(箋注)에는 “엄(奄)은 구(久)이고, 관(觀)은 다(多)이다. 우리 서민들을 가르치고, 여성들에게 농기구를 갖추게 하면 마침내 반드시 낫질하는 일이 많아질 것이니, 그것을 권장하는 것이다.[奄久, 觀多也. 教我庶民, 具女田器, 終久必多銍艾勸之也.]”라 하는데, 오사와도 이 해석에 따르고 있다.

179) 완궈딩[萬國鼎]의 교주에 의하면, 『국어(國語)』「주어(周語)」중에 “收而場功, 偫而畚梮.”이라는 구절이 있는데, 위소(韋昭)의 주에는 “‘收而場功’은 사람들로

어 비가 내리면, 김맬 호미와 낫을 들고서 아침부터 저녁까지 들판에서 일한다.180) 바로 (적당한) 시기에 닥쳐 도구가 갖추어 있지 않다면 그 쓰임을 다할 수 있겠는가?

暮從事於田野. 當是時也, 器可以不備具以供其用耶.

그렇기 때문에 무릇 용도에 알맞게 미리 농기구를 준비해야만 때가 되어 쓰임에 도움이 될 것이다. 만약 도구가 하나라도 예리하지 못하면 하나의 일도 잘 처리할 수 없으니 살피지 않으면 안 된다.

故凡可以適用者, 要當先時豫備, 則臨時濟用矣. 苟一器不精, 卽一事不擧, 不可不察也.

그림 28_ 산동성山東省 등현滕縣의 묘지에서 발견된 후한後漢시기의 화상석

하여금 창고를 수리하게 했다는 것이며, '치(偫)'는 구비한다는 의미이고, '분(畚)'은 도구의 명칭으로 삼태기이다. '국(梮)'은 흙을 떠 나르는 도구이며, 삼태기를 구비하여 장차 토목공사를 행한다는 말이다.[收而場功, 使人修囷倉也, 偫, 具也, 畚, 器名, 土籠也. 梮, 擧土之器, 具爾畚梮, 將以築作也.]"라고 하였다고 한다.

180) 완궈딩에 의하면, 『국어(國語)』「제어(齊語)」에 "적당할 때 비가 내리자 낫과 호미를 갖고서, 아침부터 저녁까지 들판에서 일한다.[時雨卽至, 挾其槍刈耨鎛, 以旦暮從事於田野.]"라고 하였으며, 이에 대해서 위소(韋昭)는 주석하여 말하기를, "액(挾)은 협(挾)이다. 창은 말뚝이다. 예는 낫이다. 누는 호미[鎡錤]이다. 박은 서(鉏)이다.[挾曰挾. 槍, 椿也. 刈, 鎌也. 耨, 鎡錤也. 鎛, 鉏也.]"라고 하고 있다.

그림 29_ 운남성雲南省
영랑寧蒗의 호미[鉏]의 날: [『중화농기도보中華農器圖譜』
제1권]

그림 30_ 하남성河南省
안양시安陽市 장성묘 張盛墓에서
출토된 한대漢代의 삼태기

제 12 念慮之宜篇第十二

마땅히 염려해야 할 것[181]

무릇 일은 미리 준비하면 잘 이루어지지만, 준비하지 않으면 실패할 수 있다.[182] (필요할 때) 구하려 했으나 얻지 못한다면 일을 해결하기 실로 어려우나 모든 방법을 강구했다면 어찌 해가 되겠는가?[183] 농사일은 더욱 깊이

凡事豫則立, 不豫則廢. 求而無之實難, 過求何害. 農事尤宜念慮者也. 孟子曰, 農夫

181) '염려(念慮)'는 "깊이 생각하다.(숙고하다.)"라고 하는 정도의 의미이지만, 오사와의 번역에서는 "염려한다."라는 의미로 해석하고 있다.

182) 완궈딩[萬國鼎]은 이 문장이 『예기(禮記)』「중용(庸)」의 "무릇 일은 미리 준비하면 이루어지지만 준비하지 않으면 일이 실패하게 된다. 말이 먼저 정해지면 헛디뎌 넘어지지 않으며, 일이 먼저 정해지면 곤궁해지지 않으며, 행동이 앞서 정해지면 거리낌이 없으며, 도가 앞서서 정해지면 궁해지지 않는다.[凡事豫則立, 不豫則廢. 言前定則不跲, 事前定則不困, 行前定則不疚, 道前定則不窮.]"는 사실에서 인용한 것이라고 한다.

183) 『좌전(左傳)』「문공(文公)」에 나타난다. 묘치위[繆啓愉], 『선독』, 18쪽에서는 "노력했는데도 목적에 도달되지 않은 것은, 그 일이 확실히 처리하기 어려운 경우이다. 그렇지만 최선을 다해 일을 처리하면 어찌 좋지 않겠는가?"라고 하였는데, 원문과는 거리가 있다고 생각하여 제시한 번역처럼 해석하였다. 게다가 오쿠라 요시히코[小倉芳彦], 『춘추좌씨전(春秋左氏傳)』上, 岩波文庫, 341쪽에서는 원전을 "만일의 경우에 충분하지 않다면 곤란하다. 지나치게 준비하더라도 해(害)는 없을 것이다."라고 보고 있다.

생각하고 염려할 필요가 있다. 맹자孟子는, "농부가 어찌 논밭을 떠난다고 농기구[耒耜]를 버릴 수 있겠는가?"라고[184] 했다.

豈爲出疆捨其耒耜哉.

보통 사람의 심정은 대부분 한가할 때는 구습에 젖어 일을 하려 하지 않는다. (하지만) 오직 일을 잘하겠다는 뜻을 가지고 있으면, 즐거운 마음으로 일을 하게 된다. 즐겁게 일을 이야기하면, 일하는 것이 항상 머리에 남아 잠깐이라도 잊지 않고 일을 수습하고 처리함으로써, 바로 하루에 하루의 성과를 이룰 수 있고, 한 해에는 한 해의 성과를 거둘 수 있으니 어찌 충분하게 준비하지 않겠는가?

常人之情, 多於閒裕之時, 因循廢事. 惟志好之, 行安之. 樂言之, 念念在是, 不以須臾忘廢, 料理緝治, 卽日成一日, 歲成一歲, 何爲而不充足備具也.

사람들이 잡다한 일에 현혹되어 한 가지 일에 전념하지 못하고 구차함에 빠져서 (요행만 바라며) 합리적으로 일을 처리하지 못한다면, 얻는 즉시 잃게 되는데, 작은 것이 모이면 큰 것을 이루고, 보잘것없는 것도 쌓이면 현저하게 드러나게 되니,[185] (중요한 것은) 스스로 항심을 지녀 그것을 조금도 잊지 않는 데에 있다.

彼惑於多歧而不專一, 溺於苟且而不精緻, 旋得旋失, 烏知積小以成大, 積微以至著, 在吾志之不少忘哉.

대체로 한가할 때는 내려놓고 포기하고 있다가 일에 닥쳐서 억지로 부지런히 일한다면,

若夫閒暇之時, 放逸委棄, 臨事之

184) 완궈딩은 교주에서, 『맹자(孟子)』 「등문공하(滕文公下)」의 "변경을 벗어날 때도 반드시 자기 스스로의 본질을 지녀야 한다는 것은 무슨 말인가? 맹자가 이르기를, 이는 군사[士]의 임무는 마치 농부가 밭을 가는 것과 같아서 농부가 어찌 변경을 나갈 때 그 농기구를 버릴 수 있단 말인가?[出疆必載質, 何也. 曰, 士之仕也, 猶農夫之耕也, 農夫豈爲出疆舍其耒耜哉.]"라고 하였다.

185) 『순자(荀子)』 「대략(大略)」 "人盡小者大, 積微者著, 德至者色澤洽, 行盡者聲問遠."

그것이 옳다고는 생각되지 않는다.

際, 勉強應用, 愚未知其可也.

대개 보통 사람의 심정은 생업이 순조로울 때는 뜻이 교만해지고, 시절이 편안하면 육체가 태만해진다.[186] 어떤 사람이 비옥한 토지를 받고도 힘들다고 노래 부른다면,[187] 주위 사람들은 반드시 (그 사람에게) 시의에 적절하지 못하다고 불평할 것이다. 그것 또한 사려가 깊지 못한 것이다.

大率常人之情, 志驕於業泰, 體逸於時安. 有能沐浴膏澤, 而歌詠勤苦, 則衆必指以爲汨汨不適時者也. 其亦不思之甚矣.

이상에서 12개의 방법[宜]에 대해 서술했지만, 간혹 사정을 다 살피지 못한 것이 있을 것이기에, 지금 다시 몇 편을 뒤에 덧붙여 기술하고자 한다. 거의 다 구비했지만 빠트린 것이 있어 일상적인 용도에 부족함이 없기를 바라는 바이다.

右十有二宜, 或有未曲盡事情者, 今再敍論數篇於後. 庶纖悉畢備, 而無遺闕以乏常用云爾.

186) 『구당서(舊唐書)』 권51 「태종현비서씨전(太宗賢妃徐氏傳)」 "上疏諫曰 … 惟恐知之非難, 行之不易, 志驕於業泰, 體逸於時安."

187) 『사기(史記)』 「악서(樂書)」 "太史公曰 … 沐浴膏澤, 而歌詠勤苦, 非大德誰能如斯."

祈報篇

기원하고 보답함[188]

『예기禮記』에서 이르기를, 일이 있는 곳에는 반드시 그 다스림이 있다고[189] 한다. 옛날에 농사에 (풍년에 대한) 기원祈願이 있고, (이에 대한) 보답의 제례가 있었던 것은 그 농사를 다스렸기 때문이다. 『시경詩經』의 「재삼載芟」편에서는 봄에 천자가 직접 자전籍田하여 토지와 곡물의 신에게 기원하였다고[190] 한다. 「양사良耜」의 시詩에서는 가을과 겨울에 보답하는 까닭이기도 하다고[191] 하였다. 여기서 기원이나 보답이라고 하는 제례의 의의는 무릇 농사를 다스리는 자가 알 수 있지만, 단지 이것만이 아니다. 무릇 법을 처음 백성들에게 시행하는 사람

記曰, 有其事必有其治. 故農事有祈焉, 有報焉, 所以治其事也. 載芟之詩, 春籍田而祈社稷. 良耜之詩, 於秋冬所以報也. 則祈報之義, 凡以治事者可知矣, 匪直此也. 凡法施於民者, 以勞定國者, 能禦大菑者, 能捍

188) 완궈딩[萬國鼎]에 의하면, 이 편은 미신을 선전하여 인민을 우롱하고 있어『진부농서』의 내용 중에서 가치 없는 부분이라고 한다. 이 때문에 원문의 기록에 비추어 표점을 더한 것을 제외하고는 주석은 달지 않았다고 한다.

189) 『예기(禮記)』「중니연거(仲尼燕居)」에 보인다.

190) 『시경(詩經)』「주송(周頌)·재삼(載芟)」에 보인다.

191) 『시경(詩經)』「주송(周頌)·양사(良耜)」에 보인다.

이나 노력을 다하여 국가를 안정시킨 사람, 큰 재해를 막거나 큰 국난을 제거한 사람은 모두 기원하고 보답하는 제례의 대상이다.[192] 그러므로 산천山川의 신에게는 즉 수재水災와 한재旱災 및 전염병의 재해가 있으면 이에 재앙을 막는 제사를 지낸다. 해와 달과 별을 관장하는 신에게는 눈과 서리, 바람, 비가 때맞춰 내리지 않으면, 이에 그 재앙을 막는 제사를 지낸다.[193] 이로써 선왕先王은 이러한 제사를 전례典禮에 기록하고 법령, 격식을 만들어 제사를 올렸다. 무릇 백성을 위해서 기원하고 보답하는 (제사를 행한) 것이다.

大患者, 皆在所祈報也. 故山川之神, 則水旱癘疫之災, 於是乎禜之. 日月星辰, 則雪霜風雨之不時, 於是乎禜之. 是以先王載之典禮, 著之令式而秩祀焉. 凡以爲民祈報也.

『주례周禮』의 「약장籥章」에서는 "무릇 국가가 전조田祖에 대해서 해마다 제사를 지낼 때 「빈풍豳風」「칠월」의 시를 연주[吹奏]하고, 토고土鼓를 두드리면서 전준田畯[194]을 즐겁게 했다."라고

籥章, 凡國祈年於田祖, 則吹豳雅, 擊土鼓, 以樂田畯.

192) 『예기(禮記)』「제법(祭法)」에 보인다. 오사와에 의하면, 『예기(禮記)』 공영달(孔穎達)의 소(疏)에 "법이 백성들에게 잘 시행되었기 때문에 그들을 제사 지낸다는 것은 신농씨(神農氏)나 후토(后土), 제곡(帝嚳), 요(堯) 및 황제(黃帝), 전욱(顓頊)과 설(契)과 같은 인물들이다. … 온갖 수고로움을 다해서 나라의 기반을 확립하여 제사를 올리는 경우는 우(禹)와 같은 인물이다. 큰 재난과 우환을 막아서 그들을 제사 지낸 자는 은 탕왕(湯王)과 주의 문왕(文王), 무왕(武王)과 같은 사람이다.[法施於民則祀之者, 若神農及后土帝嚳與堯及黃帝顓頊與契之屬是也. … 以勞定國則祀之者, 若禹是也. … 能禦大菑及能捍大患則祀之者, 若湯及文武也.]"라는 것을 따랐다고 한다.

193) 『좌전(左傳)』「소공(昭公)」원년(元年)에 보인다.

194) 오사와는 전준(田畯)을 토지신(土地神)이라는 의미와 농업관련 관리라는 두 가지의 뜻으로 보았다. 진부(陳旉)는 전자의 의미로 해석하고 있는 듯하다. 다만 예컨대 후술하는 『시경』「소아(小雅)·보전(甫田)」의 정현의 해석에 "전준(田畯)은 농업을 관장하며, 지금의 색부(嗇夫)이다.[田畯司嗇, 今之嗇夫也.]"라고 되

하였다.

『이아爾雅』에서는 전준田畯이란 곧 선농先農이라고[195] 한다. 선농에 대해 기원도 하고 보답도 했다는 것은 곧 신농神農, 후직后稷이 무릇 민간에 전해지는 전부田父와 전모田母를 일컫는 것으로, 이들을 받들어 기원하고 보답하는 대상으로 삼았음을 알 수 있다.

爾雅謂田畯，乃先農也．於先農有祈焉，有報焉，則神農后稷與夫俗之流傳所謂田父田母，擧在所祈報可知矣．

『시경詩經』「대전大田」에 이르기를, "줄기를 먹는 명충[螟]과 잎을 먹는 등충[螣] 및 뿌리를 먹는 모충[蟊]과 마디를 갉아먹는 적충[賊]을 제거하시어 우리 밭의 어린 싹을 해치지 않게 하소서.[196] 전조田祖께서는 신의 기운이 있으니 이들을 잡아서 염화炎火 속에 던져 넣으소서.[197]

大田之詩言，去其螟螣，及其蟊賊，無害我田穉．田祖有神，秉畀炎火．有渰凄凄，興雨祁祁，雨我公田，遂

어 있듯이, 후자의 의미로도 풀이된다고 한다.

195) 『이아(爾雅)』의 이 기록은 타당하지가 않다. 다만 『주례』의 주석에서 "정사농이 이르기를, 전준(田畯)이라는 것은 고대에 가장 앞서서 토지를 교육하는 자라고 하였고, 『이아』에서 준(畯)은 농부라고 하였다."고 하며, 『이아』「석언(釋言)」에서 이르기를, "준(畯)은 농부이다."라고 한다. 이런 상황으로 볼 때 진부는 한 측면만 본 것으로 보인다.

196) 『시경(詩經)』「소아(小雅)·대전(大田)」의 "명충[螟]과 등충[螣] 및 모충[蟊]과 적충[賊]을 제거하시어 우리 밭의 어린 싹을 해치지 않게 하소서.[去其螟螣, 及其蟊賊, 無害我田穉.]"에 대한 정현(鄭玄)의 주석[箋]에서 "줄기를 먹는 것을 '명(螟)'이라 하고, 잎을 먹는 해충을 '등(螣)'이라 하고, 뿌리를 먹는 해충을 '모(蟊)'라 하고 마디를 먹는 해충을 '적(賊)'이라 한다.[食心曰螟, 食葉曰螣, 食根曰蟊, 食節曰賊.]"라고 하고 있다.

197) 원문은 '병비염화(秉畀炎火)'이지만 정현의 주석에는 "명등(螟螣, 즉 명충과 등충)과 같은 해충의 무리는 양기가 왕성해지면 생겨나는데, 지금은 현명한 군주가 정치를 잘 하여 전조(田祖)의 신(神)이 이러한 피해를 입지 않았으며, 그것을 잡아서 불구덩이 속에 던져 넣어서 저절로 소멸하게 하였다.[螟螣之屬, 盛陽氣贏則生之, 今明君爲政, 田祖之神, 不受此害, 持之付與炎火, 使自消亡.]"라고 한다.

비구름이 일자 비가 장대같이 내리니 우리의 공전公田에 비를 내리고 마침내 우리의 사전私田에도 미치게 하소서."라고 하였다. 이것 또한 기원의 축문祝文이다.

及我私. 是又祈之之辭也.

「보전甫田」의 시詩에서 이르기를, "우리 모두 부정을 금기하며 심신을 깨끗이 하고[齊明],198) 우리의 희생양을 올려 토지신과 사방[方]의 신에게 제사를 지내, 우리 밭에서 좋은 결실을 거두었으니 농부의 경사로다."라고 하였다. 이것 또한 신에게 보답하는 의례이다. 계속 이어서 이르기를, "거문고를 연주하고 북을 쳐서 전조田祖를 맞이하여 때에 맞게 적합한 비가 내려 주기를 기원하였다. 우리 밭의 기장과 조를 잘 영글게 하고 우리의 아들, 딸을 잘 양육하게 하소서. … 저 남쪽 밭에 들밥[饁]을 내니, 전준田畯이 매우 기뻐하네."라고 했다. 여기에 또 기원하고 보답하는 일이 보인다.

甫田之詩言, 以我齊明, 與我犧羊, 以社以方, 我田既臧, 農夫之慶. 是又報之之禮也. 繼而曰, 琴瑟擊鼓, 以御田祖, 以祈甘雨. 以介我稷黍, 以穀我士女. … 饁彼南畝, 田畯至喜. 於此又以見祈報之事也.

『시경詩經』「희희噫嘻」편에 이르기를, "봄과 여름에 상제(上帝; 하느님)에게 곡식의 풍작을 기원했다."라고 하는 것은 봄에는 상제에게 곡식을 기원하고, 여름에는 상제에게 큰 비가 내리길 기원하는 즐거운 노래를 불렀다는 것을 말한다. "아아 왕업을 이루었도다. 이미 신神의 덕이 밝게 비춘 것이다."라고199) 하는 것은 감

噫嘻之詩言, 春夏祈穀於上帝者, 春祈穀於上帝, 夏大雩於上帝之樂歌也. 噫嘻成王, 既昭格爾者, 嗟歎以告於上帝也. 言天

198) 혹자는 '제명(齊明)'을 제기에 담는 곡물이라고 해석하기도 한다.
199) 이 부분의 해석도 여러 설이 있는데, 여기서는 정현의 주석에 "아아, 주왕(周

격하여 상제에게 알리는 것이다. 하늘이 왕업을 이루었다고 한 까닭은 백곡百穀을 잘 기르면서부터 백성들이 부유하게 되었기 때문이다. 이에 백성에게 일을 내리시고,[200] 이들 농부를 거느리고, 백곡을 파종하면서 "빨리 너희 밭을 일구어서 30리里의 경작을 끝내자꾸나. 또한 농부들에게 호령하여 만인萬人이 짝을 지어 협업으로 경작[耦耕]하게 하네."라고 했다. 이 시詩는 감히 하늘의 때에 늦지 않은 것에 대해 감탄하고, 하늘의 은택에 존경과 감격을 노래한 것이다. 넓은 하늘 아래 이와 같지 않은 것이 없다면 해마다 풍년이 들지 않겠는가! 여기서 왕이 된 자는 위로는 능히 하늘을 받들고 아래로는 백성이 능히 따름으로써 왕업을 이루기 때문에, (『시경詩經』「신공臣工」에서는) "밝게 빛나는 천제[上帝]가 풍년을 들게 한다."라고[201] 하였다.

之所以成王之業者，莫不自於遂百穀以富其民也．於是欽授民事，而率是農夫，播厥百穀，駿發爾私，終三十里．亦服爾耕，十千維耦焉．其詩嗟歎不敢後於天時，所以虔於天澤也．溥天之下，莫不如是，則歲有不豐者乎．此王者所以上能順於天，下能順於民，以成王業，故曰明昭上帝，迄用康年也．

「풍년豐年」의 시詩에서 "가을과 겨울에 (신에게) 보답한다."라고 말한 것은 대개 오행五行이 제각기 본성을 발휘하고 만물이 그 적성에 합치되며, 오기(五氣: 寒, 暑, 燥, 濕, 風)[202]가 때에

若豐年之詩，言秋冬報者，蓋五行得性而萬物適其宜，五氣若時而百

王)이 공적을 이룰 수 있었던 것은 그 덕이 이미 지극히 현저했기 때문이다.[噫嘻乎能成周王之功, 其德已著至矣.]"라는 것에 따른다.

200) 이 '일'은 국가가 백성들에게 내리는 것으로 즉 '수사(授事)'라고 하고 있는데 여기에서의 '일을 내리는 것'에 대해 오사와는 그의 번역에서 '농시력(農時曆)'을 준 것으로 해석하고 있다.

201) 『시경(詩經)』「주송 · 신공(臣工)」"於皇來牟, 將受厥明, 明昭上帝, 迄用康年."에 보인다.

따라 운행된다면 백곡의 열매는 두 배로 거둘 수 있다는 것이다. 본디 밭[陸田] 작물의 수는 한 종류는 아니지만 가장 많이 재배되는 것은 기장[黍]이다. 논에서 나는 곡식의 품종 또한 한 종류는 아닌데 가장 많은 것은 벼[稌][203]이다. 그렇다면 그 외(곡물)에 관해서도 미루어 (수확을) 알 수 있을 것이다. 때문에 "또한 높은 창고인데도 (양이) 엄청나게 쌓이네." 이에 "술을 빚고 단술을 만들어서 조상신에게 바치고 온갖 의례를 준비하는 것이 극진하였다." 넉넉하게 보답하여 지극한 정성을 표시하였다. 이것은 신이 내린 복이 만민에게 미친 것이다.

穀倍其實. 故陸禾之數非一, 而多者黍也. 水穀之品亦非一, 而多者稌也. 則其他從可知矣. 故亦有高廩, 萬億及秭, 於是爲酒爲醴, 烝畀祖妣, 以洽百禮, 莫不腆厚. 有以報其盛而薦其誠. 是以神降之福, 及于兆民焉.

대축大祝[204]은 "여섯 종류의 축문을 관장한다. 신을 섬기고 복福과 길상[祥]을 기원하며 장

大祝掌六祝之辭. 以事鬼神示,

202) 오기(五氣)의 의미도 여러 가지가 있다. 진부(陳旉)는 「자연의 시간에 상응하기[天時之宜]」 편에서는 『황제내경(黃帝內經)』 「소문(素問)」을 근거로 했다고 파악된다. 때문에 이를 고려해 보면, 『황제내경(黃帝內經)』 「소문(素問) · 음양응상대론(陰陽應象大論)」에 "하늘은 사시오행(四時五行)이 있어, 이로써 발아하고, 자라고, 수확하고, 저장하며, 또 추위, 더위, 건조함, 습함, 바람을 생겨나게 한다. 왕빙(王冰)의 주(註)에는 봄에 (만물이) 소생하고, 여름에 성장하고, 가을에 수확하며, 겨울에 저장하는 것을 사시(四時)의 생장수장(生長收藏)이라 한다. … 그러므로 오행(五行)은 추위, 더위, 건조, 습함, 바람과 같은 오기(五氣)를 생겨나게 한 것이다.[天有四時五行, 以生長收藏, 以生寒署燥濕風. 王冰註: 春生, 夏長, 秋收, 冬藏, 謂四時之生長收藏. … 故云, 五行以生寒署燥濕風五氣也.]"라고 한다. 이를 두고 오사와는 오기(五氣)를 추위[寒], 더위[署], 건조함[燥], 습함[濕], 바람[風]을 가리키는 것으로 보고 있다.

203) 일반적으로 논에서 가장 많이 재배하는 것은 벼인데 진부농서에서는 찰벼[稌]라고 하고 있기 때문에, 오사와는 이 '도(稌)'를 벼[いね]라고 해석하고 있는데 합당한 것으로 보인다.

204) 『주례(周禮)』 「천관(天官) · 대축(大祝)」에 보인다.

수를 빌었다."[205] "여섯 종류의 액막이를 위한 제사를 관장하여 신과 함께한다는 것을 보여줬다." 이것은 곧 유類, 조造, 공攻, 설說, 회禬, 영禜과 같은 여섯 가지 종류의 제례이다. 이에 그 행사를 주관하였다. 소축小祝[206]은 "작은 제사를 관장하면서 상서로운 것은 맞이하고, 재앙을 없애고[侯禳], 비는 제사의 축문을 담당했다. 복과 길상을 기원하고 풍년을 기원했으며,[207] 때맞춰 내리는 비를 맞이하고, 바람과 가뭄의 재해로부터 안녕을 빌고, 전쟁의 재난을 그치게 하고, 죄와 질병으로부터 멀게 하였다."라고 하였다. 이것에 의거하여 볼 때, 때에 따르고 기원하고 보답하며 재앙을 물리치는 제사를 지내는 일은 선왕이 신에게 감사하고 백성과 화합하는 까닭이며, 이는 모두 백성과 더불어서 길흉의 환란을 함께한다는 까닭이다. 무릇 이러한 것들이 제사 법전[祀典]에 있으니 어찌 없앨 수 있겠는가. (농사의) 액운을 없애는 축문 또한 어찌 그만둘 수 있겠는가.

祈福祥, 求永貞. 掌六祈以同鬼神示. 則類造攻說禬禜. 於是乎治其事矣. 小祝掌小祭祀, 將事侯禳禱祠之祝號. 以祈福祥, 順豐年, 逆時雨, 寧風旱, 弭災兵, 遠罪疾. 舉是以言, 則順時祈報禬禳之事, 先王所以媚於神而和於人, 皆所以與民同吉凶之患者也. 凡在祀典, 烏可廢耶. 禳田之祝, 烏可已耶.

205) 완궈딩의 교주에 의하면, 원문은 '정(正)'으로 쓰여 있는데, 『주례』에는 '정(貞)'으로 쓰여 있다. 이는 송 인종(仁宗) 조정(趙禎)을 피휘(避諱)하여 고쳐서 '정(正)'으로 쓴 것인데, 다시 바로 고쳐 '정(貞)'으로 쓴다고 하였다.

206) 『주례(周禮)』 「천관(天官)·소축(小祝)」에 보인다.

207) '순풍년(順豐年)'은 가공언(賈公彦)의 소(疏)에 "풍년을 바라고, 그것을 염원하기 위해 축사(祝辭)를 한다. … 이러한 풍년은 백성의 뜻에 따른다. 그러므로 제사의 예(禮)를 설치하고 이로써 풍년을 구하고, 백성의 뜻에 따르므로 그것을 염원하기 위해 축사(祝辭)한다고 한 것이다.[順豐年而順爲之祝辭者. … 是豐年順民意也. 故設祈禮, 以求豐年而順民, 故云爲之祝辭也云.]"라고 한다.

『예기』에 전하지 않았던가, 옛날 이기씨伊耆氏가 처음으로 납제[蠟]를 올렸는데, 그해 12월에 온갖 제물을 모아서, 그에 적합한 신을 찾아 제사를 지냈다. "먼저 신농[先嗇]에 제사하고 후직[司嗇]에 제사하였다. (이때) 온갖 곡식을 제사에 올려 농업의 신에게 보답하였다. 그리고 토지신[農; 전준田畯]과 우표郵表에게 제사를 올리고 함께 금수禽獸의 고기를 향음鄕飮하는 것으로써 보답의 인의仁義를 다하였다.[208] 옛날 군자는 일을 시키면 반드시 보답을 하였다. 고양이신[貓神]을 모신다는 것은 그것이 들쥐를 먹기 때문이다. 호랑이 신을 맞이하여 제사를 지낸다는 것은 호랑이가 밭을 해치는 산돼지[豕]를 먹기 때문이다. 그 신을 모셔 제사를 지낸 것이다."라고 한다. 이어서 말하기를, "제방과 도랑[水庸](의 신)에 제사 지내는 것은 농사에 필요하기 때문이다."라고 하였다. 축문祝文에 이르기를, "흙은 (편안한) 대지로 돌아가고 (그래서 무너지지 않고), 물은 도랑으로 돌아가고 (그래서 넘치지 않고), 곤충은 작물에 해를 끼치지 않게 하고, 잡초와 잡목[초목]은 늪[藪澤]으로 돌아가도록 (그래서 곡식이 상하지 않게) 하소서."라고[209] 하였다.

記不云乎, 昔伊耆氏之始爲蠟也, 於歲之十二月合聚萬物, 而索饗之也. 主先嗇而祭司嗇也, 祭之以百種, 以報嗇也. 饗農及郵表, 畷禽獸, 仁之至義, 之盡也. 古之君子, 使之必報之. 迎貓, 爲其食田鼠也. 迎虎, 爲其食田豕也. 迎而祭之也. 繼而曰, 祭坊與水庸事也. 其祝之之辭曰, 土反其宅, 水歸其壑, 昆蟲無作, 草木歸其澤. 凡此皆祈之之辭也.

208) '인(仁)'·'의(意)'의 의미는 다양하지만 공영달의 소(疏)에 "은혜를 잊지 않고 그것에 보답하는 것이 인(仁)이고, 공을 세워 반드시 그것에 보답하는 것이 의(義)이며, 납제(蜡祭; 연말에 여러 신에게 올리는 제사)는 인의(仁義)를 정성으로 다하는 것이다.[不忘恩而報之是仁, 有功必報之是義也, 蠟祭有仁義之至盡也.]"라고 한다.

무릇 이것들은 모두 기원의 축문이다.

『춘추春秋』에서는 한 번 해충과 짐승의 재해가 생기고, 청명하고 비가 오는 기상의 조화가 한 번 어그러지면 반드시 이를 막는 제사를 올리고 특별히 그것을 기록했다. 선왕이 백성의 마음속에 있는 걱정을 살펴 배려하지 않는 바가 없음을 나타내는 것이다. 무릇 오직 이와 같이 할 뿐이다. 이리하여 만물은 제각기 알맞게 살아가는 방식을 얻게 되고, 각각 최고의 경지에 다다르게 되며, 각자 그 도리에 따랐다. 그리하여 만물에는 요절하거나 질병에 걸리는 일이 없게 되고, 백성에게 질병과 재해가 없게 된 것은 신이 복을 내려 그를 도와서 그렇게 된 것이다.

春秋有一蟲獸之爲災害，一雨暘之致愆忒，則必雩禜之而特書之．以見先王勒恤民隱，無所不用其至也．夫惟如此．此其所以萬物之生，各得其宜，各極其高大，各由其道．物無夭閼疵癘，民無札瘥災害者，莫不由神降其福以相之而然也．

---

209) 축문[祝詞]에 대해 공영달의 소(疏)에는 “정의(正義)에 이르기를, 이 이하는 모두 납제(蠟祭)의 축문[祝辭]인데, 토(土)는 곧 방(坊)이고 반(反)은 되돌아간다는 것이고, 택(宅)은 편안하다는 의미이다. 흙이 편안하게 (대지로) 돌아간즉 붕괴되지 않고, 수(水)가 학(壑)으로 회귀한다고 할 때의 수(水)는 곧 저수지[水庸]이며, 학(壑)은 도랑[坑坎]이다. 물이 도랑으로 돌아간다는 것은 이것은 바로 물이 범람함이 없는 것을 이르는 것이다. 곤충이 작물에 해를 끼치지 않는다고 하는 것은, 명충과 황충과 같은 해충을 지칭하는 것으로, 그것들이 음기를 받으면 죽고, 양기를 얻으면 소생한다. 그러므로 곤충이 농작물에 해를 끼치지 않는다는 것은 재난이 없는 것을 이르는 것이다. 초목이 늪[藪澤]에 돌아간다고 할 때의 초(草)는 이끼[苔稗]와 같은 부류이고 목(木)은 진경(榛梗)과 같은 부류이다. 마땅히 이러한 (초목이) 각각 늪[藪澤]으로 돌아가서 살게 되어 양전에서 자라서 좋은 곡식을 해칠 수 없게 된다. …[正義曰, 此以下皆蠟祭之祝辭, 土卽坊也, 反歸也, 宅安也. 土歸其安(宅), 則得不崩, 水歸其壑者, 水卽水庸, 壑坑坎也. 水歸其壑, 謂不汎溢. 昆蟲毋作者, 昆蟲螟螽之屬也, 得陰而死, 得陽而生. 故曰昆蟲毋作, 謂不爲災. 草木歸其澤者, 草苔稗木榛梗之屬也. 當各歸生藪澤之中, 不得生於良田, 害嘉穀也. …]”라고 풀이하고 있다.

오늘날 농업에 종사하는 자는 대체로 그렇게 하지 않는다. 가령 한 가지 일이 생기면 억지로 구차하게 처리할 뿐, 어찌 모두 선왕의 전고典故에 따른다는 말인가? 봄과 가을 두 계절의 토지신에 대한 제사도 겨우 지내고, 기원하고 보답하는 제례에 있어서는 대체로 소홀한 것 같다. 자주 수재와 한재와 병충해의 재해가 일고, 기근이 거듭되어 마침내 백성들이 (토지를 잃어버리고) 흩어진 것은 분명 기보祈報의 예를 잃어버리고, 신을 소홀히 해 제사를[210] 빠뜨림으로써 그렇게 된 것이다.

今之從事於農者, 類不能然. 借或有一焉, 則勉強苟且而已, 烏能悉循用先王之典故哉. 其於春秋二時之社祀, 僅能擧之, 至於祈報之禮, 蓋蔑如也. 其所以頻年水旱蟲蝗爲災害, 饑饉荐臻, 民卒流亡, 未必不由失祈報之禮, 而匱神乏祀以致其然.

말을 기르는 것을 하나의 예로 들어 보면, 봄이 되면 마조馬祖에 제사 지내고, 여름에는 선목先牧에 제사 지내고, 가을에는 마사馬社에 제사 지내고, 겨울에는 마보馬步에 제사 지낸다.[211] 이것은 (신의 도움으로) 말을 잘 길러서 전염병

夫養馬一事也, 於春則祭馬祖, 夏祭先牧, 秋祭馬社, 冬祭馬步. 此所以馬得其牧養而

210) 오사와는 평주에서, 자연재해가 빈번했다고 하는 진부의 현상인식은 『송사(宋史)』「오행지(五行志)」 등의 기록과는 차이가 있다고 한다. 그러나 이는 진부에게는 매우 절박한 문제였을 것이기 때문에 어떠한 대책을 언급하지 않으면 안 되었을 것이다. 다만 진부는 본편에서 제례의 중요성을 강조하면서도 12편의 '마땅함[宜]'에서는 명확히 제시하지 않았다. 이것은 제례 외에 종교적 의례가 가지는 의미는 상당히 축소된 것으로, 비과학적인 부분이 기본적으로 극복되었다는 의미이다. 이는 송(宋)대 농업의 기술 수준의 한 단면을 나타내고 있다고 하였다.

211) 『주례(周禮)』「하관(夏官)·교인(校人)」에 보인다.

을 걸리지 않게 하려는 이유이다. 철마다 제사 지내고 기원하여서 이렇게 된 것이다.

소의 경우는 농사에서 가장 중요한 임무를 담당하며 논밭은 소에 의지하여야만 비로소 경작된다. 소를 잘 기르는 것 역시 대개 말처럼 기원하여 화를 없애고 복을 불러들여야 하며, 반드시 잘 먹여 살찌워야 질병[瘯蠡]에 걸리지 않게 된다.[212] 최근에 밭을 가는 소의 전염병이 아주 심각하여 향리에 살아남은 소가 거의 없어서 농부들이 괴로워하는 것이 이보다 심한 것이 없다. 때문에 여기에서 소에 관한 설명을 덧붙였으니[213] 부디 읽는 사람은 이것을 이해하고 깊이 살펴주기 바라며, 복을 기원하고 재

無疫癘. 抑以四時祭祀祈禱而然也.

至於牛, 最農事之急務, 田畝賴是而後治. 其牧養盍亦如馬之祈禱以祛禍祈福, 則必博碩肥腯, 不疾瘯蠡矣. 年來耕牛疫癘殊甚, 至有一鄉一里靡有孑遺者, 農夫困苦, 莫此爲甚. 因附其說, 幸覽者

212) 『좌전(左傳)』 「환공(桓公)」 6년에 보인다.

213) 오사와의 평주에서, 「기원하고 보답함[祈報]」 편의 말미에 소[牛]의 기도(祈禱)의 문제에 관해서 언급한 이유를 밝히고 있다. 그의 판단에 의하면 진부(陳旉)는 본래 본서(本書)를 권상(卷上)과 권하(卷下)로 구성하려고 의도했던 흔적은 보이지만, 여기에 기술하고 있는 정세(유행병에 의한 소[耕牛]의 격감 등)가 지니는 의미는 간과할 수 없기 때문에 본서의 구성을 변경하여 권중(卷中)이 부가되었다고 한다. 실제 권중(卷中)의 「소에 관한 이야기[牛說]」 편은 3편밖에 되지 않고, 권상(卷上)의 분량과는 비교조차 할 수 없을 정도로 적은 분량이며, 권하(卷下)의 분량과 비교하더라도 적은 분량이라고 할 수 있다. 그리고 편명(篇名)도 권상(卷上)의 경우 모든 편명에 '마땅함[宜]'이라고 하는 글자가 붙여진 것에 대해, 권하(卷下)는 '법(法)'이라고 하는 문자로 통일되어 있다. 이 대칭성은 본서(本書)의 본래 의도가 권상과 권하의 두 권으로 구성하려고 한 것을 시사한다. 즉 수도작(水稻作)을 중심으로 하는 농업을 권상(卷上)에서 서술하고, 뽕나무 재배법을 포함한 양잠업을 권하에서 서술하여 남경여직(男耕女織)이라는 전통적인 사고방식과 합치하려고 했던 것이다. 그러나 진부의 이러한 계획은 당시의 자연재해 등의 조건 때문에 바뀌지 않을 수 없었고, 그래서 권상의 보론(補論) 및 권중(卷中)을 추가한 것으로 보고 있다. 흥미로운 가정이나 『진부농서』의 농상(農桑)이 전통방식의 연속인지 새로운 도약을 위한 것인지는 심화된 연구가 필요하다.

앙을 물리쳐서 폐단을 구하는 것을 바랄 따름이다.

繹味而深察之, 以祈福禳災, 於救弊其庶幾焉.

그림 31_ 적충賊蟲의 모습

그림 32_ 『수시통고』 제3책 286쪽에 보이는 '신에게 제사 드리는 모습[祭神]'

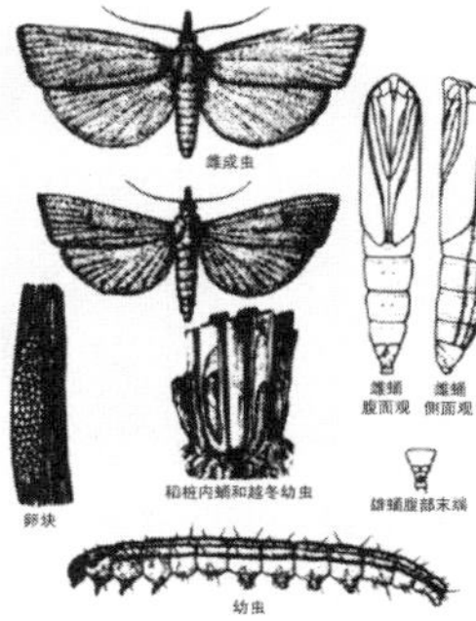

그림33_ 명충螟蟲의 일생

善其根苗篇

모근을 좋게 하기

무릇 곡물을 재배할 때에는 먼저 어린 묘목[根苗]을 잘 배양해야 뿌리[本]가 좋아지며, 뿌리가 좋지 못한데 열매[末]가 좋은 것은 드물다. 어린 묘목의 뿌리가 튼튼하기를 바란다면 무릇 때맞춰 파종하고 토지를 잘 선택해야 하며, 거름을 주는 것도 이치에 합당해야 한다. 이들 세 가지가 모두 갖추어져 있고 그와 더불어 정성을 다해 살피고 관리하여 가뭄과 홍수, 벌레와 짐승의 피해를 입지 않게 된다면 모두 잘 될 것이다. 묘목의 뿌리가 이미 건장하고 작물의 이식214)도 합당하다면 반드시 결실이 풍성해진다. 만약 처음 묘목의 뿌리가 좋지 않으면 바야

凡種植, 先治其根苗以善其本, 本不善而末善者鮮矣. 欲根苗壯好, 在夫種之以時, 擇地得宜, 用糞得理. 三者昔得, 又從而勤勤顧省脩治, 俾無旱乾水潦蟲獸之害, 則盡善矣. 根苗既善, 徙植得宜, 終必結實豐阜. 若

214) '사식(徙植)'이라는 말은 본서의 세 곳에서 사용되고 있다. 본편(本篇)에서 한 차례, 권하(卷下) 「뽕나무를 재배하는 방법[種桑之法]」편에서 두 차례 등장하는데, 권하(卷下)에서는 뽕나무 모종[苗]을 이식(移植)한다는 의미로 사용되었다. 오사와는 이 말이 본서에서는 "논에 옮겨 심는다."는 것으로는 사용되지 않고 있다고 한다. 이것은 아마 "논에 옮겨 심는다."라는 일본의 의미와 다르기 때문이라고 보고 있다.

흐로 시들고 약해진다. 마치 뱃속의 태아가 병이 들어 생기[氣]와 혈액[血]이 고갈되면 (쇠약해져) 고통을 돌볼 방법이 없는 것과 같다. 비록 날마다 치료한다고 하더라도 겨우 호흡만 연장될 뿐 건강해지기를 바라는 것 역시 어렵다.

初根苗不善，方且萎顇微弱．譬孩孺胎病，氣血枯瘠，困苦不暇．雖日加拯救，僅延喘息，欲其充實，蓋亦難矣．

무릇 오늘날 벼[穀]를 파종할 때는 반드시 먼저 모판[秧田]을 잘 만들어야 한다. 가을과 겨울이 되면 즉시 모판을 두세 차례 깊이 갈아엎어서 눈과 서리에 의해 얼고 녹는 것이 반복되어 토양은 푸석해지면서 부드러워진다. 또 쌓아 둔[215] 썩은 볏짚과 나뭇잎, 마르고 썩은 풀뿌리를 잘라서 모판에 두루 깔아 태우면 흙이 따뜻해지고 부드러워진다.[216] 초봄이 되면 또

今夫種穀，必先脩治秧田．於秋冬卽再三深耕之，俾霜雪凍冱，土壤蘇碎．又積腐稾敗葉，剗薙枯朽根荄，徧鋪燒治，卽土暖且爽．於始春又再耕

215) 묘치위[繆啓愉], 『선독(選讀)』에서는 이것을 "또 마른 볏짚과 낙엽을 모으고, 마른 풀과 묵은 뿌리(枯草陳根)를 산(鏟)으로 깎는다."라고 풀이하지만, 오사와는 이 '고초진근(枯草陳根)'을 논에 남아 있는 마른 풀과 벼의 묵은 뿌리로 해석한다면 잘못된 것이라고 한다. 왜냐하면 이 시점에서 논이 이미 깊이갈이[深耕] 되어 있어, 마른 풀과 묵은 뿌리는 남아 있지 않기 때문이라고 하였다.

216) '상(爽)'란 단어가 본 농서에 여러 차례 등장하지만 번역하기는 쉽지 않다. 오사와에 의하면, 「토지에 거름 주기[糞田之宜]」편에서는 "(비옥한 정도가 너무 지나친) 검은 토양의 땅은 … 새로운 흙을 가져다 섞어 풀어 주면 흙은 비옥의 정도가 엷어져서 적당하게 된다.[黑壤之地 … 當取新生之土, 以解利之, 卽疎爽得宜也.]"라고 한다. 이는 토양이 비옥한 경우에는 '새롭고 신선한 토양[新生之土]'을 객토(客土)로 사용하면 비옥한 정도를 다소 약화시킨다는 의미로 파악할 수 있다. 이른바 흙 속의 "바람을 잘 통하게 한다."라는 의미로 사용하고 있는 것이다. 또 권하(卷下)의 「뽕나무를 재배하는 방법[種桑之法]」편에는 "파종이 끝나면 또 고운 모래를 손에 움켜쥐고 그 위에 얇게 뿌려 덮어 준다. 그러면 흙의 기운이 잘 소통되어서 싹이 나기 쉽다.[下子了, 又以薄沙摻蓋其土. 卽疎爽而子易生.]"라고 되어 있는데, 이는 모래를 가볍게 덮어 통기성(通氣性)이 좋아지는 것을 나타내고 있다. 상(爽)은 이러한 의미를 포함한 것으로 보았다. 덧붙여 『농학사(農學史)』

한두 차례 갈고 써레질하여 뒤엎고 거름을 준다.[217] 만약 깻묵[麻枯][218]을 사용한다면 더욱 좋다. 그러나 깻묵은 (덩어리져) 바로 사용하기가 곤란하므로 반드시 공이로써 잘게 부수어 화분火糞[219]과 섞어서 움푹 파인 구덩이 속에 넣고 덮어 누룩을 만들 때와 같이 한다.

耙轉, 以糞壅之. 若用麻枯尤善. 但麻枯難使, 須細杵碎, 和火糞窖罨, 如作麴樣.

(하), 46쪽에서는 "훈토(熏土)는 토양을 따뜻하고 또한 부드럽게 하여, 토양 중의 비료 효과를 증진시킨다."라고 되어 있는데, 양분의 분해를 증진시키는 움직임을 '난(暖)'과 '상(爽)'의 상태로 보고 있다. 아마 토양 속의 통기(通氣) 효과를 말하는 것 같다.

217) '전(轉)'에 대해 오사와의 평주에서는 '두 번째 갈이[再耕]'로 해석하고 있는데, 이 문장 속에 '재경(再耕)'이란 단어가 있을 뿐만 아니라, '파전(耙轉)'의 '전(轉)'을 '재경(再耕)'으로 해석하면 전체적인 문장의 의미가 이상해져 '전(轉)'을 '뒤엎는다.'의 의미로 해석하였다.

218) 완궈딩의 교주에 의하면, '마고(麻枯)'는 깨를 짠 후의 깻묵이며, 함유된 기름을 다 짜고 말렸다는 것을 의미하였다고 한다.

219) 완궈딩에 따르면, 본편에서는 세 차례에 걸쳐 화분(火糞)이 등장하는데 그러나 무엇이 화분이고 어떻게 만들었는지에 대한 설명이 없다. 「토지에 거름 주기[糞田之宜]」편에서는 "무릇 청소하면서 생긴 흙, 불에 태운 초목의 재, 탈곡 후에 까불러서 생긴 곡물의 겨나 쭉정이, 흐트러진 볏짚과 떨어진 낙엽 등을 쌓아 두고 태운다."라고 한다. 이것은 오늘날의 절동(浙東)지역에서 '초니회(焦泥灰)'를 태워서 만드는 방법과 유사하며, 아마도 진부가 말하는 화분은 바로 이같이 태워서 만들었을 가능성이 있다. 태울 때는 단지 연기를 무릅쓰고 그것에 불꽃이 나지 않도록 하여 태워서 검게 변할 때 그만두고, 태워서 완전히 재로 만들지는 않는다. 그 속에는 흙이 있으며 흙의 함량이 적지 않아 이 때문에 토분이라고 일컫는다. 「여섯 가지 주요 작물의 적합한 파종시기[六種之宜]」편에서 말하는 "구운 토분을 거름한다."라고 하는 것과 「뽕나무를 재배하는 방법[種桑之法]」편에서 "움푹 파인 거름간에서 태운 토분을 시비한다."라고 하는데 여기서의 토분(土糞)은 대개 화분(火糞)이다. 또한 화분에는 흙의 함량이 다소 적어서 초니회에 가깝고, 토분에 흙이 함유된 것이 다소 많으면 '훈토(熏土)'에 가깝다. 이 두 가지는 결코 확연하게 구별할 수는 없다. 『왕정농서』에서 말하는 화분의 제조법은 오늘날의 훈토와 완전히 같다고 한다. 묘치위[繆啓愉]의 『선독』에서는 화분을 초니회(焦泥灰)로 해석하고 있으며, 오사와는 쌓은 흙과 초목을 함께 섞어 불 질러서 만든 거름이라는 견해를 따르고 있다.

(쌓아 둔 잿묵에) 열이 나서 쥐 털 같은 곰팡이[220]가 생겨나면 즉시 중간의 열이 나는 것을 펴서 사방의 바깥쪽에 놓아 두고, 바깥쪽의 식은 것은 중간에 둔다. 다시 구덩이에 쌓아서 덮어 준다. 이와 같이 3, 4차례 하여 줄곧 열이 발생하지 않게 되면, 바로 사용할 수 있는데 그렇지 않으면 작물이 열로 인해 타 죽게 된다. (그리고) 절대로 생똥[大糞]을 사용해서는 안 되는데, 그 독이 싹을 썩게 하고, 또한 사람의 손발을 손상시키며 상처가 생기면 치료하기도 쉽지 않다. (비료로는) 유독 화분火糞과 돼지를 삶아 벗겨낸 털[221]과 구덩이[窖]에 넣어서 썩힌 왕겨가 가장 좋다.

또한 이런 비료를 잘 섞어 논에 시비한다면 잘 분해되어 땅이 아주 부드럽게 되는데,[222]

候其發熱，生鼠毛，卽攤開中間熱者置四傍，收斂四傍冷者置中間．又堆窖罨．如此三四次，直待不發熱，乃可用，不然卽燒殺物矣．切勿用大糞，以其瓮腐芽蘖，又損人脚手，成瘡痍難療．唯火糞與燖豬毛及窖爛麤穀殼最佳．

亦必渥漉田精熟了，乃下糠糞，踏

220) 오사와는 탕치위[唐啓宇] 편저, 『중국농사고(中國農史稿)』, 농업출판사, 1985. 582쪽에서는 '서모(鼠毛)'에 "즉 곰팡이류의 포자낭 자루가 길게 나온 것"이라고 주(註)를 달고 있다.

221) 완궈딩에 의하면, 지금의 풍속에서는 물을 끓여 돼지, 양털과 닭, 오리털을 뽑는 것을 '심모(燖毛)'라고 한다. '심저모(燖豬毛)'는 끓인 물을 이용하여 뽑은 돼지털을 가리킨다고 한다.

222) 완궈딩의 교주에 의하면, '악(渥)'은 질퍽하여 수분이 비교적 많다는 의미이다. '녹(漉)'은 흙 속에 남아 있는 물의 의미이다. '악록(渥漉)'의 두 글자를 합해서 말하며 마땅히 물속에서 토양을 섞는다는 의미라고 보았다. 오사와는 '악록(渥漉)'에 관해서 위의 완궈딩[萬國鼎]의 교주(校註)에서는 『농학사(農學史)』(하), 46쪽에서도 동일하게 해석하고 있다고 한다. 그리고 묘치위[繆啓愉], 『선독』, 21쪽에는 "논을 아주 부드럽게 만든다.[仍然必須搞得田土熟糊了.]"라고 하고 있다. 한편 『한어대사전』에서는 "악(渥)은 담그다[漚]와 같은 뜻이며, 물에 적셔 담그다[浸泡]."라고 되어 있다. 그리고 '녹(漉)'의 의미는 "물이 천천히 아래로 스며들어 가다."의 의미로, 즉 "물에 적시다." 혹은 "물이 천천히 스며들다."라는 뜻이다. 이처럼 '악록(渥漉)'의 의

이때 왕겨 거름[糠糞]223)을 뿌려 진흙 속에 밟아 넣고 당거래[田盪]224)로써 지면을 평평하게 하여, 이내 곡물의 종자를 흩뿌린다.

入泥中，盪平田面，乃可撒穀種.

또 먼저 그 해의 기후가 빠르고 늦고 춥고 따뜻한 정도를 살펴서 파종하면 만에 하나도 잘못되지 않는다. 만약 기후가 여전히 한랭하다면 잠시 모판을 부드럽게 관리하고, 기후가 따뜻해지기를 기다렸다가 파종하면 노동력에 여유가 생겨 다그쳐서 조잡해질 우려는 없어진다. 시기가 적절하면 1개월을 노동하여 2개월의 효과를 거둘 수 있으며, 무성하게 잘 자라고 부주의로 인한 손실도 없게 된다.

又先看其年氣候早晩寒暖之宜，乃下種，卽萬不失一. 若氣候尙有寒，當且從容熟治苗田，以待其暖，則力役寬裕，無窘迫滅裂之患. 得其時宜，卽一月可勝兩月，長茂且無疎失.

따뜻해지기 시작하면 곧 파종하는 것을 많이 볼 수 있는데, 절기가 여전히 한랭하다는 것을 헤아리지 않고, 갑자기 혹한을 맞게 되면,

多見人纔暖便下種，不測其節候尙寒，忽爲暴寒所折，

미를 하나로 단정할 수 없지만, 용례를 볼 때 「갈이와 김매기[耕耨之宜]」편에서는 석회를 뿌릴 때 사용하고 있고, 본편(本篇)에서는 비료를 시비할 때 사용되고 있다. 따라서 오사와는 이 의미가 단순히 토양을 혼합한다는 것만이 아니라 비료 외에 다른 것을 토양에 섞는다는 의미로도 생각해 볼 수 있다고 한다.

223) 완궈딩에 의하면, '강분(糠糞)'은 거친 곡물의 껍질[즉 농강(礱糠)] 등을 물에 담가서 만든 비료이며, 만드는 법은 「뽕나무를 재배하는 방법[種桑之法]」편에서 보인다. 오사와의 평주에는, '강분(糠糞)'에 관해서는 구체적으로 기술되어 있지 않다. 다만 권하(卷下) 「뽕나무를 재배하는 방법[種桑之法]」편에서는 저마(苧麻)에 시비하는 강고(糠藁)를 '모으는 방법'이 기록되어 있기 때문에 아마 이것을 지칭한 듯하다. 완궈딩의 교주, 45쪽과 묘치위 『선독』, 6쪽과 21쪽, 『농학사(農學史)』(하), 43쪽에도 이와 동일하게 볏짚과 썩은 잎을 물에 담가 만든 비료로 해석하고 있다.

224) '탕(盪)' 곧 '전탕(田盪)'에 관해서는 『왕정농서(農書)』 「농기도보집지육(農器圖譜集之六)·파팔문(杷朳門)」의 "農書種植篇云"에서 진부농서의 내용이 인용되어 있다.

모가 꺾이고 싹이 얼어 문드러져서 악취가 생긴다. (그러면) 그 모판은 이미 더 이상 파종할 수가 없게 되니, 이내 별도로 빈 땅을 구해서 모판을 만들더라도 소홀했다는 사실을 면할 수 없을 것이다. 이같이 하면 잃는 것이 10중 3, 4가 되는데, 해마다[225] 이와 같이 하면서 끝내 스스로 반성하지 않고 이내 세월 탓으로 돌리니 실로 어리석은 짓이다.

芽蘖凍爛瓮臭. 其苗田已不復可下種, 乃始別擇白田以爲秧地, 未免忽略. 如此失者十常三四, 閒歲如此, 終不自省, 乃復罪歲, 誠愚癡也.

만약 부득이하여 생똥을 사용할 경우에는 반드시 먼저 화분과 섞어서 오랫동안 구덩이[窖]에 넣고 덮어 두어야 (부숙되어) 비로소 사용할 수 있다. 종종 사람들이 생소변을 그대로 뿌려서 바로 모가 손상되는 것을 흔히 볼 수 있다.

若不得已而用大糞, 必先以火糞久窖罨, 乃可用. 多見人用小便生澆灌, 立見損壞.

대저 모판은 흐르는 물을 좋아하고 차거나 고인 물은 싫어하는데, 푸른 이끼가 엷게 끼면 작물이 무성하게 성장하지 못한다. 또한 모름지기 종자를 흩뿌릴 모판의 넓고 좁음에 따라서 이랑 둘레에 넓게 (도랑을 파서) 둘러 준다.[226] 논 두둑을 만들 때 높게 하면 물의 깊고 얕은 것을 조절하기에 용이하다.[227] 만약 갓

大抵秧田愛往來活水, 怕冷漿死水, 青苔薄附, 卽不長茂. 又須隨撒種闊狹, 更重圍繞. 作塍貴闊, 則約水深淺得宜. 若纔撒種

225) '간세(閒歲)'의 사전적 의미는 "한 해를 거르다."라는 의미이지만 전후 문장의 의미를 미루어 보아 '자주' 또는 '늘'의 의미이기 때문에 '해마다'로 해석하는 것이 좋다.

226) 묘치위, 『선독』, 21쪽에서는 "도랑을 파서 둘레를 두르다."라고 되어 있지만 오사와는 "도랑을 파다."라는 의미로는 문맥이 잘 통하지 않는다고 보고 있다.

227) '귀활(貴闊)'의 해석에 대해 묘치위와 오사와는 "두둑이 넓다."라고 해석하고 있는데, 두둑이 넓은 것과 물의 깊고 낮은 것은 아무 관계가 없기 때문에 이것을 두둑이 높은 것으로 해석하였다.

종자를 흩뿌렸는데 갑자기 폭풍이 몰아닥치면, 급히 물을 방류하여 논의 물을 말려야만 풍랑에 의해 쓸려서 종자가 한곳으로 몰리게 되는 것을 막을 수 있다. 갑자기 큰비가 내리면 반드시 약간의 물을 더 대어 주어야 한다. (왜냐하면) 폭우228)로 인해서 물결이 일어 흔들리면서 뿌리가 뜨기 때문이다. 만약 날씨가 맑으면 즉시 물을 빼 주어서 얕게 하고, 햇볕을 통해 (뿌리를) 따뜻하게 해 준다. 그러나 물을 (많이 빼) 너무 얕게 해서는 안 되는데, 너무 얕으면 땅의 표면이 말라 굳게 된다. (그렇다고) 너무 깊어도 곤란한데, 너무 깊으면 모의 중심이 물에 잠겨 말라서 누렇게 된다. 오직 물의 깊이가 적절해야 좋다.

子，忽暴風，卻急放乾水，免風浪淘蕩，聚郤穀也．忽大雨，必稍增水．爲暴雨漂颭，浮起穀根也．若晴，卽淺水，從其曬暖也．然淺不可太淺，太淺卽泥皮乾堅．深不可太深，太深卽浸沒沁心而萎黃矣．唯淺深得宜乃善．

그림 34_ 한대漢代 화상전석畵像磚石에 보이는 습분拾糞의 모습

228) 아마노 모토노스케[天野元之助]는 "爲暴雨漂颭浮起穀根也"라는 문장의 '위(爲)'를 "… 면(免)의 잘못"이라고 보고 있다.(『中國農業史硏究』, 增補版, 229쪽.) 한편 오사와는 여기서 말하는 '대우(大雨)', '폭우(暴雨)'는 강우량이 문제가 아니라, 바람이나 비가 내리는 강도가 모에 영향을 주는 정도를 지칭하는 것이라고 한다. 즉 이것은 물의 양이 증가하는 것에 의한 피해를 설명하고 있는 것은 아니라고 한다.

그림 35_ 운남성雲南省에서 당거래[田盪]를 사용하고 있는 농민의 모습:『중화농기도보中華農器圖譜』 제1권

그림 36_ 화분火糞을 만드는 모습

A Translated Annotation of the
Agricultural Manual "JinBunongseo"

진부농서 역주 중권 卷中

소에 관한 이야기 牛說

소에 관한 이야기 牛說

혹자가 묻기를, 이 세상에서 소와 말의 이용이 어느 것이 먼저이고, 어느 것이 나중인가? 어느 것이 늦게 이용되고, 어느 것이 긴급하게 이용되었는가? 또 가치는 어느 것이 가볍고 어느 것이 무거운가? 어찌하여 말은 저처럼 귀중한데, 소는 이처럼 가볍게 인식되고 있는가?라고 하였다.

(진부가) 답하기를, 소와 말은 모두 세상 사람들을 도와 일을 한다. 말의 값어치는 간혹 소에 비해 두 배도 되고, 다섯 배도 되며, 또 어떨 때는 열 배도 되고, 백 배도 되며, 또 어떨 때는 천 배 만 배의 값으로 매겨진다.[1] (그 이유는) 바로 귀한 자가 말을 타고, 삼군三軍의 군대가 그것을 이용하며,[2] 먹이는 꼴도 최상이고, 훈련에 잘 따르며, 기를 때도 관리가 철저하고, 교통수단으로 안전하여, 어인圉人 · 교인校人 · 어부馭夫 · 어복馭僕[3]이 전문적으로 그 일을 맡고 있기 때문이

或問，牛與馬適用於世，孰先孰後．孰緩孰急．孰輕孰重．是何馬之貴重如彼，而牛之輕慢如此．

答曰，二物皆世所資賴．而馬之所直，或相倍蓰，或相什伯，或相千萬．以夫貴者乘之，三軍用之，芻秣之精，教習之適，養治之至，駕馭之良，有圉人校人馭夫馭僕專掌其事．此馬之

1) 『맹자(孟子)』「등문공장구상(滕文公章句上)」.

2) 묘치위[繆啓愉], 『선독』, 23쪽에서는 '귀자(貴者)'는 '관원'으로, '삼군(三軍)'은 '군대'로 해석하고 있다.

3) 완궈딩의 교주에 의하면, 어인(圉人) · 교인(校人) · 어부(馭夫) · 어복(馭僕)은 모두 관직의 명칭이며, 『주례(周禮)』「하관(夏官)」편에 보인다. 어복(馭僕)은

다. 이것이 말이 귀중하게 여겨지는 까닭이다.

소에 관해서 말해 보면, 수레를 끄는 것 이외에는 오직 농부의 일에만 이용된다. 잡초가 무성한 들에서[4] 방목하고, 들판에서 부린다. 부지런한 사람은 늘 소를 돌보지만, 게으른 사람은 방치하고서 돌아보지 아니하여, 소가 배가 고프고 목이 말라도 이를 알지 못하며, 추위와 더위가 있어도 막아 주지 못하고, 질병과 전염병이 생겨도 치료하지 아니하며, 기운이 없어 넘어지더라도 가련하게 여기지 않는다. (이런 상황 속에서) 농업은 천하의 근본이고,[5] 의식과 재물이 모두 농업에서 나오는 것이지만, (그 농업은) 소가 아니면 이루어질 수 없다는 것을 어찌 알겠는가? 소와 말의 가치, 이용 순위, 필요성을 비교해 보면 마땅히 소보다 중요한 것이 없다.

무릇 파종한 이후에 (소가 끄는) 쟁기로 깊이 갈아서, 흙덩이를 부드럽게 부수지 않으면[6] 먹고 쓰는 것이 어디에서 저절로 나오겠는가?

所以貴重也.

牛之爲物, 駕車之外, 獨用於農夫之事耳. 牧之於蒿萊之地, 用之於田野之間. 勤者尙或顧省之, 惰者漫不加省, 飢渴不之知也, 寒暑不之避也, 疫癘不之治也, 困踣不之恤也. 豈知農者天下之大本, 衣食財用之所從出, 非牛無以成其事耶. 較其輕重先後緩急, 宜莫大於此也.

夫欲播種而不深耕熟耰之, 則食用何自而出. 食用乏

복부(僕夫)의 잘못으로 보인다고 한다.

4) 오사와는 '호래지지(蒿萊之地)'를 '거친 풀밭의 땅'으로 보아 '휴경전(休耕田)'으로 해석한 반면, 묘치위는 『선독』에서 '초지(草地)'로 풀이했다.

5) 『한서(漢書)』「문제기(文帝紀)」"(三年九月) 詔曰, 農天下之大本也, 民所恃以生也."에 보인다.

6) 『장자(莊子)』「칙양편(則陽篇)」"深其耕而熟耰之."에서 '숙우(熟耰)'의 '숙(熟)'은 '삶다'의 뜻으로 국립국어원 제공 국어사전에서는 "논밭의 흙을 써레로 썰고 나래로 골라 노글노글하게 만들다."라고 풀이하고 있다. 또한 '우(耰)'는 보통 곰방메로 흙덩이를 부수는 용도로 사용되는 농구이기 때문에, '숙우(熟耰)'를 "흙덩이를 부드럽게 부순다."라는 의미로 풀이했다.

먹고 쓰는 것이 끊기면 생활은 또한 무엇에 의존하겠는가? 전해 오는 말에 의하면, "의복과 식량이 충분해야 명예와 치욕을 알고, 창고가 가득 차야 예절을 안다."라고[7] 하였다. 또 이르기를, "예의는 넉넉함에서 생기며, 도둑질은 궁핍함에서 생겨난다."라고[8] 하였다. 오직 넉넉함과 궁핍함이 예의와 도둑질을 생겨나게 하니, 이것들은 모두 토지를 경작함에서 생기는 것이다. 말은 반드시 살림이 넉넉할 때 (비로소) 기를 수 있다. 이것으로 미루어 보면 소의 역할이 말보다 큰 것을 알 수 있다.

絕，卽養生何所賴．傳曰，衣食足，知榮辱，倉廩實，知禮節．又曰，禮義生於富足，盜竊起於貧窮．惟富足貧窮，禮義盜竊之由，皆農畝之所致也．馬必待富足，然後可以養治．由此推之，牛之功多於馬也審矣．

그렇기 때문에 나는 (여기에) 소에 관한 이야기를 적어 농사를 짓는 방법 다음에 배치한 것이다.

故愚著爲之說，以次農事之後．

그림 37_ 소의 모습: 『왕정농서』「농기도보집」

그림 38_ 소가 갈이하는 모습

7) 『관자(管子)』「목민(牧民)」"倉廩實則知禮節, 衣食足則知榮辱."에 보인다.
8) 『후한서(後漢書)』「왕부전(王符傳)」"禮義生於富足, 盜竊起於貧窮."에 보인다.

그림 39_ 소가 밭을 정지하는 모습

제 1

소를 잘 키우고
잘 부리는 방법

牧養役用之宜篇第一

무릇 소를 잘 키우는 자는 반드시 먼저 (소를) 아끼고 중히 여기는 마음이 있어야 하며, 가벼이 여기고 업신여기는 마음을 버려야 한다. 그렇다면 어떻게 해야 백성들이 이와 같이 하겠는가? 반드시 위에서 지도하는 사람[9]이 소를 귀하고 중히 여겨야 백성들이 소를 가벼이 여기지 않으며, 아끼고 정성을 다해서 길러 사람들이 함부로 죽이지 않게 된다. 그렇게 하면 소를 가벼이 여기고 업신여기는 마음이 생기지

夫善牧養者, 必先知愛重之心, 以革慢易之意. 然何術而能俾民如此哉. 必也在上之人貴之重之, 使民不敢輕, 愛之養之, 使民不敢殺. 然後慢易之意不生矣.

9) '위에서 지도하는 사람[在上之人]'과 같은 표현은 「근로 독려의 합당함[稽功之宜]」 편에도 있는데, 본편에서 의미하는 바는 셰청샤[謝成俠] 편, 『중국양우양사(中國養牛羊史)』 제6장에서도 언급하고 있다. 여기서 "가리키는 것은 지주통치계급과 농민 사이를 말한다."라고 하며, '재상지인(在上之人)'은 지주계급으로 이해하고 있다. 그러나 오사와는 이를 지주계급으로 한정해 버리기에는 약간 무리가 있다고 보고 있다.

않는다. 소가 배가 고프고 갈증이 생기는 것을 보면 마치 자신이 배가 고프고 갈증을 느끼는 것처럼 여긴다. 소가 힘들어하고 말라 여윈 것을 보면 마치 자신이 힘들고 여위는 것처럼 인식한다. 소가 병들거나 전염병에 걸린 것을 보면 마치 자신이 병들거나 전염병에 걸린 것처럼 여긴다. 소가 새끼를 키우는 것을 보면 마치 자신에게도 아이가 있는 것처럼 생각한다. 만약 이와 같이 한다면 소는 반드시 번식하여 점점 수가 늘어나게 될 것이니, 어찌 논밭이 황폐해지고 의복과 식량이 이어지지 않는 근심을 할 수 있겠는가?

視牛之飢渴, 猶己之飢渴. 視牛之困苦羸瘠, 猶己之困苦羸瘠. 視牛之疫癘, 若己之有疾也. 視牛之字育, 若己之有子也. 若能如比, 則牛必蕃盛滋多, 奚患田疇之荒蕪, 而衣食之不繼乎.

또한 계절마다 따뜻하고, 서늘하고, 춥고, 더운 차이가 있는데, 반드시 때에 순응하여 잘 조절하면 좋다. 초봄에는 반드시 외양간에 쌓여 있는 지푸라기와 똥오줌을 모두 걷어내야 한다.[10] 또한 봄이 아닐지라도 열흘에 한 번 청

且四時有溫涼寒暑之異, 必順時調適之可也. 於春之初, 必盡去牢欄中積滯蓐糞. 亦不必

10) 『제민요술(齊民要術)』「잡설(雜說)」에는 소 우리를 이용한 쇠두엄법[踏糞法]을 소개하고 있다. 『제민요술』의 답분(踏糞)은 타작 후 생긴 곡물의 짚과 겨를 가축우리에 매일매일 깔아 퇴비로 만든 것이다. 가축우리에 퇴비를 깔아 준 기록이 언제부터 시작되었는지 알 수는 없지만, 갑골문(甲骨文)에 이미 가축의 우리와 측간이 등장하고, 각종 제자서(諸子書)에 다양한 분토(糞土)나 분전(糞田)의 기록이 보인다. 더구나 전국 말 『수호지진간(睡虎地秦簡)』「일서(日書)」의 "소 우리의 초목(草木) 아래에 숨겨 두었다."는 기록을 통해 당시 이미 우리에 초목을 깔았음을 알 수 있다. 그렇다면 『제민요술』의 답분법(踏糞法)은 이전부터 실시해 왔던 방식을 체계적으로 정리한 것일 것이다. 쇠두엄[踏糞]의 생산과정을 보면 우선 ① 타작 후의 짚과 겨 확보 → ② 집 안팎에 저장 → ③ 매일 소 우리에 넣기 → ④ 아침에 수거하여 별도의 장소에 쌓아 부숙(腐熟) 등 대개 4단계를 거쳐 답분을 만들고 있다. 그리고 사료 중에는 매일 우리에 3寸(1尺≒28cm) 즉 약

소해야만, 더러운 냄새와 축축한 것들로 인해서 역병과 창질이 생기고 또한 발굽이 오물에 잠겨 쉽게 질병이 생기는 것을 피할 수 있다. 또 상스럽지 못한 것은 없앰으로써 소가 거처하는 장소를 깨끗하고 상쾌하게 해 주는 것이 좋다.[11)]

바야흐로 묵은 풀이 썩어 문드러지고, 새 풀이 아직 돋아나지 않을 무렵에는 깨끗한 짚을 잘게 잘라서 밀기울[麥麩] 및 등겨[穀糠]나 콩을 섞어서 약간 질게 하여 여물통에 담아서 배불리 먹인다. 콩을 으깨도 좋다. 짚은 모름지기 수시로 햇볕에 바싹 말려 썩지 않게 해야 한다. 날씨가 추우면 바로 소를 따뜻한 곳에 두고 소죽을 끓여 먹이면 곧 건장해진다. 또한 미리 콩이나 닥나무 잎과 떨어진 뽕나무 잎을 모아서

春也，但旬日一除，免穢氣蒸鬱，以成疫癘，且浸漬蹄甲，易以生病．又當祓除不祥，以淨爽其處乃善．

方舊草朽腐，新草未生之初，取潔淨稾草細剉之，和以麥麩穀糠或豆，使之微濕，槽盛而飽飼之．豆仍破之可也．稾草須以時暴乾，勿使朽腐．天氣凝凜，卽處之

8.4cm 두께로 쌓아 두어 겨울이 되면 소 한 마리가 "삼십거분(三十車糞)"의 답분을 생산할 수 있다는 사실도 제시하고 있다. 이렇게 만든 퇴비를 시비하는 시기는 봄이 되기 전인 12월에서 1월 사이이며, 1소무(小畝)당 5수레의 퇴비가 소요되기 때문에 연간 6무(畝)의 토지에 시비할 수 있었다고 한다.[최덕경(崔德卿), 「『齊民要術』과 『陳旉農書』에 나타난 糞과 糞田의 성격」, 『중국사연구』 제81, 2012 참조]. 천량주오[陳良佐]는 '우구비(牛廄肥)'를 소 외양간의 퇴비로 인식하고 있다.[「我國農田施用之堆廐肥」, 『大陸雜誌』 52卷 4期, 1976년.] 진부가 이러한 구비의 사용법에 대해 특별히 언급하지 않은 것은 『제민요술』에서 보듯 이미 농가에서 습관화되어 있었기 때문일 것이다.

11) 묘치위[繆啓愉], 『선독』, 26쪽에서는 이 부분의 해석이 빠져 있다. 이것에 대해 오사와는 단순한 실수인지 아니면 이 책의 10쪽에서 언급한 『진부농서』의 '가치 없는 부분[糟粕]'으로 생각하여 의도적으로 제외했는지 알 수가 없다고 하였다. 하지만 『선독』의 다른 곳에서도 이런 부분이 종종 보이고 있다는 것과 책의 제목이 『선독』인 것으로 미루어 볼 때 지나친 판단은 삼가는 것이 바람직할 것이다.

잘게 찧어서 비축해 두었다가 날씨가 한랭해지면 쌀뜨물에 잘게 자른 풀, 등겨, 밀기울과 함께 섞어서 먹인다.

煗煖之地, 煮糜粥以啖之, 卽壯盛矣. 亦宜預收豆楮之葉, 與黃落之桑, 舂碎而貯積之, 天寒卽以米泔和剉草糠麩以飼之.

봄과 여름이 되어 푸른 풀이 무성해지면 방목하여 반드시 배부를 만큼 먹게 한다. 방목할 때마다 반드시 먼저 물을 마시게 한 후에 풀을 뜯게 하면, 배가 불러 오는 복창병에 걸리지 않는다.[12] 또 새로 돋아난 풀을 베어 잘게 썬

春夏草茂放牧, 必恣其飽. 每放必先飮水, 然後與草, 則不腹脹. 又刈新芻, 雜舊稾剉細和

12) '복창(腹脹)'이라는 말은 없지만 9세기 『사목안기집(司牧安驥集)』(셰청샤[謝成俠] 校勘, 中華書局, 1957년) 권2 「看馬五臟變動形相七十二大病」에는, "열 번째에, 말이 전결병에 걸려서 앉았다 일어섰다 하며 숨을 거칠게 헐떡거린다. 왜냐하면 말이 풀과 곡식을 먹을 때 그것이 약간 상하여 뱃속에 열기가 차서 똥이 뭉치기 때문에, 그 고통으로 인하여 앉았다 일어섰다 하고, 호흡이 거칠어지고 코를 씰룩씰룩거리며, 배에 기가 가득 차 팽창하게 된다. …[第十, 馬患前結病, 起臥喘息粗. 因馬食草料之時, 傷草穀, 在大肚中, 熱氣積聚, 惡糞成結, 其馬負痛起臥, 氣粗鼻咋, 復脹氣滿. …]"라고 하는 것과 "열한 번째, 말이 후결병에 걸리면 앉았다 누웠다 한다. 말이 마른 풀을 너무 많이 먹어서 장과 위가 그 때문에 열이 차고, 장이 막혀 고통으로 인하여 구른다. 똥은 단단하게 뭉치며 … 이후에 앉았다 일어섰다 하며 배가 크게 불러 와서, 말이 머리를 장(腸) 쪽으로 돌려서 옆으로 눕는 병이다.[第十一, 馬患後結起臥病. 馬因食乾草過多在腸胃, 緣馬積熱攝滯, 負痛滾碾. 聚糞成結 … 後結起臥腹脹大, 廻頭向腸側肋臥.]"라는 것이 있다. 이것은 말의 경우이기는 하지만 '초료(草料)', '건초'를 먹여서 '똥이 막히는' 상태를 언급한 것이다. 소의 경우도 마찬가지일 것이다.

대개 이런 병은 사료를 배불리 먹인 후 격렬한 운동을 시키지 않고 소화기관이 충분한 순환액을 공급받도록 한다면 소화흡수가 비교적 순조롭게 이루어져 '복부팽창(腹脹)'에 이르지 않는다. 『농상집요(農桑輯要)』 권7 「자축(孶畜)」편에는 소의 뱃속이 부풀어 오를 때는 느릅나무의 흰 껍질을 물에 넣고 푹 삶으면 그 즙이 아주 미끌미끌해지는데, 이것 3~5되를 소에게 먹이면 차도가 있다고 한다.

묵은 짚과 고르게 섞어서 밤에 먹인다. 해가 아직 나오지 않아 날씨가 서늘한 새벽녘[五更: 3시~5시]에 소를 부리면 힘이 평상시의 두 배나 솟아 한나절을 일해도 하루의 효과를 거둘 수 있다. 태양이 높이 떠올라 온도가 올라가면서 소가 숨을 헐떡거리면, 곧 휴식을 취하도록 하여 힘을 고갈하지 않도록 한다.13) 소가 배고프고 목마를 때를 살피고 그 본성에 따라 기르면 혈기가 항상 넘치고 가죽과 털에 윤기가 나며 힘이 비축되어 늙어도 체력이 떨어지지 않는다.

소의 혈기는 사람과 같으니, 추위와 더위를 무릅쓰고 일을 시켜서는 안 된다. 기질14) 또한 사람과 흡사하니 너무 과로하게 해서는 안 된다. 이것이 중요한 철칙이다. 한겨울에는 태양이 나와 따뜻해진 연후에야 비로소 소를 부릴 수 있다. 밤이 되어 날씨가 어두워져서 기온이 내려가면 빨리 쉬게 한다.15) 무더운 여름날

勻，夜餧之．至五更初，乘日未出，天氣涼的用之，卽力倍於常，半日可勝一日之功．日高熱喘，便令休息，勿竭其力，以致困乏．時其飢渴，以適其性，則血氣常壯，皮毛潤澤，力有餘而老不衰矣．

其血氣與人均也，勿犯寒暑．情性與人均也，勿使太勞．此要法也．當盛寒之時，宜待日出晏溫乃可用．至晚天陰氣寒，卽早息之．

13) 『왕정농서(王禎農書)』「농상통결집지오(農桑通訣集之五)·축양편(畜養篇)」의 양우류(養牛類)의 조항에는 진부와 비슷한 내용이 보인다. 여기에 대해 왕정은 "이것은 남방에서 낮에 밭갈이 하는 방식이다. 대개 북방에서는 땅이 평평하고 넓어서 소가 모두 밤에 갈이하여 낮에 찌는 듯한 더위를 피한다.[此南方晝耕之法也. 若夫北方, 陸地平遠, 牛皆夜耕, 以避晝熱.]"라고 한다. 이는 남방에서는 주로 낮에 갈이를 하지만 북방에서는 어둑할 무렵에 행했음을 의미한다. 물론 밭농사인지 수도작인지의 차이에 따라 조건이 달라질 수도 있을 것이다.

14) '정성(情性)'에 대해서 묘치위 『선독』, 26쪽에서는 '체력'으로 해석했고 오사와의 번역에서는 '본성'으로 해석하고 있다.

15) '성한지시(盛寒之時)'에 소의 사역에 대해 살펴보면, 『예기』「월령」의 맹춘지월(孟春之月)의 '어상빙(魚上冰)' 등의 구절에 대해 공영달(孔穎達)의 정의에는

에는 모름지기 일찍 먹여 배를 든든하게 해 두어야 한다. (들에 나가) 부리려고 하는 무렵에는 배불리 먹여서는 안 되는데, 배가 부르면 바로 끄는 힘이 줄어든다. 이와 같이 소를 아끼고 보호하여 조절하여 기른다면 어찌 힘들어하고 여윌 수 있겠는가? 소가 힘들어하고 여위게 되는 까닭은 당면의 급급한 일에 구애되어서 소를 가련하게 여기고 돌보지 않기 때문이다.

大熱之時, 須夙餧令飽健. 至臨用不可極飽, 飽卽役力傷損也. 如此愛護調養, 尙何困苦羸瘠之有. 所以困苦羸瘠者, 以苟目前之急, 而不顧恤之也.

"물고기는 한겨울에는 얼음 아래에 엎드리고 있다가 점차 따뜻해져 정월이 되어 양기가 솟아나면 고기가 얼음 가까이의 물위에서 논다.[魚當盛寒之時, 伏魚氷下, 逐氣溫暖, 至正月, 陽氣旣上, 魚游於水上, 近於氷.]"라고 하여 '성한지시(盛寒之時)'를 정월 이전으로 보고 있다. 문제는 한겨울에 소를 사역했느냐는 점이다. 오사와는 평주에서 사역의 내용은 분명하지 않지만 문맥으로 보면 잡역뿐만 아니라 갈이[耕起]와 그 외의 농작업(農作業)이라고 하였다. 왜냐하면 「갈이와 김매기[耕耨之宜]」 편의 '산천원습(山川原隰)'이라는 지역에서는 경동심경(經冬深耕)이라는 기술이 있고, 「모근을 좋게 하기[善其根苗]」 편에서는 '가을과 겨울이 되면 즉시 두세 차례 깊이 갈아엎어야 하는데[於秋冬再三深耕之]'라는 내용이 있어 가을과 초겨울에도 기경작업을 했던 것이 기록되어 있기 때문이다. 그리고 당말(唐末)의 육구몽(陸龜蒙)이 『축우궁사(祝牛宮辭)』의 서(序)에서 "겨울 10월에는 밭갈이 하는 소가 춥기 때문에 집[宮]을 지어 그곳에 들어가 지냈다.[冬十月, 耕牛爲寒, 築宮, 納而皀之.]"고 한다. 남송의 주거비(周去非)도 "지금 절강지역의 사람들은 소를 키울 때 겨울에는 외양간의 각종 구멍을 봉하고 볏짚을 두텁게 넣어서 깔아 준다. 소는 따뜻한 날을 좋아하여 끌고 나와서 햇볕을 쬐게 하며 (외양간의) 오물을 제거하고 새로운 짚을 넣어 주며 또 날마다 산에서 새로운 풀을 베서 먹이는데 오직 먹지 않을까 걱정이다. ….."[今浙人養牛, 冬月密閉其欄, 重藁以籍之. 煖日可愛, 則牽出就日, 去穢而加新, 又日取新草於山, 唯恐其一不飯也. ….][『영외대답(嶺外代答)』 권4, 풍토문(風土門)]라고 하였는데, 이를 통해 소는 겨울에 따뜻한 우리에서 생활했음을 알 수 있다. 오사와는 겨울에도 소를 이용하여 땅을 갈이한 지역은 대개 산천원습(山川原隰)의 지역, 즉 하곡평야(河谷平野) 지역으로 가장 선진적의 기술이 적용되고 있는 지역으로 보고 있다. 그런 점에서 본서가 거론하고 있는 중심 지역은 분명 하곡평야 지역일 것으로 보고 있다.

옛 사람들이 소에게 옷[牛衣]을 입혀 재워 아침을 맞았다는[16] 것에서 곧 소가 추우면 옷을 입혔다는 것을 알 수 있다.[17] 소를 먹여 살을 찌우기도 했는데[18] 소가 굶주려 여위면 콩과 조를 먹이기도 했다. 소에게 거친 베와 거적으로 덮어 주고 콩과 조까지 먹였는데, 옛 사람들은 어찌하여 이처럼 가축을 소중하게 여겼던 것인가. 이것은 (소가) 의식衣食의 근본을 창출하는 까닭이었기 때문이다.[19]

(그런데 요즘 사람은) 짚을 주린 배를 채울 정도로 충분히 주지 못하고, 물도 갈증을 해소시킬 정도로 주지 못하며, 날씨가 엄청 춥더라도 소를 떨게 내버려 두고, 날씨가 푹푹 찌더라

古人臥牛衣而待旦，則牛之寒蓋有衣矣． 飯牛而牛肥，則牛之瘠餒蓋啖以菽粟矣． 衣以褐薦， 飯以菽粟，古人豈重畜如此哉． 以此爲衣食之根本故也．

彼稾秸不足以充其飢， 水漿不足以禦其渴， 天寒嚴凝而凍慄之， 天時酷

16) 『한서(漢書)』 권76 「왕장전(王章傳)」 "初, 章爲諸生, 學長安, 獨與妻居, 章疾病, 無被, 臥牛衣中(師古曰, 牛衣, 編亂痲爲之, 卽今俗呼爲龍具者), 與妻決, 涕泣."에 보인다.

17) 당대 『사시찬요(四時纂要)』 권5 10월조와 『농상의식촬요(農桑衣食撮要)』 권하(卷下) 10월 조에는 '조우의(造牛衣)'라는 항목과 더불어 월동준비를 하고 있는 내용이 있으며, 후자에서는 그 만드는 방법도 기술하고 있다. 이렇게 송대의 전후의 시대에는 '우의(牛衣)'가 발견되는데, 진부가 재차 강조하고 있는 것은 이것이 잘 지켜지지 않았음을 말해 준다.

18) 『장자(莊子)』 「전자방편(田子方篇)」 "百里奚爵祿不入於心, 故飯牛而牛肥."에 보인다.

19) 이 문장의 '반우(飯牛)'를 묘치위, 『선독』에서는 "양분이 많은 사료로 사육한다.[精料飼養.]"라고 해석한 반면 오사와는 '보양하다'라고 하였다. 그리고 '以此爲衣食之根本故也.'를 오사와는 "소가 의식의 근본"이라고 해석한 반면 묘치위는 "소가 의식의 근본을 창출하는 까닭"이라고 달리 해석하고 있다. 고대인들은 소를 살찌우기 위해 일찍부터 콩과 조를 먹였다. 『세설신어(世說新語)』 권하(卷下), 「경저(輕詆)」 제2쪽에서는 소에게 '추두(芻豆)'를 먹여서 "보통 소보다 10배의 몸무게를 늘렸다."라고 하는 기록이 있으며, 『양서(梁書)』 「무제본기(武帝本紀)」, 『신당서(新唐書)』 「식화지(食貨志)」에도 유사한 기록이 보인다.

도 햇볕에 내보낸다. (그런 고통 때문에) 형편없이 여위게 되고, 질병에 걸려[20] 쓰러져 논밭을 갈지 못하는 지경에 이르는 것은 이상할 것이 없다.[21)]

暑而曬暴之. 困瘠羸劣, 疫癘結瘴, 以致斃踣, 則田畝不治, 無足怪者.

또 옛날의 토지를 나누어 수전하는 제도에는 반드시 목초지[22]가 있었는데, 토지의 등급에 따라서 (수전액의) 차이를 두었다. 그 때문에 방목하기에 적절했으며,[23] 크고 살이 쪄서 피부병과 가분다리[蠡; 흡혈 진드기류] 같은 질병으로부터 괴로워하지 않았다. 이것은 『시경詩經』 「선왕고목宣王考牧」의 시[無羊]에서도 알 수 있다. 이 『시경詩經』에 이르기를,[24] "누가 너에게 소가 없다고 말했느냐. 입술이 검은 소가 90마리나 있는데, … 너의 소가 오는구나. (되새김하면서) 귀가 씰룩씰룩거리며 움직이도다."라고[25]

且古者分田之制, 必有萊牧之地, 稱田而爲等差. 故養牧得宜, 博碩肥腯, 不疾瘯蠡也. 觀宣王考牧之詩可知矣. 其詩曰, 誰謂爾無牛. 九十其犉, … 爾牛來思. 其耳濕濕. 以見其牧養得宜, 故字育

20) 완귀딩의 교주와는 달리 오사와는 그의 평주(評註)에서 "이치(以致)"라고 하여 '이(以)' 한 글자를 더 넣고 있다.

21) 이 문장은 옛 사람들이 소를 아끼고 보호하는 것과는 사뭇 다르다. 그렇기 때문에 오사와는 이 문장의 서두에 "오늘날의 사람은"이라는 문장을 붙여서 옛날 사람들이 소를 보호한 것과는 다르다는 것을 제시하고 있다.

22) '내목지지(萊牧之地)'에 대해서 묘치위의 『선독』에서는 이것을 '휴한목지(休閑牧地)'라고 해석하여 농목의 윤한으로 해석한 반면, 오사와는 단순히 '방목지'라고 해석하고 있다. 단순한 "내지(萊地)"가 아니고 "내목지(萊牧地)"였다는 점에서 농사를 짓지 않아 풀이 무성한 목지(牧地)였을 것으로 생각된다.

23) 가축의 양목(養牧)이 적절했던 이유를 묘치위의 선독에서는 '농목윤환(農牧輪換)' 때문이라고 하고 있다.

24) 『시경(詩經)』「소아(小雅) · 무양(無羊)」.

25) 완귀딩의 교주에 의하면, '기이습습(其耳濕濕)'은 모전(毛傳)에서 "되새김하며 귀를 씰룩거리며 움직이네.[呞而動其耳濕濕然.]"라고 했는데, '사(呞)'는 되새김한다는 의미이다. 여기서는 소가 되새김할 때 그 귀를 흔들며 움직인다는 의미

하였다. 이것으로 미루어 보아 방목이 매우 적합했음을 알 수 있으며, 그렇기 때문에 송아지가 번식하여 무리를 이룰 수 있었다. "어떤 소는 산자락에서 내려가고, 어떤 소는 못가에서 물을 마시고, 어떤 소는 잠을 자고 있고, 어떤 소는 움직인다."라고 하여 물과 풀의 조합이 적절하여 잘 자라고 있음을 볼 수 있다. "소치기가 왔도다. … 씩씩하고 꿋꿋하게, … 팔을 흔들면서 소를 지휘하면, 모든 소가 와서 우리에 돌아가도다."라고 하는 것으로 보아 소를 아끼고 중히 여겨서 놀라거나 어지럽게 하지 않았음을 알 수 있다.

蕃息也. 或降於阿, 或飮於池, 或寢或訛, 以見其水草調適而遂性也. 爾牧來斯, … 矜矜兢兢, … 揮之以肱, 畢來卽升, 以見其愛之重之, 不驚擾之也.

후대에는 방목할 초지가 없어져 종종 사육하기에 적절하지 못하게 되었다. 또 가축을 치는 사람들이 대부분 철없는 아이들이라서, 놀기만을 좋아하고, 이따금 소가 달아날 것을 염려하여 은폐된 곳에 묶어 두기도 한다. 그들이 과연 풀이 무성하고 물이 맑은 지역을 찾아 방목하여 굶주리고 목말라하는 소들의 걱정을 덜어 줄 수 있겠는가? 굶주리거나 갈증을 느끼더라도 돌보거나 가엽게 여기지 아니하며, 소가 여위게 되더라도 그대로 일을 시키며 고통을 준다. 채찍질로 쟁기질을 재촉하며, 한시가 급하다고 소리치며 "해진다(빨리 가자)."고 한다.[26] 소는 숨을 헐떡거리고 땀을 흘리며 체력

後世無萊牧之地, 動失其宜. 又牧人類皆頑童, 苟貪嬉戲, 往往慮其奔逸, 繫之隱蔽之地. 其肯求牧於豐芻清澗, 俾無飢渴之患耶. 飢渴莫之顧恤, 及其瘦瘠, 從而役使困苦之. 鞭撻趁逐, 以徇一時之急, 日云莫矣. 氣喘汗流, 其力竭

라고 한다.

이 고갈된다. 밭 가는 사람은 황급히 참을 먹는 동안 종종 소를 물가로 내몰거나, 산 중턱에 풀어놓는다. 소가 피곤한 상태에서는 (겨우) 물을 마시는데, 갑자기 소를 부리게 되면[27] 모공이 열리게 된다. 그 때문에 음식도 잘 먹지 못하고, 살이 빠져서 병에 걸리기도 한다. 또 높은 산에 내버려 두게 되면 근골[體力]이 지치고 힘이 빠져 결국 넘어지고 쓰러지는 우환이 생기게 된다. 어리석은 백성들은 이러한 사실을 알지 못하고, 이내 기도와 무속을 통해 살아나기를 희망하지만, 그렇게 된 까닭은 알지 못한다. 사람들이 (평소에) 잘 관리하지 못하여서 이런 현상이 생겼다는 것을 모른다.

矣. 耕者急於就食, 往往逐之水中, 或放之山上. 牛困得水, 動輒移時, 毛竅空疎. 因而乏食, 則瘦瘠而病矣. 放之高山, 筋骨疲乏, 遂有顚跌僵仆之患. 愚民無知, 乃始祈禱巫祝, 以幸其生, 而不知所以然者. 人事不脩, 以致此也.

26)『좌전(左傳)』「성공(成公)」12년 "子反曰, 日云莫矣, 寡君須矣, 吾子其入也."에 보인다.

27) 이 문장에서는 힘이 빠진 소를 물가에 내치거나 산상(山上)에 놓아 두어 문제가 생기는 상황을 제시하고 있다. "牛困得水, 動輒移時."에서 '득수(得水)'를 "소가 피곤한 상태에서 (겨우) 물을 마시고, 움직이며 갑자기 이동할 때"라고 해석할 수 있다. 그렇게 될 경우 앞의 소를 이미 물가에 내쳤다는 것과는 모순이 된다. 그러나 이 상황은 이미 수중(水中)에 소가 있고, 경작자가 아주 급하게 참을 먹을 때, 소가 피곤한 상태에서 급하게 물을 마시고, 바로 움직이면 신체의 리듬이 깨지면서 손상을 가져오는 것을 지적한 것이 아닌가 생각된다.

그림 40_ 우의牛衣의 모습
[한국 민속박물관]

그림 41_ 소를 외양간에
묶어 둔 모습

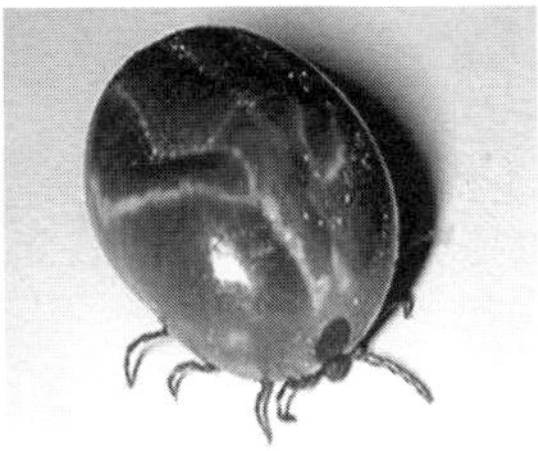

그림 42_ 가분다리[蟲]의 모습

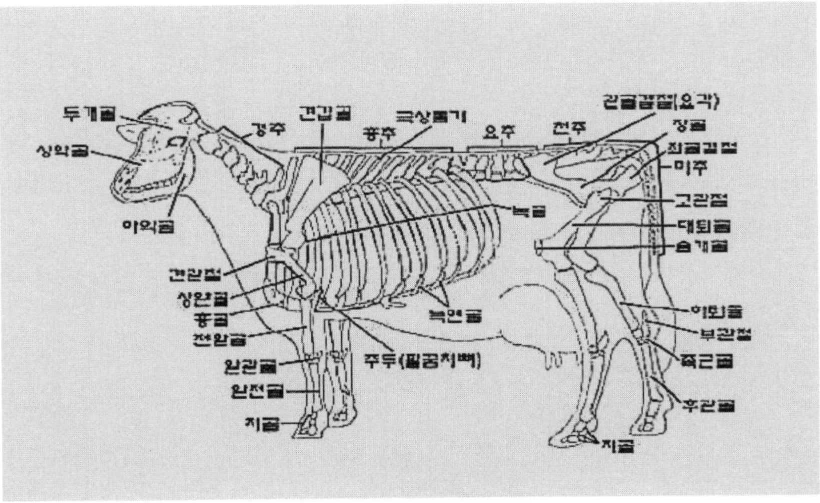

그림 43_ 소의 골격도

醫治之宜篇第二

제 2 질병치료의 합당함

『주례周禮』에 이르기를, "수의는 짐승[28]의 병을 치료하는 것을 관장한다. … 무릇 짐승의 병을 치료하는 것은 목 속으로 (약을) 부어 넣고, 걷게 하며,[29] … 병을 찾아내고, 그런 이후

周禮, 獸醫掌療獸病. … 凡療獸病, 灌而行之, … 以發其惡, 然後藥

28) 묘치위[繆啓愉]의 『선독』에서는 본문의 '수(獸)'를 '생축(牲畜)'으로 해석하여 가축의 질병으로 보고 있다.

29) 원문의 '관이행지(灌而行之)'는 『주례(周禮)』의 정현의 주에서 "가축과 짐승을 치료할 때 반드시 약을 물에 타서 부어 먹이고, 걷게 하는 것은 그 질병 상황을 알기 어렵기 때문이다. 약을 물에 타서 부어 먹임으로써 완화시키고 또 기를 강화한다. … 얼마 있다가 걷게 하면 이내 맥이 뛰는 것을 알 수 있어서 걸린 병을 알 수 있다.[療畜獸必灌行之者, 爲其病狀難之. 灌以緩之, 且强其氣也. … 旣行之, 乃以脉視之, 以知所病.]"라고 한다. 여기서 '관(灌)'의 의미에 대해 묘치위는 『선독』, 28쪽에서 "먼저 약에 물을 타서 먹이고 걷게 한다.[先灌飼讓它行走.]"라고 하며, 관(灌)을 물을 마시게 한다는 의미로 풀이하고 있다. 한편 샤웨이잉[夏緯瑛]의 『'周禮'書中有關農業條文的解釋』, 農業出版社, 1979년, 73쪽에서는 "정현은 '관목(灌沐)'으로 해석하고 있다."라는 것에 대해서 비판하고 있다. 이 '관(灌)'은 현재의 수의가 행하는 방법과 같이 "이는 곧 병든 가축에게 약에 물을 타서 먹인다는 의미이다.[卽爲病畜灌藥之意.]"로 해석하고 있다. 또 장중갈(張仲葛)도 "… 입으로 탕약을 복용하는 방법을 통해 그 병세를 완화한다.[… 則採用口服湯藥的方法, 以緩和其病勢.]"라고 하고 있다.[「畜牧史話」, 『中國畜牧史料集』, 科學

에 약을 먹이고 사육했다."라고[30] 한다. 그 유래는 오래되었다.

之養之. 其來尙矣.

그렇지만 소의 병은 한 가지가 아니다. 어떤 것은 장이 붓고[草脹],[31] 혹은 잡다한 벌레를 먹어서 중독되기도 하며, 또 어떤 것은 결창結脹[32]이 되어 대소변이 막히기도 한다. 이들은

然牛之病不一. 或病草脹, 或食雜蟲, 以致其毒, 或爲結脹, 以閉其便

出版社, 1986년.] 이상의 방법은 어떠한지 구체적이지 않다. 그리고 물이나 음식물에 탄 약을 소가 쉽게 먹거나 넘기지 못하기 때문에 '관(灌)'은 주둥이가 긴 병에 약을 타서 목구멍을 통해 부어 넣는 것을 말할 것이다.

30) 완궈딩의 교주에 의하면, 『주례』 「천관 · 수의(獸醫)」에서는 "수의는 짐승의 병을 관장하는 것으로서 짐승의 질병을 치료한다. 무릇 짐승의 질병을 치료할 때는, 물에 타서 약을 먹이고 그것을 걷게 함으로써, 조절하여 그 기가 움직이고 드러난 것을 살펴서 돌본다. 무릇 짐승의 질병을 치료할 때는, 물에 타서 약을 먹이고, 부상부위를 파내서 나쁜 것을 드러낸 연후에 약을 먹이고 돌보면서 음식을 먹게 한다.[獸醫, 掌療獸病, 療獸瘍. 凡療獸病, 灌而行之, 以節之, 以動其氣, 觀其發而養之. 凡療獸瘍, 灌而劀之, 以發其惡, 然後藥之, 養之, 食之.]"라고 하였다. 여기서 '양(瘍)'은 외과병(外科病)을 가리킨다고 한다.

31) '초창(草脹)'에 관해서는 확실하지 않다. 혹은 앞의 「소를 잘 키우고 잘 부리는 방법[牧養役用之宜]」편의 각주에서 언급한 대로 풀을 먹여서 '똥이 나오지 않게' 되어 배가 불러오는 병인지는 알 수가 없다. 오사와는 이에 덧붙여 1956년 강소성(江蘇省) 신건현(新建縣)에서 발견된 청대(淸代)의 저작으로 여겨지는 『포독집교주(抱犢集校注)』{양훙다오[楊宏道] · 조우제정[鄒介正]}의 교주를 거쳐 1959년, 농업출판사에서 간행, 1982년 재간(再刊)]에는 다음과 같은 기술이 있다. "옆구리에 장(腸)이 붙은 것은 풀 배[草肚]가 커지고 물 배[水肚]가 줄어들게 됨으로써 눕거나 일어났다 하는데, 침을 사용해서 치료하면 낫는다. 배가 부른 것을 혹자는 초창(草脹)이라고 한다. 기가 부풀게 되면 침으로써 그것을 소통시키고, 초창은 약을 처방하여 지나치게 많이 먹은 것을 다스린다.[膁貼脹者, 草肚大, 水肚略消, 欲臥欲起, 用針而痊愈. 肚脹者, 或草脹. 氣脹者, 以針蘇其氣, 草脹以藥攻其食.(위의 책, 「看病入門篇, 牛病論說」, 5~6쪽.)"라고 하고 있고, 그 교주자의 주석에는 "풀 배[草肚]는 전위를 가리키며, 주로 반추동물의 첫 번째 위[瘤胃]이다.[草肚指前胃, 主要是瘤胃.]"라고 하며, 여기서 말하는 '초창(草脹)'은 '초두(草肚)' 즉 '전위(前胃)'가 붓는 병상(病狀)으로 보고 있다. 진부가 '초창(草脹)'을 어떠한 의미로 사용하고 있는지 확실하지 않지만 복부가 부푸는 병이라는 점에는 틀림없는 것 같다고 하였다.

체온이 높고 낮음의 차이에 따라 그 병의 단서를 알 수 있다.

(소에게) 약을 쓰는 방법은 사람과 유사하지만, 약을 많이 조제하여 물에 타서 (목에) 부어 먹이면 치료되지 않는 것이 없다. 그 똥과 오줌에 피가 섞여 나오는 것은 열로 인해서 손상된 것이며,[33] 똥과 오줌에 피가 섞여 나오는 병을 치료하는 약도 대량으로 조제해서 목으로 부어 넣는 냉결冷結[34]은 (증상이) 코는 마르지만

溺．冷熱之異，須識其端．

其用藥，與人相似也，但大爲之劑以灌之，卽無不愈者．其便溺有血，是傷於熱也，以便血溺血之藥，大其劑灌之．冷結，卽

32) 『사목안기집(司牧安驥集)』과 그 외의 수의서(獸醫書)에 의하면 일반적으로 '결(結)'이란 흐름이 멈춰 굳은 증상이다. '창(脹)'은 장이 부은 증상이다. 결에는 '혈결(血結)', '기결(氣結)', '초결(草結)' 등의 용어가 보이며, 창에는 앞에서 지적한 복창[脹] 등이 있다. 오사와에 따르면, 진부가 기록한 '결창(結脹)'이 구체적인 하나의 병을 가리키는 것인지 혹은 일반적인 증상을 가리키는 것인지는 분명하지가 않다. 아마 후자일 것이라 생각되지만 정확한 의미는 유보한다고 한다.

33) 원문 '시상어열야(是傷於熱也)'에서 '상열(傷熱)'은 "서기(暑氣)와 만나다."라는 의미이지만, 『사목안기집(司牧安驥集)』 권5의 '황제팔십일문병서(皇帝八十一問幷序)'에는 '간상열(肝傷熱)', '오장상열(五臟傷熱)'이라는 기술이 있고, 이러한 것들은 장기가 열을 갖고 있는 상태를 가리키는 것 같다. 그 결과 대소변에 피가 섞여 나오는 증상으로 된 것은 청대(淸代)의 수의서 『양경집(養耕集)』의 「신록료우상감침약전집(新錄療牛傷感針藥全集)」에 '치우뇨뇨협혈가(治牛尿尿夾血歌)'라는 항목에 설명되어 있다. 거기에서는 "대소의 장에 열이 나서 대소변에 피가 나오며, 간에 피가 나오면 피골의 마디를 보호하지 못한다.[大小腸熱兩便血，肝血不蔭皮骨節.]"라는 노래가 실려 있다. 이에 대해 양홍다오[楊宏道]는 교주에서 "크고 작은 장에는 습열이 있는데, 습열은 장에서 대변을 약간 물렁물렁하게 해 주고, 장에서 난 피는 대변에 섞여 나온다. 그리고 소장의 습열이 방광 속으로 들어가면 소변에도 약간 피가 섞여 나오고, 방광에 열이 심하면 소변에 피가 섞여 나오며, 오줌을 찔끔찔끔 눈다.[表明大小腸有濕熱，濕熱在腸使大便溏瀉，熱甚則腸出血而大便帶血．小腸濕熱入膀胱，則小便短赤，膀胱熱甚則小便帶血，尿澀淋漓.]"라고 하고 있다. 오사와는 이에 따라 해석하였다.

34) '냉결(冷結)'은 다음의 '열결(熱結)'과 함께 구체적으로 알 수 없지만, 오사와는 본편의 기술로 미루어 체온이 높아지는 '결(結)'의 증상과 낮아지는 '결(結)'의 증상일 것으로 보고 있다.

숨은 헐떡거리지 않기 때문에 땀을 내게 하는 약[發散藥][35]을 투여한다.

열결熱結의 현상은 코에 땀이 나고 헐떡거리기에, 열을 풀어 주는 약[解利藥]을 투여한다. 배가 부르면 소통을 시켜 주고, 중독이 되어 있으면 해독해 줘야 한다. 만약 매번 살피고 다스려 적절하게 조절할 수 있다면, 무슨 병에 걸린들 걱정하겠는가?

지금의 농가에서는 이러한 치료법을 알지 못하고, 그것을 전염병[疫癘]이라고 한다. 무릇 병이 유행할 때는 독기가 올라[36] 전염되고, 가축이 다 죽은 이후에야 멈추게 된다. 민간에서는 그것을 일러 '하늘의 뜻[天行]'이라고[37] 하여 오직 무속과 기도하는 것을 최선이라고 여겼다. (만약) 그 효험이 없으면 그것을 어찌할 수 없다고 방치한다.

또 이미 죽은 (가축의) 고기를 마을 안으로 가져가면 그 독기로 인해서 오히려 전염될 수 있다. 질병이 서로 전염되지 않게 하려면 (병든 소와) 병들지 않은 소를 더불어 서로 가까이 있게 해서는 안 된다. 때에 맞추어서 기르고 관리

鼻乾而不喘，以發散藥投之.

熱結，卽鼻汗而喘，以解利藥投之. 脹卽疏通，毒卽解利. 若每能審理以節適，何病之足患哉.

今農家不知此說，謂之疫癘. 方其病也，薰蒸相染，盡而後已. 俗謂之天行，唯以巫祝禱祈爲先. 至其無驗，則置之於無可奈何.

又已死之肉，經過村里，其氣尙能相染也. 欲病之不相染，勿令與不病者相近. 能適時養

35) 발산약(發散藥)의 주요 작용은 땀을 내게 하여 사악한 기운을 흩어 표증(表症)을 없애는 것이다. 상용하는 약물로는 맵고 더운 발산과 맵고 차가운 발산의 구분이 있다.

36) '훈증(薰蒸)'에 대해 묘치위『선독』에서 전염병의 전파 원인을 '독기'라고 해석하고 있으며, 오사와도 마찬가지로 "독기가 올라" 전염된다고 해석하고 있다.

37) '천행(天行)'은『역경(易經)』'건(乾)'조에서 나타나는 말로서『역경』에서는 '천체의 운행'과 같다고 하였다.

하여 앞에서 말한 바와 같이 한다면 병이 생기지 않을 것이다. 오늘날 사람에게는 '풍병(風病; 문둥병)'이나 '노병(勞病; 폐병)'과 '난각병爛脚病'[38]이 있는데, 모두 서로 전염이 되니 어찌 유독 역병의 기운이 강하게 발산한 때에만 전염된다고 할 수 있겠는가? 전하는 말에 이르기를, 영양분을 보충하고 적절하게 운동을 하면 하늘도 그로 하여금 병에 걸리게 할 수 없다고 한다.[39] 그러나 이미 걸린 병을 치료하는 것은 치료하지 않는 것보다는 낫다.[40]

治, 如前所說, 則無病矣. 今人有病風病勞病脚, 皆能相傳染, 豈獨疫癘之氣薰蒸也哉. 傳曰, 養備動時, 則天不能使之病. 然已病而治, 猶愈於不治也.

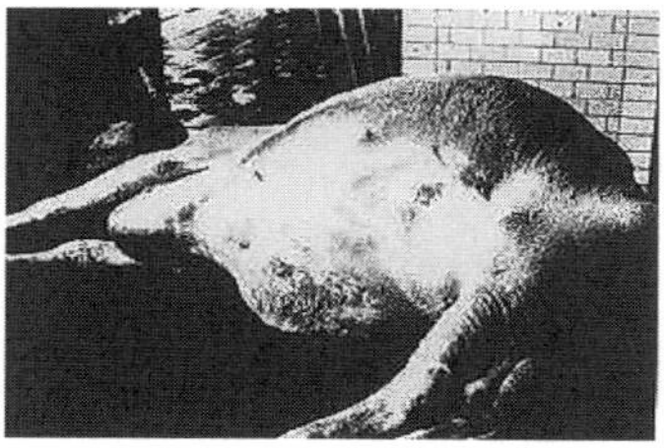

그림 44_ 고창증鼓脹症에 걸린 소의 모습

그림 45_ 소를 거세하는 모습

38) 묘치위의 『선독』, 29쪽에서는 '풍병[痲風病; 문둥병]'이나 '노병(勞病; 폐병)'과 '난각병(爛脚病; 발이 문드러지는 병)으로 풀이하고 있다. 그러나 오사와는 '풍(風)'이라는 병은 『황제내경소문』 「풍론(風論)」편 등에서 보이듯이 한 종류만이 아니며, '각(脚)'이라는 병도 '각기(脚氣)'라고 보는 쪽이 좋다고 생각한다. 다만 확실한 근거가 있는 것은 아니라고 하였다. 하지만 원문에서는 풍병과 각병(脚病)을 전염병이라고 하였다. 때문에 오사와가 지적한 여러 가지 풍병, 각병 중 각병과 같이 비타민 B1의 결핍 때문에 생기는 병은 전염병과는 일정한 거리가 있다.

39) 『순자(荀子)』 「천론(天論)」 "彊本而節用, 則天不能貧, 養備而動時, 則天不能病."에서 보인다.

40) 『한서(漢書)』 「예문지(藝文志)」 "故諺曰, 有病不治, 常得中醫." 묘치위의 『선독』에서는, "이미 병이 들어서 치료하는 것은 끝내 병을 치료하지 않는 것보다는 좋다.[但已病治療, 終比不治療要好.]"라고 해석하고 있지만(29쪽), 오사와는 "병이 들었다면 치료할 수 없다."라고 해석하고 있다.

陳旉農書譯註

JinBunongseo

A Translated Annotation of the
Agricultural Manual "JinBunongseo"

진부농서 역주 하권 卷下

누에 치고 뽕나무 기르기의 서문 蠶桑敍

누에 치고 뽕나무 기르기의 서문 蠶桑敍

옛 사람들이 뽕나무를 심고 누에를 치는 데에 방법이 없었던 것은 아니었다. 다만 그 방법[1]을 알지 못했기 때문에 좋은 효과를 거두지 못하였다. 제멋대로 하여 간혹 효과를 거뒀다고 하더라도 또한 요행이었을 뿐이었다. 대개 법은 항상적이라고 할 수 있는데, 요행은 항상적인 것이 없다. 지금 어쩌다 한 차례 요행을 만나면 (그것에 이르는) 특별한 방법도 없었다고 말한다. 간혹 최선을 다하지 아니하여 실패하게 되면, 또한 그 방법은 믿을 만한 것이 못된다고 말한다. 그 때문에 나는 이에 대해 자세하게 준비하여 소에 관한 이야기[牛說] 다음에 싣는다.

古人種桑育蠶，莫不有法．不知其法，未有能得者．縱或得之，亦幸而已矣．蓋法可以爲常，而幸不可以爲常也．今一或幸焉，則曰是無法也．或未盡善而失之，則亦曰法不足恃也．故愚備論之，以次牛說之後．

1) 묘치위[繆啓愉], 『선독』에서는 ‘법(法)’을 단순히 ‘방법’으로 해석하고 있지만, 오사와는 후술하는 각 편명에 모두 법(法)자가 붙어 있는 것이나, 이 서문의 내용에서 볼 때 ‘법’에는 좀 더 강한 의미가 내재되어 것으로 생각하고 있다. 예를 들면 ‘가장 적절한 방법’이라든가 ‘표준적인 방법’이라는 의미를 내포한다고 한다.

種桑之法篇第一

제 1 뽕나무를 재배하는 방법

뽕나무를 재배하는 방법은 처음부터 끝까지 세 단계로 구분된다.

만약 오디씨를 심으려고 한다면[2] 좋은 뽕나무 종자의 오디를 선택하여 오디마다 양 끝을 자른다. 양 끝은 사용하지 않는다. 그 씨가 가늘고 작아 심으면 곧 계상雞桑이나 화상花桑[3]

種桑自本及末，分爲三段.

若欲種椹子，則擇美桑種椹，每一枚翦去兩頭．兩頭者不用．爲其子差

2) 뽕나무의 번식법(繁殖法)에는 실생법(實生法), 휘묻이법[壓條法], 접붙이기[嫁桑法]가 있는데, 진부는 실생법과 휘묻이법[壓條法]에 관해서만 기술하고 있다. 이 두 가지 법은 이미 『제민요술』 권5에서 언급하고 있다. 또 양절(兩浙)지역의 양잠업에 관해서는 혼다 오사무[本田治], 「宋代兩浙地方の養蠶業について－特にその技術的展開を中心に－」, 『特兼山論叢』 史學編 6, 1973에 상세하게 기술되어 있다.

3) '계상(雞桑)', '화상(花桑)'이 어떠한 것인가에 관해서 진부(陳旉)는 기술하지 않고 있으므로 상세하게 알 수는 없다. 바이두 사전에 의하면 '계상(雞桑)의 학명은 Morus australis이며, 뽕나무과의 관목 혹은 소교목이다. 높이는 2~6m이고, 잎은 계란형을 띠며 길이는 3~9cm 폭은 2~5.5cm이다. 끝은 약간 뾰쪽하며 하트모양이고, 양면에 털이 없거나 배면에 부드러운 털이 있다고 한다.
다만 오사와에 따르면 양자를 파악하기 위한 단서는 몇 가지 있다고 한다. 우선 장카이[章楷], 『중국고대재상기술사료연구(中國古代栽桑技術史料硏究)』, 농업출판사, 1982[이후 『재상(栽桑)』이라 약칭한다.]에는 북송 말의 온혁(溫革)이 저술한 『쇄쇄록(瑣碎錄)』이 인용되어 있는데, 거기에는 "계각상(鷄脚桑)은 잎이 얇이 되기 때문에 버린다. 잘라 낸 중간 부분을 취한다. 그 씨는 단단하고 크다.[4] (이를) 파종하면 뽕나무 줄기가 아주 견실해지고 잎도 도

細, 以種卽成雞桑花桑, 故去之. 唯取中開一截. 以其

고, 고치가 얇아서 실의 생산이 적다.[葉花而薄, 得繭薄而糸少.]"라고 기록되어 있다. 이것은 진부(陳旉)가 말하는 계상(雞桑)과 동일한 품종으로 잎이 얇은 품종으로 생각된다고 한다. 다음으로 『가태오흥지(嘉泰吳興志)』, 권20, '풍속(風俗)', '상(桑)'의 항목에 "본초(本草)에는 산상(山桑)이 있고, 가상(家桑)이 있는데, 그중에서 잎이 가지 사이에 있는 것을 계상(鷄桑)이라고 한다.[本草有山桑, 有家桑, 葉椏者名鷄桑.]"라고 하고 있다. 여기서 '아(椏)'는 '가장귀' 등의 의미로서 잎의 주변부가 '가장귀' 형태로 되어 있다는 것, 즉 홈이 깊은 형태일 것으로 생각된다. 이처럼 '계상(雞桑)'은 잎이 얇고 또는 홈이 깊어 양잠에는 적합하지 않았을 것이다. 이런 현상은 청대(淸代) 양신(楊屾)의 『빈풍광의(豳風廣義)』, 권상[卷之上], '종상법(種桑法)'에서도 진부와 비슷한 기록을 볼 수 있다. 즉 "파종하는 법은 뽕의 오디가 익을 때를 기다려, 먼저 익은 것은 사용하지 않고, 뒤에 익은 것도 사용하지 않으며 오직 중간에 익고 살찌고 큰 것을 골라, 양끝을 자른 후 중간부분만을 취하여 사용한다. 대개 양끝은 그 씨가 약간 가늘어 그것을 파종하면 계상(雞桑)이나 화상(花桑)이 된다. 중간부분의 씨는 기가 충만하여 생기가 왕성하고 잎도 기름지고 두껍다. 수확하여 손으로 주물러 물에 일어서 그늘에 말려 파종할 때에 이르러서는 먼저 하루 동안 물로 일어 부실한 쭉정이를 씻어 낸다. 나뭇재를 이용하여 그것을 섞어 하룻밤을 둔 후 다음날 파종한다.[種法, 俟桑椹熟時, 先熟者不用, 後熟者不用, 惟揀中熟肥大者, 翦去兩頭, 惟取中間用之. 蓋兩頭其子差細, 種之則成雞桑, 花桑. 中間之子, 氣足堅實, 則生氣旺而葉必肥厚. 收來握爛, 以水淘洗陰乾, 臨種之時, 先一日用水漂去轉秕不實者. 用柴灰拌之, 放一夜, 次日種之.]"라고 되어 있다. 이처럼 청대(淸代)의 '계상(雞桑)', '화상(花桑)'은 잎이 얇아 고치의 품질이 나쁜 뽕나무를 지칭한 것으로 보인다. 그렇다면 진부의 '계상(雞桑)'과 '화상(花桑)'은 잎의 질이 나빠 양잠에는 부적합한 품종으로 이해할 수 있다. 덧붙이면 현대의 뽕나무의 품종에도 '계상(雞桑)', '화상(花桑)'이 있다.(『中國高等植物圖鑑』, 科學出版社, 1972, 제2책에 기록되어 있다.) 이 두 품종은 제지용, 술의 양조용으로 이용되지만 양잠용으로는 이용되지 않는다고 한다. 아마도 잎의 품질이 나쁘기 때문으로 보인다. 이 명칭은 진부가 생존한 시대부터 계속 이어져 온 것인지도 모르지만, 진부와 양신이 말한 것처럼 동일한 종자에서 별개의 품종의 뽕나무가 나올 수는 없다. 아마 명칭에만 공통점이 있을 것이라고 보았다.

4) 『재상(栽桑)』, 19쪽에서는 이 중간 부분의 씨가 '종자의 껍질이 견실하고, 낟알이 가득 찬 종자'라고 주석을 달고 있다고 오사와는 소개하고 있다.

톰해지기 때문에 이것을 남겨 둔다. 남겨 둔 오디는 먼저 나뭇재로 덮고 주물러 하룻밤을 재우고 다음날 물에 일어서5) 가벼운 쭉정이나 속이 차 있지 않은 것은 버리고, 견실한 씨만 골라서 약간 햇볕에 말리는데 너무 건조시키지 않아야만 파종하여 이내 싹이 트기 쉽다.

子堅栗特大. 以種卽其榦強實, 其葉肥厚, 故存之. 所存者, 先以柴灰淹揉一宿, 次日以水淘去輕秕不實者, 擇取堅實者, 略曬乾水脈, 勿令甚燥, 種乃易生.

미리 기름진 토양을 택하여 호미질하고 또 거름을 주며, 거름 주기를 마치면 다시 호미질하는데 이와 같이 3~4차례 호미질하여 갈아엎고 밟아서 흙을 약간 다져 준다. 평탄하게 (파종할 이랑을) 정지整地한 후 이내 이랑 위에 고운 모래를 대략 1치[寸] 두께로 얇고 고르게 깐다. 그런 후에 모래 위에 오디 씨를 고르게 파종하되, 성기고 조밀하지 않게 한다. 종자의 파종이 끝나면 또 고운 모래를 손에 움켜쥐고 그 위에 얇게 뿌려 덮어 준다. 그러면 흙의 기운이 잘 소통되어서6) 싹이 나기 쉽고, 싹의 그루터기는

預擇肥壤土, 鉏而又糞, 糞畢復鉏, 如此三四轉, 踏令小緊. 平整了, 乃於地面匀薄布細沙, 約厚寸許. 然後於沙上匀布椹子, 令疎密得所. 下子了, 又以薄沙摻蓋其上. 卽疎爽而子易生, 芽蘖不爲泥

---

5) 묘치위의 『선독(選讀)』, 33쪽에서 이 부분을 "이 남은 오디종자는 먼저 나뭇재를 물에 섞어 비벼 문지르다."로 풀이하고 있는데, "물을 더해 주다."라는 것은 진부가 기술하지 않고 있다고 오사와는 지적하고 있다.
다만 여기서는 나뭇재를 섞는 이유가 불순물이나 쭉정이를 제거하기 위해서라고 보이는데, 앞의 각주에서 보듯 『빈풍광의』의 '종상법'에서 나뭇재를 섞어 하룻밤을 재워 다음날 파종한 것은 시비와 관련된 것처럼 보인다.

6) '소상(疎爽)'에 대해서는 본서 권상의 「모근을 좋게 하기[善其根苗]」 편의 각주를 참조하라.

진흙에 엉겨 붙어 썩을 염려가 없으며, 뿌리는 잘 다져진 비옥한 땅속으로 점차 뿌리내려 무성하게 잘 자란다.

이랑마다 3자[尺] 넓이로 하고 그 길이도 그에 걸맞게 한다. 한 이랑에 4줄[行]을 파종하면 거름과 물을 주기에 편리하고, 또 (모종을) 제초하기에도 용이하다. 이랑 위 3자[尺] 높이에 시렁을 설치하고 시렁 위에는 아주 얇게 풀로 덮어 준다. 마치 생강을 파종할 때의 시렁[7]과 같이 하여, 장마 때 연일 비가 내린 이후에 갑자기 땡볕이 내리쬐어 식물이 손상되는 것을 막고자 하는 것이다.

모종이 3~5치[寸]로 자라면 즉시 뿌리줄기 사방에 아주 총총하게 자란 잡풀과 작은 가지와 잎[8]을 정성껏 잘라 내고, 오직 위로 곧게 뻗은 줄기 끝부분의 잎만 남긴다. 5~7일에 한 번

瓮腐, 而根漸蝕下所踏實者肥壤中, 則易以長茂矣.

每畦闊參尺, 其長稱焉. 一畦只可種四行, 卽便於澆灌, 又易採除草. 畦上作棚, 高三尺, 棚上略薄著草蓋卻. 如種薑棚樣, 以防黃梅時連雨後, 忽暴日曬損也.

待苗長三五寸, 卽勤剔摘去根榦四傍樸蔌小枝葉, 只存直上者榦標葉.

7) 생강[薑]의 시렁[棚]에 관해서는 『제민요술』 권3 「종강(種薑)」에 "6월에 갈대로 집을 지어 그것을 덮는다.(주에 이르기를 추위와 더위에 견디지 못하기 때문이다.)[六月, 作葦屋覆之.(註: 不耐寒熱故也.)]"라고 되어 있고, 또 『사시찬요(四時纂要)』 권2, '삼월(三月)'의 항목에서는 "5월, 6월에 시렁을 만들어 그것을 덮는데, 성질이 더위와 추위에 견디지 못하기 때문이다.[五月六月, 作棚蓋之, 性不耐熱與寒故也.]"라고 되어 있다.

8) 원문의 '박속소지엽(樸蔌小枝葉)'의 '박(樸)'에 대해 오사와는 "조밀하게 자라고 있다." "촘촘하게 자라고 있는 작은 나무" 등의 의미이며, '속(蔌)'은 '채소' 등의 의미로서 문장의 흐름과는 맞지 않다고 한다. 그래서 '속(蔌)'은 '잡목[樕]'의 잘못으로 보고 있다. 만약 그렇다고 한다면, 원문 '박속소지엽(樸蔌小枝葉)'의 '박속(樸蔌)'에는 '조밀하게 자라고 있는 작은 나무'의 의미가 있어 문장의 뜻에 합치된다. 그런가 하면, 장카이[章楷], 『재상(栽桑)』, 20쪽에서는 '서로 얽히어 난잡하게 자라는 의미'로 보고 있고, 묘치위의 『선독』, 34쪽에서는 "잡초가 빽빽하다.[叢雜.]"는 의미로 풀이하고 있다.

물에 소변을 타서 뿌려 주면 바로 무성하게 잘 자란다. 이것이 첫 번째 단계이다.

五七日一次, 以水解小便澆沃, 卽易長. 此第一段也.

그해 8월 상순上旬이 되면 양지바르고 촉촉하며 기름진 땅을 택하여 깊게 호미질한다. 움푹 파인 거름간[窖]에서 태운 토분土糞[9]을 시비하면, 비록 오랫동안 비가 내리더라도 흙의 기운이 잘 소통되어, 진흙탕이 되거나 물이 고이지 않게 된다. 또 오랫동안 가뭄이 들어도 땅이 굳거나 메마르지 않는다. (그리고) 비록 서리와 눈이 많이 내릴지라도 또한 얼어붙지 않는다. 고랑, 이랑 및 두둑을 관리하면 모름지기 성기고 촘촘한 정도가 적당하다.

至當年八月上旬, 擇陽顯滋潤肥沃之地, 深鉏. 以肥窖燒過土糞以糞之, 則雖久雨, 亦疎爽不作泥淤沮洳. 久乾亦不致堅硬磽埆也. 雖甚霜雪, 亦不凝凜凍冱. 治溝壟町畦, 須疎密得宜.

그런 후에 파종할 모종을 파내어 뿌리 끝의 줄기 부분을 다 자르되 단지 곁뿌리[側根]만 남기고, 또 중심 줄기 아래로 쭉 뻗은 뿌리는 잘라 버리고 다만 사방으로 뻗은 (잔)뿌리만 남긴다.[10] 세 모종의 뿌리를 한 그루로 합하여 품자品字 모양과 같이 하여 묶어서 한 대나무 통의 바닥에 놓는다.[11] 대나무 통은 각각 3자[尺] 길

然後取起所種之苗, 就根頭盡削去幹, 只留根, 又削去對幹一條直下者命根, 只留四傍根. 每三根合作一株, 若品字樣, 繫縛著

9) 이 토분(土糞)이나 화분(火糞)에 관해서는 앞의 「모근을 좋게 하기」 편의 각주를 참조하라.

10) 뿌리끊기(root pruning)는 지금도 널리 시행되고 있는 방법이다. 이는 묘목의 곁뿌리[側根]와 잔뿌리[細根]의 발달을 촉진시키고, 지상부의 생장을 억제하여 균형 잡힌 우량형질의 묘목생산을 목적으로 실시한다. 단근작업을 판갈이[床替] 생략의 목적으로 실시할 때는 묘목이식기(苗木移植期)인 3~4월에 실시하고, 생장억제 및 뿌리의 발달을 촉진하기 위하여 실시할 때는 8~9월에 한다.

11) 앞뒤에 기술하고 있는 대나무통을 이용한 배양법은 과학적으로 볼 때 불합리

이로 하고, 굵기는 엄지발가락 정도의 크기로 하며, 중간의 마디를 뚫어서 위아래가 통하도록 한다. 하나하나 묶은 연후에 줄을 지어 죽통째로 심는다. 죽통은 2자 간격에 한 그루씩 심는다. 이 세 개의 뿌리는 시간이 오래되면 죽통은 썩어 문드러지고 3개의 줄기는 자연스럽게 한 줄기로 합해져서 세 뿌리의 역량이 한 줄기를 지탱하게 된다. 심은 지 수개월이 지나지 않아 줄기의 세력은 강해져 뽕나무는 무성하게 잘 자라난다. 죽통의 입구마다 평소에는 기와조각으로 덮어, 빗물이 들어가 (뽕나무 모종이) 물에 담겨 썩지 않게 한다. 시간이 지나 거름을 줘야겠다고 생각되면 즉시 기와조각을 들어내고 병에 소변을 담아 죽통 속으로 부어 넣어 곧바로 뿌리 밑까지 도달하도록 한다. 소변을 다 주고 나면 앞에서와 마찬가지로 기와조각으로 입구를 덮는다. 그러나 반드시 앞에서 오디 씨 모종을 파종한 것과 같이 시렁을 설치할 필요는 없다.

一竹筒底下. 筒各長三尺, 大如脚拇指, 盡劚去中心節, 令透徹底. 一一繫縛了, 然後行列, 幷竹筒植之. 可相距二尺許一株. 俾三根日久, 竹筒朽腐, 自然三榦合爲一榦, 以三根共蔭一榦. 植未逾數月, 榦力專厚, 易長大矣. 每一竹筒口, 尋常以瓦子一片蓋卻, 免雨水得入漬爛之也. 覺久須澆灌, 即揭起瓦片子, 以瓶酌小便, 從竹筒中下, 直至根底矣. 澆畢, 依前以瓦片子蓋筒口. 但不必如前種

하다. 장카이[章楷]도 『재상(栽桑)』, 91쪽에서 "매우 과학적이지 않고, 생산적인 면에서도 실용적 가치가 없다고 볼 수 있다."라고 하면서, "그러므로 이후의 각종 고서에서 모두 이것을 언급하지 않고 있다."라고 하였다. 오사와는 앞의 분옥(糞屋)의 지적에서도 그랬지만 여기에서도 마찬가지로 당시에는 이러한 방법이 실시되었는지도 모르지만 곧 경험을 통해 극복되었을 것으로 보고 있다.

또 모름지기 때때로 줄기사방의 가지와 잎을 제거하는데, 이것을 투아妒芽라고 하며, 그것에 의해 그 양분을 분산시켜서 중심 줄기를 해칠까 우려하기 때문이다. 이것이 두 번째 단계이다.

이듬해 정월 상순이 되면 이내 (뽕나무를) 옮겨 심는다. 대부분의 줄기는 잘라 낸다. 먼저 줄을 지어서 구덩이를 파고 구덩이 간의 거리는 20자[尺]로 하며, 구덩이의 폭은 각각 7자[尺]12)로 한다. 구덩이 속에는 잘게 부순 기와 조각과 돌을 대략 6~7할 정도 채워 넣는다. 이내 구덩이 속에 부순 기와나 돌 위에 화분火糞 2~3 담擔13)을 넣고 시비한다. 그런 후에 구덩이 중앙에 뽕나무 한 그루를 심고 흙을 넣어서 평평

苗樣作棚也.

又須時時摘去幹之四傍枝葉, 謂之妒芽, 恐分其力以害幹. 此第二段也.

於次年正月上旬, 乃徙植. 削去大半條幹. 先行列作穴, 每相距二丈許, 穴廣各七尺. 穴中塡以碎瓦石, 約六七分滿. 乃下肥火糞三兩擔於穴中所塡者碎瓦石

---

12) 『농상집요(農桑輯要)』 권3, '지상(地桑)'의 항목에 인용되어 있는 『사농필용(士農必用)』에서는 "사방 5자 내에 하나의 구덩이를 파고, … 사방과 깊이는 각각 2자로 한다.[方五尺內掘一阬, … 方深各二尺.]"라고 되어 있는데, 구덩이의 가로, 세로, 깊이 모두 2자로 되어 있다. 명대의 『심씨농서(沈氏農書)』 「운전지법(運田地法)」의 항목에서는 "파종하는 법은 듬성하게 파종하는 것이 좋은데, 가로 세로는 각각 7자로 하며, 무당 약 2백 그루를 심는다.[種法以稀爲貴, 縱橫各七尺, 每畝約二百株.]"라고 되어 있다. 여기서는 사방 7자의 구획에 1그루를 심는 것이 되므로, 당연히 심기 위한 구덩이는 이것보다 작다. 오사와는 이처럼 사방 7자의 구덩이는 지나치게 크다고 판단되지만 수치를 변경할 만한 근거가 없다고 하였다.

13) 원문 "乃下肥火糞三兩檐"의 화분(火糞)의 '비(肥)'에 대해 완궈딩[萬國鼎]의 교주에는 '담(擔)'이라 되어 있고, 오사와의 번역에서는 '첨(檐)'이라 되어 있다. 오사와는 이것이 중량단위인지 혹은 용적단위인지 혹은 단순히 "짊어지다, 메다."라는 의미인지 분명하지 않다고 한다. 중량단위라면 약 143~214kg이고, 부피단위라면 약 190~284 *l* 가 된다. 다만 이 수치도 상당히 큰 수치라고 하지 않을 수 없다. 구덩이의 크기에는 부합할지도 모르나 이만큼의 많은 비료를 준비할 수 있었던 것인가에 대해서는 의문이 남는다. 때문에 오사와와 같이 '첨(檐)'을 단순히 "2~3개를 짊어지다."의 의미로 보는 것이 좋을지도 모르겠다.

하게 채우고 잘 다져 바람에 흔들리지 않도록 한다. 다시 길이 3자[尺] 정도, 굵기는 사발 아가리[14]와 같은 큰 나무 4, 5개를 깎아서[15] (버팀목을 만들어) 사방 주위에 박아 그 줄기를 지탱하게 한다. 이내 가시나무를 사방에 둘러 보호함으로써 소와 양이 나무를 들이받아 흔들려 손상되는 것을 막는다. 뿌리 아래에는 부서진 기와나 돌이 있어 소통이 잘되고 진흙처럼 엉겨 붙지 않아 거름이 속으로 들어가면 뿌리가 뻗어나가기 쉽다. 몇 개월이 지나면 뿌리가 자라서 사방으로 뻗어나가는데, 이때 큰 나무를 깎아 (그 말뚝을) 사방 주위에 박아서 흔들어 10여 개의 구멍을 내며, 구멍의 깊이는 3~4자[尺]로 한다. 또 사방 주위에는 두둑을 약간 높이 돋워[16] 오줌을 주거나 물을 줄 때 밖으로 거름이 흘러나가지 않도록 하며 또한 그 구멍에 의지

上. 然後於穴中央植一株, 下土平塡緊築, 免風搖動. 更四畔以椀口大木子四五條, 長三尺餘, 斫槧周迴牢釘, 以輔助其榦. 仍以棘刺絆縛遶護, 免牛羊挨搽損動也. 根下得瓦石, 卽虛疏不作泥, 糞落其中, 又引其根易以行. 待數月, 根行矣, 乃於四傍, 以大木斫槧周迴釘穴搖動爲十數穴, 穴

14) 완귀딩의 교주에 의하면, '구(口)'는 『지부족재총서본(知不足齋叢書本)』에서는 '족(足)'으로 쓰고 있지만, 이 글자는 『함해본(函海本)』에 따라서 '구(口)'로 고쳐서 쓴다고 하였다.

15) '작참(斫槧)'은 전후의 문장으로 미루어 보아 나무 끝을 뾰족하게 깎는다는 의미로 해석하는 것이 좋을 듯하다. 오사와는 '작참(斫槧)'에 관해서는 분명하지 않다고 보았다. 장카이이는 『재상』, 115쪽에서 "절단하다[斫斷]"라고 풀이하고 있는데, 그 근거는 밝혀 두지 않았다. 또 묘치위의 『선독』, 35쪽에서는 "주위의 배열이 좋고, 땅속에 못 등을 박아 넣다."라고 풀이하고 있지만, '작참(斫槧)'에 관해서는 언급하지 않은 것 같다. 여기서는 단순히 "자르다."라고 해석해 두고 후일을 기약한다고 하였다.

16) 이 경우 보통 나무줄기 둘레의 지면의 흙을 돋아 물이나 액체비료를 시비할 때 밖으로 흘러내려 가지 않게 하는데, 이 경우 뒤 문맥으로 미루어 뚫은 구멍의 바깥부분을 둘러 흙을 돋워 준 것으로 생각된다.

해서 사방에 거름이나 물을 주입하면 바로 구멍을 통해서 뿌리 아래까지 미치게 되어 나무가 왕성해지며, 해를 거듭해도 쇠퇴하지 않는다.[17] 또 때때로 해충을 살펴야 한다. 나무를 갉아먹을까 두렵기 때문이다. 여전히 잔가지와 잎을 자르거나 따내는데, 이것을 '투조妒條'라고 한다.

可深三四尺. 又四圍略高作塘壂, 貴得澆灌時不流走了糞, 且蔭注四傍, 直從穴中下至根底, 卽易發旺, 而歲久難摧也. 又時時看蟲. 恐蝕損. 仍剔摘去細枝葉, 謂之妒條.

만약 뽕밭이 넓은 들판에 있다면 해마다 6~7월 사이에 반드시 나무 아래의 풀을 호미질해야 그것이 해충을 불러들여 나무 위로 올라가서 해를 입히는 것을 막을 수 있다. 10월이 되면 묘목 아래에 썩은 풀과 썩은 잎을 호미질하여 함께 뿌리 아래에 쌓아 두는데 이것을 '엄탁罨擇'이라고 한다. 이 거름은 아주 푸석푸석하고 기름지다. 이듬해 정월이 되면 마르고 시든 잔가지를 잘라 내는데 비록 크게 자란 가지일지라도 그 절반을 잘라 내면, 기운이 두루 미쳐서 잎이 도톰하고 윤기가 흐른다. 대개 뽕나무를 잘라 내는 것은 수액이 아직 돌지 않았을 때

若桑圃在曠野處, 卽每歲於六七月間, 必鉏去其下草, 免引蟲援上蝕損. 至十月, 又倂其下腐草敗葉, 鉏轉蘊積根下, 謂之罨擇. 最浮泛肥美也. 至來年正月間, 斫剔去枯摧細枝, 雖大條之長者, 亦斫去其半, 卽氣浹

17) 이처럼 말뚝을 박아 넣고 구멍을 뚫어 시비하는 방법에 대해 장카이[章楷]는 '고리 모양 구멍내기[環狀穴施]'라고 하였다.(위의 책, 『재상(栽桑)』, 114쪽.) 그러나 오사와는 이 방법은 토양을 딱딱하게 한다든지, 뿌리에 상처를 낸다든지 또는 많은 힘이 든다는 등으로 미루어 볼 때 좋은 방법은 아닌 것으로 판단하고 있다.

해야 하며, 서리, 눈, 찬비를 맞히지 않고 베어 내야 좋다. 만약 수액이 이미 돌았을 때 자르면 손상부위에서 수액이 방울방울 흘러나와 매우 좋지 않다. 가지치기가 끝나면 바로 호미로 뿌리 아래를 파서 거름을 주는데, 이것을 일러 '개근분開根糞'이라고 하며, 이렇게 해마다 두 차례씩 호미로 (뿌리가 보이게) 파내어 거름을 준다. 이것이 세 번째 단계이다.

而葉濃厚矣. 大率斫桑要得漿液未行, 不犯霜雪寒雨斫之, 乃佳. 若漿液已行而斫之, 卽滲溜損, 最不宜也. 纔斫了, 便鉏開根下糞之, 謂之開根糞, 則是每歲兩次鉏糞耳. 此第三段也.

또 '해상海桑'[18]이라는 종류가 있는데, 본래 (일반적인 품종보다) 키가 작다.[19] 만약 휘묻이를

又有一種海桑, 本自低亞. 若欲壓

18) 장카이의 『재상』에 수록되어 있는 농서사료에 의하면, 명청(明淸)시대의 농서에 '망해지상(望海之桑)'(『잠경(蠶經)』), '망해상(望海桑)'(『오청문헌(烏靑文獻)』) 등의 용어가 나타난다. 모두 양잠에 적합한 품종이라고 보았다. 그런데 만약 담장 아래에 뽕나무를 심고자 한다면 '부양상(富陽桑)'이나 '망해상(望海桑)'과 같은 품종을 심는 것이 가장 좋은데, 큰 가지 하나에서 생산되는 잎은 누에 1광(筐)을 기를 수 있다. 대개 야생 뽕나무가 오랫동안 튼튼하면 망해상이 되고, 약한 것은 '계각상(鷄脚桑)'이라고 한다. 『보농서역주(補農書譯註)』(최덕경 역주, 『보농서역주』, 세창출판사, 2013) 상(上)권, 「축월사의(逐月事宜)」 '2월'조 및, 하(下)권 「보농서후(補農書後)」 제19단을 참조하라.

19) 『호주부지(湖州府志)』 권30을 보면, "접붙인 적이 있는 것을 '가상(家桑)'이라고 하고, 접붙이지 않은 것을 '야상(野桑)'이라고 부른다. 가상의 오디는 적게 열리나 크며, 야상의 오디는 많이는 열리나 크기가 작다. … 가상의 뽕잎은 둥글고 두꺼우며 물기가 많고, 예전에는 '노상(魯桑)'이라고도 했다. 야상(野桑)의 잎은 얇고 뾰족하며, 예전에는 '형상(荊桑)'이라고도 했다. 야상이 줄기가 굵은 것은 '망해상(望海桑)'이라고 하며, 가느다란 것은 '계각상(鷄脚桑)'이라고 한다. 양잠농가는 이들을 달갑지 않게 여겨 접붙이지 않을 수 없었다. 묘치위의 『선독』, 35쪽을 보면, '해상(海桑)'은 '저간왜상(低幹矮桑)'이라고 하며 키가 작은 뽕나무로 해석하고 있는데, 원문에서 '본자저아(本自低亞)'라는 의미로 보아서 일반적인 품종보다 작고 품질도 떨어지는 종류인 듯하다. 이에 대해서는 최덕경 역주, 『보농서역주(補農書譯註)』 상(上)권, 「축월사의(逐月事宜)」 '2월'조 및, 하(下)권 「보

하려고 하면 초봄에 뿌리 근처의 낮은 가지를 살펴 골라서 갈고리 형태의 대나무 못을 땅에 박아, (그곳에 가지를 고정시켜) 기름지고 촉촉한 흙을[20] 그 위에 배토해 주면 2~3개월이 지나지 않아 뿌리가 내린다. 이듬해 (파내어) 가지를 잘라 옮겨 심으면 오디 씨를 파종하는 것[實生法]보다 (간편하고) 쉽다.

條, 卽於春初相視其低近根本處條, 以竹木鉤鉤釘地中, 上以肥潤土培之, 不三兩月生根矣. 次年鑿斷徙植, 尤易於種椹也.

만약 접을 붙여서 묶어 두려고 한다면 위로 바로 자란 좋은 뽕나무가지를 택하고, 옆으로 자라거나 처진 가지는 사용하지 말아야 한다. (선택된 가지를) 3, 4치[寸]의 길이로 잘라서 과일나무를 접목하는 것[21]과 같이 접을 붙인다. 그 잎은 한층 좋아지지만, 또한 (나무의 세력이) 쇠퇴하기 쉽다는 것을 알지 않으면 안 된다.

若欲接縛, 卽別取好桑直上生條, 不用橫垂生者. 三四寸長截, 如接果子樣接之. 其葉倍好, 然亦易衰, 不可不知也.

호주湖州의 안길安吉 사람들은 모두 이 같은 접붙이기를 잘 알고 있다.[22] 이곳 사람들은 오

湖中安吉人皆能之. 彼中人唯藉蠶

농서후(補農書後)」 제19단 참조.

20) 원문 '상이비윤토배지(上以肥潤土培之)'는 『제민요술』 권5 「종상자(種桑柘)」의 항목에 "모름지기 이식해야 하는 것은 정월, 2월 중에 갈고리를 이용하여 가지를 눌러 주어 땅에 붙게 하면, 가지의 잎이 몇 치[寸] 높이로 자라며, 이내 또한 마른 흙으로써 그것을 북돋운다.(주석에는 흙이 축축하면 문드러진다.)[須取栽者, 正月二月中, 以鉤弋壓下枝, 令著地, 條葉生高數寸, 仍以燥土壅之.(註: 土濕則爛.)]"라고 되어 있다. 또한 『편민도찬(便民圖纂)』 권4 「압상(壓桑)」의 항목에서도 "다른 곳의 마른 흙을 이용하여 그곳을 덮어 준다.[用別地燥土壓之.]"라고 되어 있다. 원문의 '윤(潤)'자는 대개 '습하다'라는 의미가 포함되어 있다.

21) 송대(宋代) 과수(果樹)의 접붙이기 기술에 관해서는 정확히 알 수 없지만, 이미 『제민요술』에서 배나무[梨]나 감나무[柿] 등의 접붙이기에 관해서 상세하게 언급하고 있으므로, 미루어 추측할 수 있다.

22) '개능지(皆能之)'의 '지(之)'가 가리키는 내용은 휘묻이[壓條], 접붙이기를 비롯한 양잠기술 전반으로 이해하는 것이 자연스러울 것으로 보고, 오사와는 이 내

직 양잠을 생업으로 하였다.[23] 10명의 식구가 있는 가정에서는 열 채반의 누에를 기른다. 매 채반마다 고치 12근斤[24]을 얻을 수 있다. 1근斤마다 생사 1냥兩 3푼[分]을 얻는다. 5냥兩의 생사로써 비단[小絹] 1필匹을 짤 수 있다. 1필의 비단으로 쌀 1섬[石] 4말[斗]로 바꿀 수 있는데,[25] 비단

辨生事. 十口之家, 養蠶十箔. 每箔得繭一十二斤. 每一斤取絲一兩三分. 每五兩絲織小絹一匹. 每一匹絹易米

용을 앞문장과 분리해서 처리했다고 한다. 하지만 묘치위의 『선독』, 32쪽과 35쪽에서는 “능지(能之)”의 내용을 단순히 접붙이기와 관련되었을 것으로 보고 앞 단락과 연결하여 읽고 있다.

23) “이곳 사람들은 양잠을 생업으로 한다.[彼中人唯藉蠶弁生事.]”의 ‘피중인(彼中人)’에 관해서 테라지 쥰[寺地遵], 「陳旉『農書』と南宋初期の諸狀況」, 『東洋科學技術藪內淸先生頌壽記念論文集』, 1982에서는 ‘중인(中人)’을 안길현(安吉縣)의 중산층의 가정이라는 뜻으로 해석하고 있다. 하지만 묘치위 『선독』, 35쪽에서는 ‘피중인(彼中人)’을 ‘이곳 사람’으로 해석하고 있다.

24) 치우광밍[丘光明] 編著, 『중국역대도량형고(中國歷代度量衡考)』, 科學出版社, 1992, 520쪽에 의하면 송대(宋代)의 1근(斤)은 약 633g이다. 1자[尺]는 31.6cm이다.

25) 오사와의 평주와 같이 본서에서 제시한 비율에 따라 계산하면, 결국 채반 10개의 누에를 길러 미(米) 43섬[石] 6말[斗] 8되[升]를 얻을 수 있다. 테라지 쥰[寺地

〈양절지역의 1무당 벼 생산량〉 (오사와, 앞의 책, 193쪽)

시 기	지 역	무(畝)당 수확량	출 전
慶曆3년	蘇州	米 2~3碩(石)	『續自治通鑑長篇』 권143
政和7년	明州	穀 6~7碩(石)	『宋會要輯稿』「食貨」7
南宋	浙間	(上田) 5~6섬[石]	『恥堂存稿』 권5 「寧國府勸農文」
	閩浙	(上田) 米 3섬[石]	『止齋先生文集』 권44 「桂陽軍勸農文」
		(次田) 2섬[石]	
	蘇 · 湖間	(上色) 穀 4섬[石]	『愧郯錄』 권15 「祖宗朝田米直」
	秀州	米 2~3섬[石]	『古今攷』 권18 「附論班固計井田百畝歲入歲出」

과 쌀의 비가比價는 항상 서로 같은 비율이다. 이로써 한 해에 필요한 의식의 양을 계산하면 아주 정확하다. 한 달의 노동만으로 1년간 빼빠지게 일한 것보다 (수입이) 좋으며, 또 가뭄과 홍수로 인한 고통도 없으니 어찌 좋다고 하지 않겠는가?

一碩四豆斗, 絹與米價常相侔也. 以此歲計衣食之給, 極有準的也. 以一月之勞, 賢于終歲勤動, 且無旱乾水溢之苦, 豈不優裕也哉.

앞에서 지적했듯이 해마다 2차례 거름을 주고 호미질한다고 하였는데, 이는 곧 뽕나무 밭이 집에서 멀기 때문에 이처럼 한 것이다. 만약 뽕나무 밭이 집에서 가까우면, 담장과 울타리를 치고 (그 안에) 뽕나무를 드문드문 심고, (그 사이에) 다소 넓은 이랑을 만들어 두루 모시[26]를 옮겨 심는다. 모시에 거름을 주면 뽕나

前所謂每歲兩次糞鉏, 乃桑圃之遠於家者如此. 若桑圃近家, 即可作牆籬, 仍更疎植桑, 令畦壟差闊, 其下偏栽苧. 因糞苧,

遵], 위의 논문, 「陳旉『農書』と南宋初期の諸狀況」에서는 '43섬 68되'로 되어 있는데 잘못 인쇄된 것으로 보고 있다. 이것을 수전 면적으로 환산해 보자. 우선 주지하듯 무(畝)당 생산량의 사료를 양절(兩浙)지역에 한정해서 제시하면 위의 표와 같다. 즉 미(米) 2~3섬[石]은 평균 이상의 수전의 무당 수확량이었다고 생각된다. 중전(中田)에서는 약 2섬이 일반적이었을 것이다. 그렇다고 한다면 진부가 말하는 10채반[箔]분의 누에 수입은 수전(水田) 22무(畝) 정도를 경영하는 것과 같은 액수가 된다. 이는 당시의 수전 경영면적으로 볼 때 보통 수준의 경영이다. 이러한 무당 수확량, 경영면적 등에 관해서는 미야자와 도모유키[宮澤知之], 「宋代先進地帶の階層構成」(「鷹陵史學」 제10호, 1989)에서 상세하게 언급하고 있으므로 참조하라고 한다. 여하튼 진부가 기술하는 것처럼 수확이 항상적이었다고 가정한다면 잠상업이 다른 작물에 비해 이익이 많았다는 점은 두말할 필요도 없다고 하였다.

26) 모시[苧麻]에 대해 『시경(詩經)』 「진풍(陳風) · 동문지지(東門之池)」의 문장에는 다음과 같은 주소가 달려 있다. "정의에 이르기를, 육기(陸機)의 소(疏)에서 언급하였는데, 저(紵) 또한 마(麻)이다. 그루에는 수십 개의 줄기가 생겨나고, 묵

무 또한 거름의 효과를 얻게 되어서 상호간의 이익이 된다. (대개) 뽕나무 뿌리는 깊게 뿌리 내리고 모시 뿌리는 얕아서 서로 방해 받지 않으며 이익은 2배나 된다.27) 또 모시는 여러 종류가 있으나, 오직 연저延苧가 가장 좋다. 그 껍질은 얇고 희며 가늘고 부드러워 길쌈해서 실로 삼기에 적당하며, 거칠고 거센 암적색暗赤色의 것과는 비교할 수가 없다. 모시에 거름을 줄 때는 마땅히 약간 썩고 거친 왕겨, 등겨, 볏짚을 사용한다.28) 만약 부지런히 거름을 주고 관리한다면, 1년에 3번 수확할 수 있어 중소의 가정에서는 이 한 가지의 농사일로써 스스로 부

卽桑亦獲肥益矣，是兩得之也． 桑根植深， 苧根植淺，竝不相妨， 而利倍差． 且苧有數種，唯延苧最勝． 其皮薄白細軟，宜緝績，非麤澀赤硬比也．糞苧宜麤爛穀殼糠稾． 若能勤糞治，卽一歲三收， 中小之家， 只此一件，

은 뿌리는 땅속에 있어, 봄이 되면 스스로 자라나 매년 파종하지 않는다. 형주와 양주의 지역에서는 1년에 3번 수확한다. …[正義曰, 陸機疏云, 紵亦痲也. 科生數十莖, 宿根在地中, 至春自生, 不歲種也. 荊揚之間, 一歲三收. …]"라고 되어 있다. 이는 삼국시대의 오(吳)에서 서진(西晉)시기에 걸쳐 형주와 양주 주변에서는 1년에 3차례 수확하고 있었다는 것이다. 이러한 점은 진부의 기술과도 일치한다.

27) 묘치위의 『선독』에서는 "배차(倍差)"를 '가배(加倍)', 즉 2배로 해석하였다. 그리고 아마노 모토노스케[天野元之助], 「中國における施肥技術の展開」(1)(2), 『松山商大論集』10-2, 65쪽에서는 "이익은 대략 2배이다."로 해석하고 있다. 하지만 『사기(史記)』 권4 「주본기(周本紀)」 "기벌배차(其罰倍差)"에 대해 집해(集解)와 정의는 견해를 달리하고 있다. 오사와에 따르면, '이리배차(而利倍差)'의 '배차(倍差)'에 대해서 『서경(書經)』 '여형(呂刑)'에는 "발꿈치를 베는 형벌[剕辟]에 의문을 제기하면, 사면하여 두 배 반의 벌금을 내리고, 그 죄를 잘 조사하여 살핀다.[剕辟疑赦, 其罰倍差, 閱實其罪.]"라고 기록되어 있고, 그 주(注)에는 "배차(倍差)는 그것을 배(倍)로 하고 또 반을 더하는 것을 이르며, 500환으로 했다.[倍差, 謂倍之又半, 爲五百鍰.]"라고 되어 있기 때문에 2.5배를 의미한다고 이해하고 있다.

28) 완궈딩의 교주에서는, '옹(瓮)'자는 『지부족재총서본(知不足齋叢書本)』에서는 '추(麤)'로 쓰고 있는데, 『함해본(函海本)』에 의거하여 '옹(瓮)'자로 고쳐 쓴다고 한다. 하지만 문장의 의미상 '추'가 더 합당하다.

세를 납부할 수 있으며, 삼베옷과 비단옷을 충분히 마련할 수 있다.29)

自可了納賦稅, 充足布帛也.

겨와 볏짚거름을 모으는 방법은 부엌 바닥 아래에 깊고 넓은 구덩이를 파서 벽돌담을 쌓아 물이 스며들거나 빠지지 못하게 하고, 쌀을 찧을 때마다 체를 치면서 생긴 곡식껍질과 썩은 짚과 나뭇잎을 그 구덩이 물속에 담그고, 식기를 씻은 구정물과 쌀뜨물을 구덩이 속에 넣어서 오래 담가 두면 자연스럽게 부패하여 위로 떠오르게 된다.

聚糠稾法, 於廚棧下深闊鑿一池, 結甃使不滲漏, 每舂米即聚礱簸穀殼及腐稾敗葉, 漚漬其中, 以收滌器肥水與滲漉泔淀, 漚久, 自然腐爛浮泛.

(이를) 한 해에 3, 4차례 꺼내서 모시밭에 시비하면 그로 인해 뽕나무도 기름지게 되어서 오래되면 오래될수록 무성해지니 어찌 지력地力이 다해서 마르고 쇠퇴했다고 하겠는가? 이처럼 한 가지 일로도 두 가지의 이득을 얻으니 실로 힘을 적게 쓰고도 얻는 효과는 크다. 나는 매번 이와 같이 하였는데 이웃은 (이런) 특이한 사실에 감탄하여 서로서로 본받지 않음이 없었다.30)

一歲三四次出以糞苧, 因以肥桑, 愈久而愈茂, 寧有荒廢枯摧者. 作一事而兩得, 誠用力少而見功多也. 僕每如此爲之, 此鄰莫不歎異而胥效也.

29) 원나라의 『농상집요』 권2 '저마'의 항목에는 "이 마(麻)는 1년에 3번 수확한다. … 최근 진(陳)과 채(蔡) 사이에 1근당 가격은 초(鈔) 300문(文)이며, 이미 일반적인 마(麻)의 수배를 초과했다. … 그 포(布)는 부드럽고 질기고 희며, 일반적인 포(布)와 비교하면 또한 가격이 2~3배나 높다.[此麻, 一歲三割. … 目今陳, 蔡間, 每斤價鈔三百文, 已過常麻數倍. … 其布, 柔韌潔白, 比之常布, 又價高一二倍.]"라고 되어 있다. 이것은 보통의 마(麻)나 포(布)와 비교해서 2배에서 몇 배의 가격이었음을 말해 준다.

30) 이 부분은 말할 것도 없이 진부 자신이 뽕나무나 저마를 재배해서 성과를 거두고 있었던 것을 기술하고 있다는 점에서 주목된다. 오사와는 본서를 통해서 진부 자신의 경영에 관해서 기술하고 있는 곳이 3군데 있으며, 그중에서 구체적으로 내용을 이해할 수 있는 곳은 이곳이라고 하였다.

그림 46_ 상침桑碪: 『왕정농서』「농기도보집」

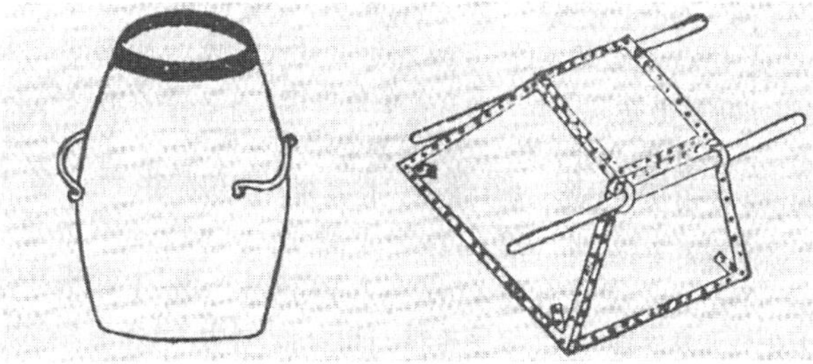

그림 47_ 『왕정농서』「농기도보집」에 보이는 섬[斛=石]을 재는 용기.

그림 48_ 해상海桑의 모습

그림 49_ 화상花桑의 모습

그림 50_ 노상魯桑의 모습

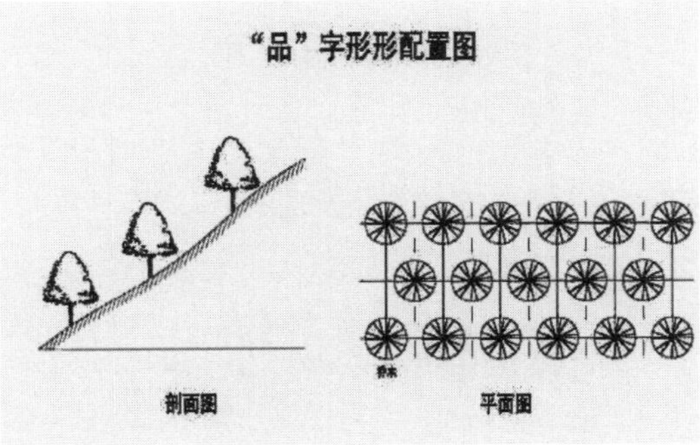

그림 51_ 뽕나무의 품자형品字形 재배도

收蠶種之法篇第二

제 2

누에종자를 거두는 법[31]

사람들은 대부분 상자 속에서 누에알을 받는데, 날씨가 이따금 비가 오고 습기가 많아 후덥지근하고, 갑자기 춥거나 더우면 (알이) 손상을 입게 된다. 절강지역 사람들은 그것을 '증포蒸布'라고 한다. 이것은 알을 낳는[卵布] 중에[32] 이

人多收蠶種於篋中，經天時雨濕熱蒸，寒燠不時，卽罨損．浙人謂之蒸布．以言在卵布中

31) 원문을 문자대로 해석한다면 '「누에의 알을 거두는 방법」'편이 될 것이다. 예를 들면 『제민요술』 권1의 '수종(收種)'은 곡물의 종자를 거두는 방법을 기술한 것이고, 『사시찬요(四時纂要)』 권4[卷之四], '구월(九月)'의 '수오곡종(收五穀種)'의 항목과 동일한 의미이다. 본편의 내용에 근거하여 제목을 본문과 같이 하였음을 밝혀 둔다.

32) 묘치위[繆啓愉]는 『선독』, 37쪽에서 이 부분을 "개미누에가 부화되어 나오는 것"으로 해석하고 있다. 누에알은 보통 누에알받이종이[卵紙]에 받는데, 누에나방의 알을 받을 때는 보통 난지(卵紙) 위에 낳도록 하며 여기서 '난포(卵布)'는 '포(布)에 알을 깐다는 것'보다는 '알을 깐다.' '알을 퍼뜨린다.'로 해석하는 것이 좋다. 그런데 오사와는 『호잠술(湖蠶述)』의 '종포(種布)'를 마치 "포(布) 위에 알을 까는 것"으로 해석하고 있다.

오사와에 의하면, '난포(卵布)'를 '포(布)에 알을 슬게 된다.'는 것으로 해석하고 있다. 그러나 본편의 후반부에서 "먼저 아직 알이 슬어 나오지 않은 때에는 알의 무게를 재어 종이 뒷면에 무게의 경중을 기록한다." 등으로 적고 있듯이, 종이에 알을 슬게 된다고 보았다. 또 다음의 「누에 치는 법[育蠶之法]」 편에서는 '적종(摘

미 병이 든다는 말로서, 개미누에[苗]가 부화되어 나올 때 반드시 누런색을 띤다. 개미누에가 누렇게 되면 기를 수 없다. 영아에 비유하면 태반 속에서 이미 병이 들어 태반에서 나온 후에도 그 병을 치료하기가 곤란한 것과 같다.

已成其病, 其苗出必黃. 苗黃卽不堪育矣. 譬如嬰兒, 在胎中受病, 出胎便病, 難以治也.

무릇 누에종자를 거두는 법은 대나무 시렁에 누에알받이종이를 듬성듬성하게 펴두고, 바람과 햇빛이 들지 않게 한다. 또 실 솜을 찢어서 그 위에 덮어,[33] 파리[34]가 그것을 먹지 못하

凡收蠶種之法, 以竹架疎疎垂之, 勿見風日. 又擘緜冪之, 勿使飛蝶綿

種)'할 때에는 종이를 사용한다고 되어 있다. 따라서 전반적으로 종이에 알을 슬게 한 것으로 생각할 수 있는데, 본편의 이 부분만이 왜 '난포(卵布)'로 되어 있는지는 알 수가 없다고 한다. 그런데 왕일정(汪日楨)의 『호잠술(湖蠶述)』 권2에 인용되어 있는 『육잠양지(育蠶養旨)』에는 "소금은 식염을 사용하고, 종자는 펴서 광주리 안에 두고, 소금은 그 펴놓은[布] 위에 뿌린다.[鹽用食鹽, 將種布置匾內, 鹽糝布上.]"라고 되어 있고, 이 '종포(種布)'에 관해서 "생각하건대, 종이를 사용하는 것을 곧 종지(種紙)라 하며, 또한 통상 종련(種連)이라고도 한다.[按, 用紙者則曰種紙, 又通名種連.]"라는 왕일정의 주석[註]이 달려 있다. 이로부터 생각해 보면 청대에는 알을 슬도록 하는 재료로 종이[紙]·포(布) 두 가지가 있었고, 그것이 어느 시대까지 소급할 수 있는지는 명확하지 않지만 송대에도 이 두 가지가 사용되고 있었던 것으로 보고 있다.

33) '벽면멱지(擘緜冪之)'인데 장카이[章楷]는 이것을 "실솜을 느슨하게 끌어당겨 덮는다."라고 풀이했다.[장카이, 『중국고대양잠기술사료선편(中國古代養蠶技術史料選編)』, 농업출판사, 1985, 28쪽. 이하 『양잠(養蠶)』이라 약칭한다.] 이는 경청할 만한 견해이다.

34) '비접(飛蝶)'에 대해 묘치위는 그대로 '비접(飛蝶)'으로 파악한 데 반해, 오사와는 '비승(飛蠅)'의 잘못된 표기로 보고 있다. 왜냐하면 『농상집요(農桑輯要)』 권4, 「하추잠법(夏秋蠶法)」의 항목에 인용된 『무본신서(務本新書)』에는 "오늘날 여름누에[熱蠶]를 기르는 농가에서는 종이를 창에 발라서, 파리가 날아드는 것을 막고, 바람과 공기가 들어오고 나가는 것을 차단한다. … 혹은 억새풀로 발을 짜고, 창에 잘 매어 두면 파리가 날아드는 것을 막고 바람과 공기가 새어드는 것을 막아 준다.[今時養熱蠶, 以紙糊窗, 因避飛蠅, 遮盡往來風氣. … 或用荻簾, 當窗繫定, 遮蔽飛蠅, 透脫風氣.]"고 되어 있다. 또 『농상집요』 권4 「하추잠법(夏秋蠶法)」의 항목에 인용된 『사농필용(士農必用)』에는 "여름누에[夏蠶]는 개미누에에서부터 익

게 한다. 납일臘日[35]이나 12월에 대설이 내리면 누에 종자를 눈 위에 펴서 하루 정도 눈을 맞게 하고 이내 다시 시렁 위에 펼쳐 두어 처음과 같이 그것을 덮어 준다.

蟲貪之. 待臘日或臘月大雪, 卽鋪蠶種於雪中, 令雪壓一日, 乃復攤之架上, 幂之如初.

봄이 되어 누에가 부화하려고 할 무렵에 잘게 부순 주사朱砂[36]를 따뜻한 물에 타서 종자를 씻는데 물이 차서도 안 되고, 또 뜨거워서도 안 된다. 사람의 체온 정도로 하고 상서롭지 못한 것은 피한다.[37]

至春, 候其欲生未生之閒, 細研朱砂, 調溫水浴之, 水不可冷, 亦不可熱. 但如人體斯可

을 때까지 모두 서늘하게 해야 하며 파리나 벌레를 꺼린다.[夏蠶, 自蟻至老, 俱宜涼, 忌蠅蟲.]"라고 되어 있다. 파리가 유충 위에 알을 낳고 유충을 먹었던 것 같다. 『빈풍광의(豳風廣義)』 권중[卷之中], '부양열잠법(附養熱蠶法)'에는 "모기나 파리를 안에 들어가게 해서는 안 된다.[주(註)에, 파리는 누에 몸에 구더기를 생겨나게 하고, 모기는 누에의 피부를 손상시켜 누에를 해칠 수 있다. …][不令蚊蠅入內.(註: 蠅於蠶身生蛆, 蚊能叮傷蠶膚, 最能壞蠶. ….]"라는 기록에서 그 근거를 찾고 있다.

35) 완궈딩은 『형초세시기(荊楚歲時記)』에 근거해 12월 8일을 납일이라고 보았다. 묘치위의 『선독』에서는 이 견해를 따르고 있다. 이에 대해 오사와는, 납일(臘日)은 동지 후 3번째의 술일(戌日) 혹은 12월 8일의 의미인데, 송대에는 12월 8일에 불교관계의 행사가 행해지고, 민간의 풍속이 되어 있었던 것 같으므로(『동경몽화록』 등), 진부도 이 날을 생각한 것인지도 모른다고 하였다.

36) 경련과 발작을 진정시키는 데 쓰는 광물질로서, 동물실험에서는 진정작용과 살균효과가 있음이 밝혀졌다.[이시진(李時珍), 『본초강목(本草綱目)』, 고문사, 1973.]

37) 묘치위의 『선독』에서는, 주사를 따뜻한 물에 타서 알을 씻는 목적은 불결한 것을 제거하고 소독한다는 의미로 해석하고 있다. 오사와는 누에[蠶]가 부화하기 전의 처리는 다양하게 행해졌던 것 같지만, 송원(宋元)시대 이전에는 진부와 동일한 처리법을 기록에서 찾을 수 없다고 한다. 예를 들면 『제민요술』 권5 「종상자(種桑柘)」에 인용된 『상서대전(尙書大傳)』에는 "천자와 제후는 반드시 공상(公桑)·잠실(蠶室)이 있었는데, 하천 가까이 그것을 만들어 아침 해가 밝게 뜰 무렵에 부인(夫人)들이 강에서 누에알[種]을 씻었다.[天子諸侯, 必有公桑蠶室, 就

矣，以辟其不祥也．

다음으로 밝고 밀폐된 방을 관리함에 있어서 바람이 새어 들어와서도 안 된다. 왕겨로 불을 피워 실내를 춘삼월春三月 날씨같이 따뜻하게 해 준다. 그런 후에 누에종자를 그 속에 두고 깨끗한 백지[無灰白紙][38]를 깔아 두면 곧 고루 부화한다. 아직 개미누에가 나오지 않았을 때 저울에 그 종자의 무게를 달아 종이 뒤쪽에 기록해 둔다.

次治明密之室，不可漏風．以糠火溫之，如春三月．然後置種其中，以無灰白紙藉之，斯出齊矣．先未出時，秤種寫記輕重於紙背．

개미누에가 일제히 나오게 되었다면 신중해야 하고 함부로 쓸어서는 안 된다. 대부분의 사람들을 보면 누에가 갓 나오면 바로 비나 닭이나 거위의 깃털로 쓸어 준다. 무릇 아주 작은 개미누에는 실 털과 같이 연약하니, 비질하면

及已出齊，愼勿掃．多見人纔見蠶出，便卽以箒刷或以雞鵝翎掃之．夫以微渺如絲髮之

川而爲之, 大昕之朝, 夫人浴種于川.]"라고 되어 있다. 또 송대의 진관(秦觀)이 저술한 『잠서(蠶書)』에서는 "납일에 누에알을 모으고, 소를 끌어 물을 대어, 강에서 씻고, 상하지 않게 했다.[臘之日, 聚蠶種, 沃以牛溲, 浴于川, 毋傷.]"라고 되어 있다. 이처럼 각 시대, 각 지역마다 저마다의 방법이 있었던 것으로 보고 있다.

38) 원문의 "이무회백지자지.(以無灰白紙藉之.)"를 묘치위의 『선독』, 38쪽에서는 이것을 "깨끗한 백지를 덮어 주다."라고 하여 즉 '깨끗한 백지'의 의미로 풀이하고 있다. 또 『양잠(養蠶)』, 41쪽에서도 "깨끗한 백지를 사용하여 아래에 덮어 둔다."라고 동일하게 풀이하고 있다. 한편 『농상집요』 권4, '수종(收種)'에 인용되어 있는 『무본신서(務本新書)』의 주(註)에는 "누에종자를 받는 데 사용하는 종이는 두꺼운 종이가 가장 좋고, 얇은 종이는 종자를 물에 담글 때 견디지 못한다."라고 하였다. 오사와는 "무회백지"를 '무회의 백지'라고 해석하고 있다. 그는 『야어(野語)』의 구절을 근거로 들었는데, 그곳에는 "누에알받이 종이는 소회지(小灰紙)를 쓰면 더욱 좋다.[蠶連, 厚紙爲上, 薄紙不禁浸浴, 野語云, 連用小灰紙更妙.]"라고 되어 있다 '소회지(小灰紙)'가 어떤 것을 지칭하는 것인가는 명확하지 않지만, 진부가 말하는 '무회백지(無灰白紙)'와 관련이 있을지도 모른다고 보았다.

서 상처를 입혀서는 안 된다. 반드시 뽕나무 잎을 잘게 썰어 별도로 흰 종이 위에 펴는데 아주 정성껏 고르게 펴 준다. (그리고는) 갓 나온 개미누에와 (알받이) 종이를 (함께 흰 종이) 위에 덮어 준다. 그러면 개미누에가 뽕잎의 향기를 좋아해서 자연스럽게 (뽕잎으로) 내려오게 된다.

이에 다시 원래의 누에알받이 종이를 달아서 아래로 내려간 개미누에의 정도를 살펴, 어느 정도 뽕잎이 있어야 이 누에를 기를 수 있을까를 대략 계산할 수 있다. 차라리 뽕잎이 많고 누에가 적은 것이 (잎을 먹일) 여유가 있어 (뽕잎을 구하기 위해) 절박한 근심을 하지 않아 좋다.

지금 사람들은 대부분 미리 (뽕잎의 양을) 계산하지 않아 뽕잎이 부족하면 물건을 담보하면서까지 뽕잎을 구하기 위해 가지 않는 곳이 없다. 누에가 먹을 뽕잎이 없다는 것을 가슴 아파하여 비록 비용이 들더라도 (뽕잎 구하는 것을) 그만두지 않는다. 이리저리 다니며 간혹 뽕잎을 구하더라도 이미 쓴 경비를 보상받지는 못한다. 또한 손실이 상당하며 일이 틀어지고 누에도 잃는 것이 많아진다. 어쩌다가 한번 뽕잎을 구하지 못하게 되면 결국 바라는 바를 잃게 되니 경계해야 되지 않겠는가?

또한 원잠原蠶[39]이라는 종류도 있는데 이를

弱，其能禁箒刷之傷哉．必細切葉，別布白紙上，務令匀薄．卻以出苗和紙覆其上．蠶喜葉香，自然下矣．

卻再秤元種紙，見所下多少，約計自有葉看養．寧葉多而蠶少，卽優裕而無窘迫之患乃善．

今人多不先計料，至闕葉則典質貿鬻之無所不至．苦於蠶受飢餒，雖費資産，不敢恪也．縱或得之，已不償所費．且狼籍損壞，枉損物命多矣．一或不得，遂失所望，可不戒哉．

又有一種原蠶，

39) '원잠(原蠶)'에 관해서는 『주례(周禮)』「하관(夏官)·마질(馬質)」에 "원잠(原蠶: 1년에 두 번 수확하는 누에)을 금하는 것[정현의 주(注)에, 원(原)은 재(再)이

일러 양생兩生이라고 한다. 이것은 알을 낳은 후에 곧 다시 부화되는 것을 말한다. 이것은 절대로 길러서는 안 된다. 이는 뽕잎과 가지에 손실을 입히고 또한 서로 제멋대로 밟아서, 그 실 또한 옷을 짜기에 적합하지 못하여, 손실은 많고 이익은 적으니 이것을 길러서 무슨 이익이 된다는 말인가?

謂之兩生. 言放子後隨卽再出也. 切不可育. 旣損壞葉條, 且狼籍作踐, 其絲且不耐衣著, 所損多而爲利少, 育之何益也.

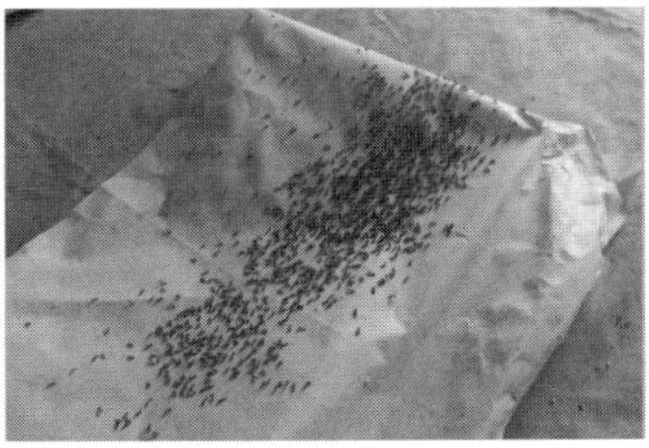

그림 52 개미누에 떨기

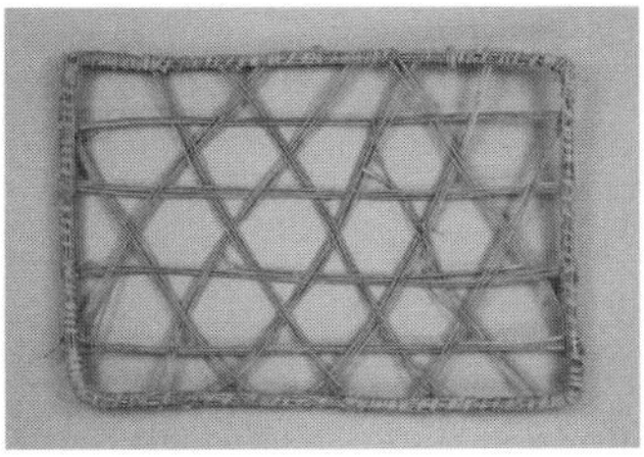

그림 53 누에채반[한국민속박물관 소장]

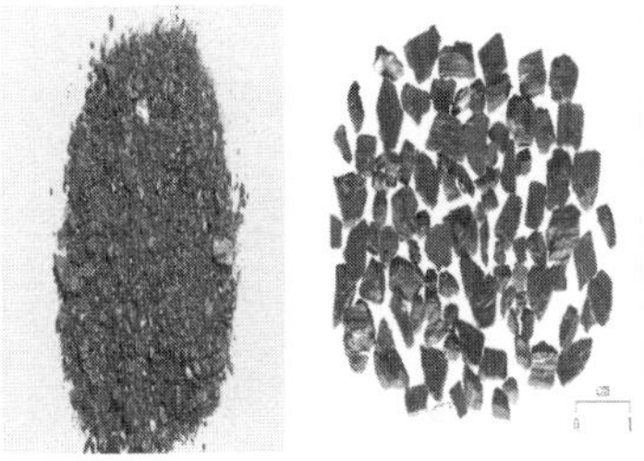

그림 54_ 주사朱砂

다.][禁原蠶者(鄭注: 原, 再也.)]"이라고 되어 있고, 또 『회남자(淮南子)』「태족훈(泰族訓)」에 "원잠은 1년에 두 번 수확하는 것으로[주에 이르기를, 원(螈)은 재(再)이다.] 이롭지 않은 바가 없다. 그러나 왕법(王法)에서 그것을 금하는 것은 그것이 뽕나무를 해치기 때문이다.[螈蠶一歲再收(註: 螈, 再也), 非不利也. 然而王法禁之者, 爲其殘桑也.]"라고 한다. 이것은 『제민요술(齊民要術)』 권5에도 인용되어 있다. 니시야마[西山]·구마시로[熊代]는 이것을 '재잠(再蠶)'(앞의 책, 212쪽)이라고 번역하고 있다.

育蠶之法篇第三

제 3 누에 치는 법

무릇 누에 치는 법은 모름지기 집에서 종자를 받는[40] 것이다. 만약 종자를 구입하게 되면 얻는 것이 적다. (이것은) 무엇 때문인가?

무릇 누에나방은 하루 이틀 간격으로 나오는 것도 있고, 3~5일 간격으로 (고치에서) 나오는 것도 있다. 누에나방이 나오는 것이 고르지 않으면 알을 낳는 순서도 자연히 고르지 않게 된다.

종자를 거두는 사람은 (나방이) 알을 낳는 시간이 고르지 않을 때는[41] 별도의 종이를 이용해서 받는다. 중간시기에 알을 고르게 낳을 경우, 또 별도로 종이 한 장을 사용하여 받는

凡育蠶之法, 須自摘種. 若買種, 鮮有得者. 何哉.

夫蠶蛾有隔一二日出者, 有隔三五日出者. 蛾出不齊, 則放子先後亦不齊矣.

其收種者, 取參差未齊之時, 別紙摘之. 及正中間放子齊時, 又別作一

40) '적종(摘種)'에 대해 묘치위[繆啓愉]의 『선독』에서는 '자가에서 종자를 고르는 것[選種]'이라고 해석한 데 반해, 오사와는 "스스로 종자를 취하는 것이 필요하다."라고 해석하고 있다. 이것이 바로 이어 등장하는 '매종(買種)'과 상대되는 것이라고 한다면, 집에서 직접 종자를 받는 것으로 해석하는 것이 좋을 듯하다.

41) 묘치위 『선독』, 39쪽에서는 이때에 생산된 알에 대해서 '개두(開頭)'라는 표현을 써서, 첫 번째로 받은 알이라고 해석하고 있다.

다. 마지막에 알을 낳거나 다소 늦은 것은 또 별도로 종이에 알을 받는다. 무릇 다른 사람에게 팔 것은 모두 알 낳은 시기가 앞뒤로 결쳐 고르지 않은 것이며, 중간의 고르게 낳은 것은 남겨서 자기가 기른다.

紙摘之. 及末後放子稍遲, 又別作一紙摘之. 凡鬻與人, 皆首尾前後不齊者, 而中間齊者, 留以自用.

처음 종자를 받는 것이 고르지 않으면, 개미누에가 나오는 것도 고르지 않다. 누에는 자고 일어나는 상황을 보고 몇 등급으로 나눈다. 막 자려고 하는 것이 있는가 하면 잠에서 깨어나 먹으려고 하는 것도 있고, 아직 잠에 들지 않은 것도 있다.[42] 뽕잎을 주는 것이 고르지 않기 때문에, 득과 실이 서로 절반밖에 되지 않는다.[43]

始摘不齊, 則苗出不齊. 蠶之眠起, 遂分數等. 有正眠者, 有起而欲食者, 有未眠者. 放食不齊, 此所以得失相半也.

42) '잠자기[眠]'와 '깨어나기[起]'의 구체적인 상황에 관해서 진부는 언급하고 있지 않지만, 『왕정농서(王禎農書)』「농상통결집(農桑通訣集)·잠소편(蠶繅篇)」에서는 "북잠(北蠶)은 대부분 세잠자기[三眠]이고, 남잠(南蠶)은 모두 네잠자기[四眠]이다.[北蠶多是三眠, 南蠶俱是四眠.]"라고 되어 있다. 이 '잠(眠)'에 관해서 진관(秦觀)의 『잠서(蠶書)』에는 "누에는 밝은 날에 태어나고 뽕잎이나 산 뽕잎을 거침없이 먹어치우는데, 1치[寸] 20푼[分]을 먹으며, 주야(晝夜)로 다섯 번 먹는 것을 9일 동안 하는데, 하루 밤낮을 먹지 않는 것을 일러 첫잠자기[初眠]라 한다. 또 7일이 지나면 두잠자기[再眠]를 하는데 첫잠자기와 같다. 얼마 있다가 먹는데 잎은 1치[寸] 10푼[分]을 먹으며, 주야(晝夜)로 6번[六食]을 먹는다. 또 7일 후에 세잠자기[三眠]를 하는데 두잠자기와 같이한다. 또 7일 혹은 5일이 지나 이틀 동안은 먹지 않는데, 이를 막잠[大眠]이라 한다. …[蠶生明日, 桑或柘葉, 風戾以食之, 寸二十分, 晝夜五食九日, 不食一日一夜, 謂之初眠. 又七日再眠如初. 既食, 葉寸十分, 晝夜六食. 又七日三眠如再. 又七日若五日, 不食二日, 謂之大眠. …]"라고 하여 네잠자기[四眠]의 간격 등에 관해서 기술하고 있다. 오사와는 평주, 201쪽에서 본편의 기술은 세잠자기[三眠]까지이고, 이 누에가 세잠자기[三眠面]하는 종자[種]인지 네잠자기[四眠]하는 종자[種]인지는 알 수 없다고 한다.

43) '방식부제(放食不齊)'를 묘치위, 『선독』, 40쪽에서는 '면식부제(眠食不齊)'라고

만약 스스로 종자를 받을 때 반드시 고치 짓는 시기가 균일한 것을 선택하면 나방이 나오는 시기 또한 고르다. 나방이 나오는 것이 고르면 알을 받는 것도 고르게 된다. 알을 받는 것이 고르면 개미누에가 나오는 것도 고르다. 개미누에가 이미 고르게 나와 (그것을) 정성껏 드문드문 펴 주면 뽕잎을 먹는 것도 고르게 된다. 뽕잎을 먹는 것이 고르면 두잠 자고 일어나는 시간도 고르게 된다.

若自摘種，必擇繭之早晩齊者，則蛾出亦齊矣．蛾出既齊，則摘子亦齊矣．摘子既齊，則出苗亦齊矣．出苗既齊，勤勤疎撥，則食葉勻矣．食葉既勻，則再眠起等矣．

세잠을 잔 이후에는 낮에 세 번 먹이를 준다. 뽕잎은 반드시 얇게 깔아서 (적게 주어) 다 먹도록 하면, 뽕잎을 절약할 뿐만 아니라 (남은 뽕잎이 누에를) 덮어서 손상되지도 않는다.44) 누에가 배불리 먹고 나면 반드시 열심히 그 상황을 보고 똥과 찌꺼기[糞薙]45)를 제거해 주어야 한

三眠之後，晝三與食．葉必薄而使食盡，非唯省葉，且不罨損．蠶將飽，必勤視去糞薙．此育蠶之法也．

해석하고, '잠자기[眠]'와 "먹기[食], 즉 깨어나기[起]"는 하나 같지 않다고 하는 의미로 파악하고 있다. 그러나 오사와는 이 '방(放)'을 '잠자기[眠]'로 해석할 근거는 없다고 한다. 또 장카이[章楷]는 '방식(放食)'을 '향식(餉食)'으로 보고 있는데, 장카이의 『양잠(養蠶)』, 18쪽에도 그 근거가 제시되어 있지 않다. 한편 육유(陸游)의 「산가모춘(山家暮春)」『검남시고(劍南詩稿)』 권24에는 "누에가 일어나서 처음 먹이를 먹을 때는, 새 보리를 이미 낫으로 다 벤 시기이다.[起蠶初放食, 新麥已磨鎌.]"라고 한다.

44) '엄손(罨損)'의 의미는 "덮여서 손상된다."라는 의미인데, 이때 뽕잎을 뭉텅이지게 해서, 얇게 펴 주지 않아 깔리는 대상이 누에인지 뽕잎인지가 사료상 분명하지가 않다.

45) '분치(糞薙)'는 다음 편에도 있고, 또 '사치(沙薙)'와도 동일한 의미이지만, 묘치위, 『선독』, 40~41쪽에서는 각각 '분예(糞穢)', '사예(沙穢)'로 풀이하고 있다. 한편 『양잠(養蠶)』, 101쪽에서는 "이는 곧 사이(沙薙)이며, 또한 사욱(沙燠)이라고도 일컫는데, 누에똥과[糞粒]과 뽕잎 찌꺼기를 가리킨다."라고 한다. 오사와는 보

다. 이것이 누에 치는 법이다.

그림 55_ 누에를 고르는 모습[擇繭]: 『수시통고』 제3책, 305쪽

그림 56_ 누에 뽕잎 주기

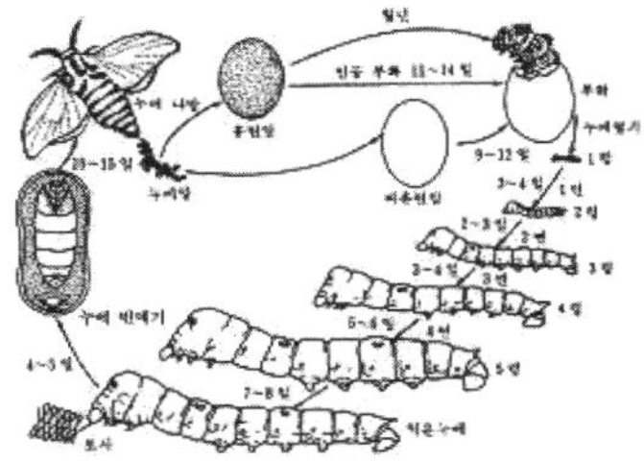

그림 57_ 누에의 일생

그림 58_ 상궤桑几: 『왕정농서』 「농기도보집」

다 더 구체적으로 사료를 조사하여, 스셩한[石聲漢]은 '잠욱(蠶煜)'을 "누에똥[蠶沙]이 묻어 있는 뽕잎 찌꺼기"(『농상집요교주』, 농업출판사, 1982, 149쪽)라고 지적한 점도 제시하였다. 그런가 하면 청대의 양신(楊屾)은 『빈풍광의(豳風廣義)』 권중[卷之中] 「잠실(蠶室)」조에서 '사욱(沙燠)'을 해설하기를, "(누에는) 누에똥을 제거하지 않는 것을 꺼린다. [주(註)에 이르기를, 사(沙)는 곧 누에똥(蠶屎)이며, 욱(燠)은 곧 똥과 잎이 서로 들러붙어서 한 덩어리가 된 것인데, 오래도록 두고 치우지 않으면 열에 의해 뜨게 되어서 대부분 백강(白殭)병에 걸린다.] [忌沙燠不除.(註: 沙乃蠶屎, 燠乃沙葉相合粘連一片者, 久而不除, 發熱薰蒸, 多生白殭.]"라고 하고 있다. 이상과 같은 해석을 종합할 때 '분치(糞薙)'는 누에똥과 뽕잎이 서로 얽혀 굳어진 것이라고 해석할 수 있다.

그림 59_ 상제桑梯: 『왕정농서』
「농기도보집」

그림 60_ 뽕잎을 상망桑網에 넣어서 운반하는 모습:
『왕정농서』「농기도보집」

제 4 잠실 온도조절과 뽕잎을 따는 법 用火採桑之法篇第四

누에는 (오행 중) 불[火]을 좋아하는 부류로[46] 불을 이용해서 기르기에 적당하다. 불을 들이는 방법[47]은 모름지기 조그만 화덕을 만들어서 그것을 들고 잠실에 출입하는 것이다.

蠶火類也，宜用火以養之．而火之法，須別作一小鑪，令可擡舁出入．蠶

46) 묘치위[繆啓愉], 『선독』, 41쪽에서는 이 부분을 "누에는 따뜻함을 좋아하는 충류이다."로 풀이하고 있다. 그러나 오사와는 이 '불[火]'은 오행설의 견해로 보고 있다. 예를 들면 『태평어람』 권825에 인용되어 있는 「춘추고이우(春秋考異郵)」에는 "누에는 양기가 강한 벌레로, 불[火]은 물[水]을 아주 싫어하므로 뽕잎은 먹지만 물은 먹지 않는다. 뽕은 흙[土]의 정기에 의해서 만들어졌으며, 나무[木]는 불[火]을 생겨나게 하므로, 누에[蠶]는 3월에 피는 잎에 모이고, 함께 모여 각기 뽕잎을 먹는다.[蠶陽者, 大火惡水, 故食不飮. 桑者土之液, 木生火, 故蠶以三月葉類會, 精合相食.]"(『제민요술』 권5에 인용된 문장과는 글자의 차이가 있다.)라는 기록을 근거로 제시하고 있다. 그래서 오사와는 평주에서 "누에는 (오행설의) 화(火)의 유(類)이다."라고 해석하고 있다.

47) 오사와의 원문교정에서는 "화지법(火之法)"을 "용화지법(用火之法)"이라 하여 '용(用)'자를 삽입하여 완궈딩의 교주와는 차이가 있다. 묘치위는 『선독』, 40~41쪽에서 원문은 완궈딩과 동일하지만, 해석은 '용(用)'을 사용하고 있다. 실제 잠실에 불을 사용한다기보다 필요시 불을 넣고 빼서 온도를 유지하는 방법을 사용하기 때문에 본문에서는 "불을 들이는 방법"으로 해석했다.

누에는 잎을 넓게 펴서 먹이는데,[48] 누에가 뽕잎을 따라 위로 올라오기를 기다려 비로소 불을 들인다. 불은 모름지기 밖에서 피워 달군 불을 만들어 왕겨재[穀灰]를[49] 덮어서 세찬 화염이 생기지 않도록 해야 한다. 다 먹은 후에 불을 뺀다.

即鋪葉餵矣, 待其循葉而上, 乃始進火. 火須在外燒令熟, 以穀灰蓋之, 即不暴烈生焰. 纔食了, 即退火.

뽕잎을 (잠박에) 편 이후에 불을 들이는데, 매번 이와 같이 하면 누에가 불에 손상될 염려가 없다. 만약 누에가 배가 고플 때 불을 들이면 즉시 누에가 불에 손상을 입게 된다. 만약 갓 뽕잎을 펴서 아직 누에가 뽕잎 밑에 있고, 뽕잎을 따라 위로 올라오지 않은 상태에서 불을 들이면, 아래에는 누에똥[糞薙]의 더운 열기를 받고, 위로는 뽕잎에 가려 (열이) 차단되어 마침내 (누에가) 열에 의해 뜰 우려가 생기게 된다.

鋪葉然後進火, 每每如此, 則蠶無傷火之患. 若蠶飢而進火, 即傷火. 若纔鋪葉, 蠶猶在葉下, 未能循授葉上而進火, 即下爲糞薙所蒸, 上爲葉蔽, 遂有熱蒸之患.

또 모름지기 (채반 속의) 찌꺼기와 누에똥[沙薙][50]을 부지런히 제거해야 한다. (누에는) 남풍

又須勤去沙薙. 最怕南風. 若天氣

48) 묘치위 『선독』, 41쪽에서는 "누에는 뽕잎을 펴서 먹인 후에"라고 해석하고 있는데, 그럴 경우 뒷문장과 논리상 연결되지 않는다. 그래서 본문과 같이 번역했음을 밝혀 둔다.

49) 묘치위의 『선독』에서는 본문의 '곡회(穀灰)'를 '왕겨재[穀殼灰]'라고 해석하고 있는데, 이에 반해 오사와는 단순히 '곡회'라고 이해하고 있다. 하지만 '곡회'가 짚인지 왕겨인지는 분명하지가 않다. 이미 '곡회' 아래에 달군 불이 있기 때문에, 그 불을 잘 보존하기 위해서는 태운 짚보다 왕겨를 얹어 두는 것이 더욱 합리적일 것이다.

50) 묘치위 『선독』에서는 바로 앞문장의 '분치(糞薙)'는 '분예(糞穢)'라고 번역하고, '사치(沙薙)'는 '사예(沙穢)'라고 번역하고 있으며, 오사와는 원문을 그대로 두고 앞의 각주에서 대강의 의미는 밝힌 바가 있지만 구체적으로 번역하여 표현하지는 않고 있다. 문장의 흐름으로 보아 '분치'는 누에똥과 먹다 남은 습기를 머금은

을 가장 두려워한다. 만약 날씨가 습기가 많아 후덥지근하면, 즉시 약간의 불을 피워서 (실내를) 따뜻하게 하여 그것을 해소하고, 습기와 찌는 듯한 기운을 제거한다. (그리고) 창문을 약간 열어서 공기를 소통시켜 시원하게 해 준다. 찌꺼기와 누에똥은 반드시 멀리 두어야 하는데, 그 찌는 듯한 열기가 (나쁜) 기운을 만들기 때문이다.

鬱蒸, 卽略以火溫解之, 以去其濕蒸之氣. 略疏通窗户以快爽之. 沙薙必遠放, 爲其蒸熱作氣也.

누에는 습한 열기와 차가운 바람을 가장 두려워한다.[51] 누에가 습기로 인해 손상이 되면 누렇게 부어오르는 황비병黃肥病에 걸리며, 바람에 의해서 손상되면 고리 마디가 부어오르는 절고병絶高病에 걸리고, 누에똥의 열기에 의해 뜨게

最怕濕熱及冷風. 傷濕卽黃肥, 傷風卽節高, 沙蒸卽脚腫. 傷冷卽亮頭而白蜇. 傷火卽焦尾.

뽕잎찌꺼기이며, '사치'는 다소 오래된 똥과 채반 아래 남아 각종 찌꺼기를 모두 포괄하는 의미로 보아야 할 것이다.

51) 『양잠(養蠶)』에는 누에병에 대해 다음과 같이 해석하고 있다. 즉 '황비(黃肥)='공두성연화병(空頭性軟化病)', '절고(節高) · 각종(脚種)'='혈액형농병(血液型膿病)', '양두이백철(亮頭而白蜇)'='공두성연화병(空頭性軟化病)' 혹은 '중장형농병(中腸型膿病)', '초미(焦尾)'='미립자병(微粒子病)', '흑백홍강(黑白紅僵)'은 '흑강병(黑僵病)', '백강병(白僵病)', '홍강병(紅僵病)'이다. 게다가 『진부농서(陳旉農書)』의 기술을 청대 왕일정(汪日禎)의 『호잠술(湖蠶述)』의 '제1총론'에서도 인용하면서, "바람에 의해서 상처를 입으면 절고병에 걸리고, 누에똥에 의해서 열을 받아서 뜨게 되면 각종 병에 걸린다. 절고(節高)병 · 각종(脚腫)병은 모두 백두(白肚)병에 속한다. 백두(白肚)병 또한 그중에는 바람에 손상을 입는 것이 있는데, 그러나 결코 누에똥이나 습한 열기에 손상을 입는 것만큼 심하지는 않다. [考陳旉農書云, 傷風卽節高, 沙蒸卽脚腫. 節高脚腫皆屬白肚. 是白肚亦間有傷於風者, 然總不若傷于沙薙濕熱之氣之甚也.]"라고 하고 있다. 본서에 주석을 단 장요우롱[蔣猷龍]은(『호잠술주석(湖蠶述注釋)』, 농업출판사, 1987, 9쪽) '백두(白肚)병'에 관해서 건조한 것[乾], 습한 것[濕] 2종류가 있다고 하며, 전자는 위장형농병(胃腸型膿病), 후자는 혈액형농병(血液型膿病)이라고 한다. 또 같은 책, 50쪽에서는 "강잠(僵蠶)은 진균(眞菌; Fungus)에 의해 감염된다."라고 풀이하고 있다. 오사와는 이상의 해석에 대한 구체적인 지식이 없어 판단을 유보하고 있다.

되면 곧 다리 부스럼 병인 각종병脚腫病에 걸린다. 냉기로 인해 손상을 입으면 머리가 투명해지는 백철병白蜇病에 걸린다. 불에 의해서 손상을 입으면 꼬리 부분이 새까맣게 되는 초미병焦尾病에 걸리게 된다. 또 바람으로 인해 손상을 입어도 누렇게 부어오르는 황비병黃肥病이 걸리고, 냉풍에 손상을 입으면 바로 흑강병黑僵病 · 백강병白僵病 · 홍강병紅僵病[52]에 걸린다. 이런 여러 가지 병을 피할 수 있어야만 비로소 좋게 된다.

又傷風亦黃肥, 傷冷風卽黑白紅僵. 能避此數患乃善.

또 모름지기 먼저 뽕잎을 저장하는 방[葉室]을 관리해야 하는데, 반드시 깊숙하고 은밀하며 서늘하고 건조해야 하며, 무덥거나 습기가 있어서는 안 된다. 방바닥에서 5~6치[寸] 떨어진 높이에 시렁을 만들고, 그 위에는 새로운 대발을 깔고 그런 후에 뽕잎을 그 위에 펴고 바람이 통하지 않게 해야 한다. 바람이 통하게 되면 잎이 말라 건조해지기 쉽다. 항상 3일분의 잎을 보관하고 비가 내리고 습한 날씨에 대비하면, 누에는 언제나 습기 찬 뽕잎을 먹지 않게 되고 또한 굶주리지도 않게 된다. 밖에서 뽕잎을 따서 돌아오면 반드시 뽕잎을 저장하는 방에 시

又須先治葉室, 必深密涼燥, 而不蒸濕. 下作架高五六寸, 上鋪新簟, 然後置葉其上, 勿使通風. 通風卽葉易乾槁. 常收三日葉, 以備雨濕, 則蠶常不食濕葉, 且不失飢矣. 外採葉歸, 必疎爽於葉室中, 以待其熱氣退,

52) 불완전균류인 사상균(絲狀菌)의 감염으로 병사한 곤충은 일반적으로 사후 경화하는 경우가 많아서 붙여진 명칭이다. 죽은 후 사체 표면에는 병원균의 균사가 발육하여 전면 백색을 띠는데, 균사는 그 후 다시 많은 포자를 형성하여 병원균 특유의 색을 나타내게 된다. 즉, 백색, 황색, 녹색, 적색, 흑색 등으로 나타나기 때문에 백강병(白殭病), 황강병(黃殭病), 녹강병(綠殭病), 적강병(赤殭病), 흑강병(黑殭病) 등으로 불린다.(강영희 외, 『생명과학대사전』, 도서출판 여초, 2014 개정판을 참조.)

원하게 펴서 그 열기가 물러나기를 기다린 이후에 이내 먹이로 준다. 만약 따와서 바로 누에에게 먹이면, 위에는 뽕잎의 열기가 남아 있고, 아래에는 누에똥의 눅눅한 습기를 받게 된다. (그러면) 그 가운데 있는 누에는 마침내 뽕잎에 의해 뜨게 된다. (누에가) 떠서 누렇게 되면,[53] 비록 그것을 치료하여 구할 수 있을지라도 절반은 잃게 된다.

乃可與食. 若便與食, 則上爲葉熱, 下爲沙濕. 蠶居其中遂成葉蒸矣. 蒸而黃, 雖救之亦失半.

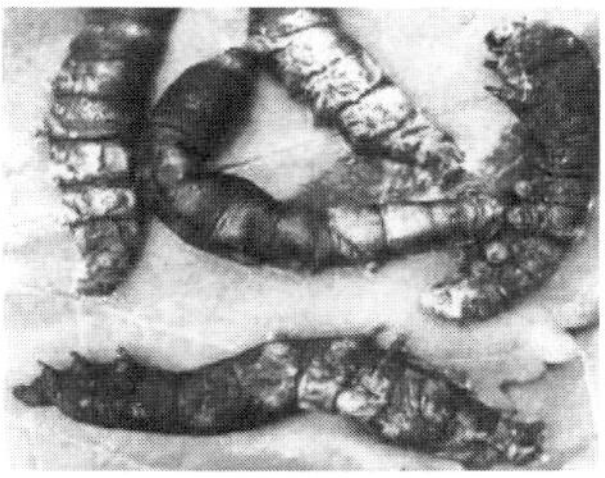

그림 61_ 패혈증에 걸린 누에의 모습[농촌진흥청]

그림 62_ 잔알이병에 걸린 누에의 모습[농촌진흥청]

그림 63_ 백강병白僵病에 걸린 누에의 모습[농촌진흥청]

그림 64_ 잠실과 누에채반

53) 원문의 '증이황(蒸而黃)'에서 증(蒸)의 주체에 대해서 오사와는 '누에'라고 해석했고, 묘치위는 '잎'인지 '누에'인지를 구체적으로 언급하고 있지 않다. 생각건대 '증'의 주체는 앞의 누에가 습하면 황비병에 걸린다는 사실과 바로 앞 문장에서 '엽증(葉蒸)'이 있는 것으로 미루어 볼 때, 이 문구는 "(누에가) 떠서 누렇게 되면"이라고 해석하는 것이 좋을 듯하다.

그림 65_ 태로抬爐 장면

그림 66_ 화창火倉 장면

제 5 簇箔藏繭之法篇第五

섶 채반과 고치를 저장하는 법

섶과 채반[簇箔]54)은 마땅히 삼나무를 어살[枋; 魚箭]처럼 세우는데,55) 길이는 6자[尺], 폭은 3자[尺]로 한다. 화살대로써 말 눈 모양[馬眼]의 격자형으로56) 만들고, 띠풀을 중간에 끼워 넣는

簇箔宜以杉木解枋，長六尺，闊三尺．以箭竹作馬眼槅福，插茅，疎密

---

54) '족박(簇箔)'의 의미는 누에섶과 누에 채반을 가리키는데, 이어서 나오는 길이 6자[尺], 폭 3자의 형태로 미루어 보아 이것은 삼나무로 만든 채반의 틀로 생각된다. 하지만 오사와는 '족박(簇箔)'의 구조에 대해서는 알기 어렵다고 하였다.

55) '해방(解枋)'의 의미에 대해서 묘치위[繆啓愉]의 『선독』에서는 '해판(解板)'을 '판자'의 뜻으로 해석하고 있다. 그러나 오사와는 이 경우 널빤지[板]로 보기에는 수치가 너무 크기 때문에(아마 널빤지를 6자[尺]×3자[尺]로 생각한 것으로 보임) 이 부분의 '해방(解枋)'의 의미는 알기 어렵다고 한다. 그래서 '방(枋)'을 '뗏목'과 같은 의미로 해석하면서 '해(解)'의 의미가 명확하지 않다고 하고 있다. 하지만 이어서 등장하는 문장에서 섶의 외곽은 길이 6자, 폭 3자이며, 그 내부는 화살대를 격자모양으로 짜서 만들었다는 것을 보면 삼나무로 만든 것은 채반의 틀이었을 것으로 짐작된다.

56) 나무이름인 '도(槅)'의 의미에 대해 묘치위는 『선독』에서 "격자(格子)"로 파악했으며, 오사와 역시 '도(槅)'와 격(格)이 음이 통한다고 하여 '격자(格子)'의 의미로 보고, 마안(馬眼)격자를 바둑판 모양의 격자로 이해하고 있다. 덧붙여 『양잠(養蠶)』, 134쪽에서는 "화살대를 이용하여 길이 6자, 폭 3자의 섶 채반 위에 격자모양의 시렁을 일정한 간격으로 만든다. 그 속에 성글지도 않고 조밀하지도 않

데 넓고 촘촘함은 적당한 간격으로 한다. 다시 잎이 없는 가는 대나무가지를 종횡으로 박아 넣는다. 또 섶의 아랫부분에는 갈대 채반을 깔고 대껍질로 그 채반의 뒷면을 뚫어서 묶는다. 그리하면 누에가 (섶 위에) 기어올라 머물 수 있어 떨어질 걱정이 없어지고, 또한 그 속은 깊고 안정되며 촘촘하다.

바로 그 누에를 섶 위에[57] 올려 두고, (잠박을) 약간 비스듬하게 기울여서 그 똥이 다 빠지기를 기다린다. 약간 달군 잿불로 따뜻하게 하여 누에가 고치 망[網] 속으로 들어가면 조금씩 불을 더해 준다. 중간에 불을 거둬서는 안 된다. 약간 차가워지면 고치 치는 것을 멈춘다. (그렇게 되면) 실을 켤 때도 끊기며, 많이 삶으면 문드러져서 솜처럼 되어 버려서 하나의 실마리로 다 뽑아낼 수 없게 된다.

바로 채반에서 (고치를) 뜯어내고, 즉시 고치 옷을 벗겨 내어, (중간에) 떠서 손상되는 것을 방지한다. 고치가 많으면 소금을 뿌려 저장하는데, 그러면 나방이 (미리) 나오지 않고, 또

得中. 復以無葉竹篠, 縱橫搭之. 又簇背鋪以蘆箔, 而以篾透背面縛之. 卽蠶可駐足, 無跌墜之患, 且其中深穩稠密.

旋放蠶其上, 初略欹斜, 以竢其糞盡. 微以熟灰火溫之, 待入網, 漸漸加火. 不宜中輟. 稍冷卽游絲亦止. 繅之卽斷絕, 多煮爛作絮, 不能一緒抽盡矣.

纔拆下箔, 卽急剝去繭衣, 免致蒸壞. 如多, 卽以鹽藏之, 蛾乃不出,

도록 띠풀을 끼우고, 잎이 없는 대나무 가지를 종횡으로 끼워 시렁에 올린다. 뒷면에 갈대자리를 펴고, 대나무껍질을 이용하여 뒷면에 뚫어 그것을 묶어 두면 익은 누에[熟蠶]가 그 위에서 고치를 짓기에 편리하다."라는 자료를 제시하고 있다.

57) '방잠기상(放蠶其上)'에서 그 위가 섶인지 채반인지는 오사와와 묘치위도 분명히 제시하지 않고 단순히 "그 위에 올려 둔다."라고 해석하고 있다. 그러나 뒤에 "똥을 제거한다."라는 부분으로 미루어 보았을 때 누에를 채반 위보다는 섶 위에 올려 둔다고 해석하는 것이 합당할 것 같다.

한 실도 부드러우며 질기고 윤택해진다.

고치를 저장하는 법으로 먼저 고치를 햇볕에 말린다. 큰 항아리를 땅에 묻고 항아리 속에 먼저 대자리를 편다. 다음으로 큰 오동나무 잎을 그 위에 덮는다. 그런 후에 누에고치를 한 층 까는데 (누에고치) 10근斤을 단위로 (대략) 소금 2냥兩[58]을 뿌린다. 그런 다음에 그 위에 또 오동나무 잎을 평평하게 깔아 준다. 이와 같이 한 층, 또 한 층 간격을 두고 깔아 항아리를 가득 채운다. 그런 후에 단단하게 덮고 진흙으로 봉한다.

7일이 지나면 꺼내서 물에 헹구는데 여러 번 물을 바꾸어 주면 실이 깨끗하고 선명해진다. 그 후에 바로 불을 쬐어서 말리면 거무튀튀하지 않으며 색이 선명하고 깨끗해진다.

且絲柔韌潤澤也.

藏繭之法, 先曬合燥. 埋大甕地上, 甕中先鋪竹簀. 次以大桐葉覆之. 乃鋪繭一重, 以十斤爲率, 摻鹽二兩. 上又以桐葉平鋪. 如此重重隔之, 以至滿瓮. 然後密蓋, 以泥封之.

七日之後, 出而澡之, 頻頻換水, 卽絲明快. 隨以火焙乾, 卽不黯戳, 而色鮮潔也.

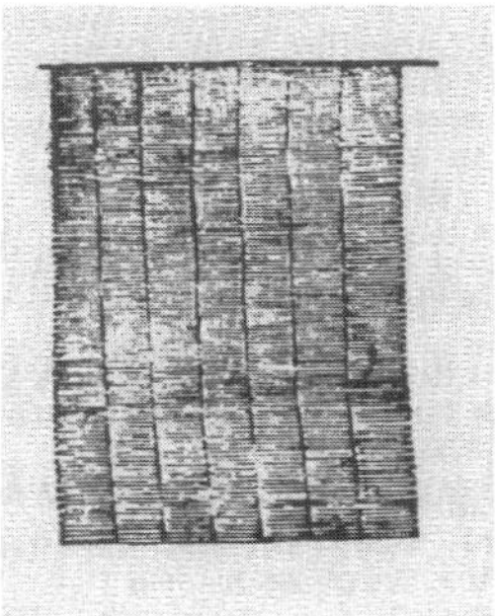

그림 67_ 잠박蠶箔: 『왕정농서』「농기도보집」

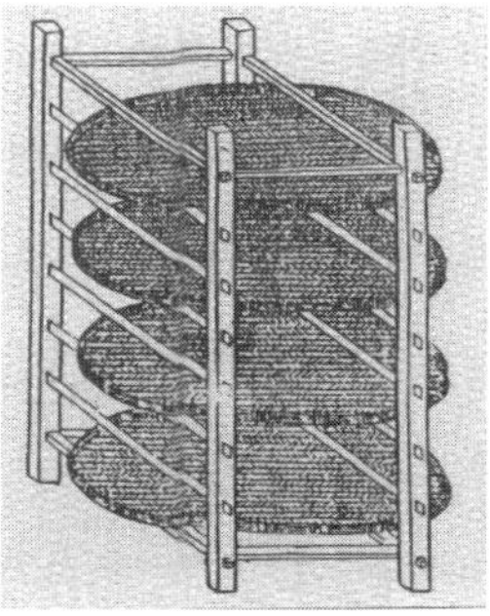

그림 68_ 잠비蠶篚: 『왕정농서』「농기도보집」

58) 송대 1냥[兩]은 39.6g이므로, 2냥은 79.2g이다.

그림 69_ 잠족蠶簇: 『왕정농서』「농기도보집」

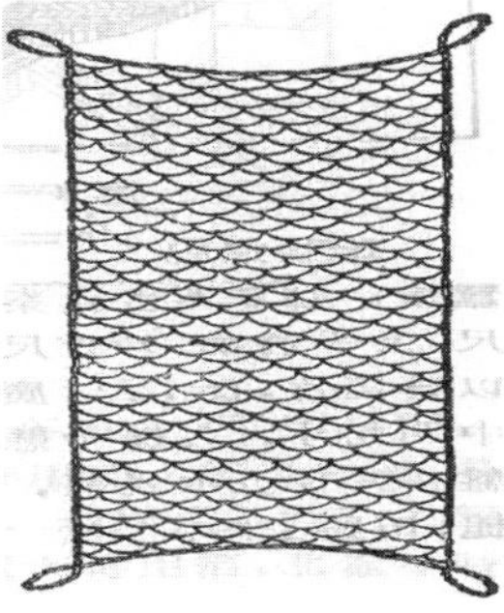

그림 70_ 잠망蠶網: 『수시통고』 제4책 244쪽

그림 71_ 소거繅車: 『왕정농서』 「농기도보집」

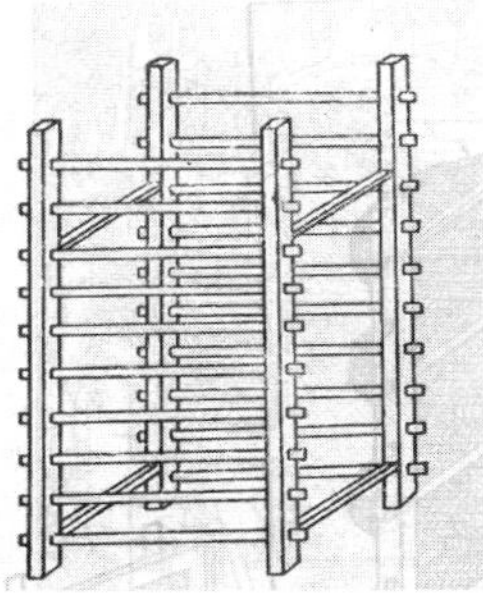

그림 72_ 잠가蠶架: 『수시통고』 제4책 244쪽

陳旉農書譯註

JinBunongseo

A Translated Annotation of the
Agricultural Manual "JinBunongseo"

진부농서 역주 후서와 발문

진부의 후서[1] 陳旉後序

통치의 요체는 무릇 백성이 상도常道[2])를 지키고 따르는 데 있다. 백성이 상도를 지키고 따르게 하려면, 반드시 먼저 그들이 항심恒心[3])을 갖게 해야 한다. 백성들이 항심을 가지게 하려면 반드시 먼저 그들로 하여금 항산恒産을 가지게끔 해야 한다. 항산이 있으면 가정마다 넉넉하고 사람마다 풍족하여 공양할 수 있고 때에

致治之要，在夫民由常道．欲民由常道，必先使之有常心．欲使民有常心，必先制之有常產．有常產，則家給人足，養備動時，

1) 이 제목을 완궈딩[萬國鼎]의 교주에서는 '진부후서(陳旉後序)'라고 하였는데, 오사와는 『陳旉農書の硏究』에서 '후서(後序)'라고 하였다. 완궈딩의 교주에 따르면, 진부의 이 후서는 중국 봉건통치시기의 일반적인 중농사상가와 정치가의 근본사상을 말한 것이라고 한다. 즉, 힘써 농사일을 행하고 농업과 잠업에 힘쓰는 것이 곧 '본을 숭상하는 방법'인 것이다. 그는 여기에서 농서를 쓴 의도를 "백성이 상도(常道)로 인해서 항심(恒心)을 갖게 하는 데 있다."라고 표명하였다. 그리고 진부는 임금은 임금답고 신하는 신하답고 아비는 아비답고 자식은 자식다운 봉건적인 질서를 엄격하게 준수하였다. 그의 이러한 점은 바로 '인민이 농업을 중시하고 곡물을 중시하고', '어수선하여 마음을 바꾸지 않게' 하여 영원히 봉건통치 지주계급의 착취와 압박을 감수하도록 하였다고 인정했다. 완궈딩의 이러한 계급론적 평가 역시 당시 문화대혁명이란 시대적 여건 속에서 나온 해석이라고 생각된다.

2) '상도(常道)'는 '원칙에 의거한 방법' 혹은 '지켜야 할 불변의 도리'로 해석할 수 있다,

3) '상심(常心)', '상산(常産)'은 『맹자(孟子)』에 따라 '항심(恒心)', '항산(恒産)'으로 해야 하지만, 오사와는 진부가 북송시대 진종(眞宗)의 휘(諱)인 '항(恒)'을 피하여 '상(常)'이라는 글자를 사용했던 것으로 보고 있다.

맞춰 활동하여 (곤란하지 않게 되며),[4] 이렇게 하면 이내 항심을 지니게 된다. 항심恒心이 있으면 아버지는 아버지답고, 아들은 아들답고, 형은 형답고, 동생은 동생답고, 남편은 남편답고, 아내는 아내다워[5] 상하가 화목하게 되고 이렇게 되면 비로소 상도常道를 지키고 행할 수 있게 된다.

斯乃能有常心矣. 有常心, 則父父子子兄兄弟弟夫夫婦婦, 上下輯睦, 斯乃能行常道矣.

구차하여 항산恒産이 없으면 의식衣食이 넉넉하지 못하고, 배고픔과 추위가 번갈아 닥치게 되며, 부모 · 형제 · 처자가 뿔뿔이 흩어져[6] 떠나게 되어 예의를 행할 수 없게 되는데, (이와 같으면) 항심恒心을 지킬 수 있겠는가? 이로 인해 항심이 없으면 멋대로 악행을 저지르는 것이 일어날 수밖에 없으니,[7] 어찌 상도常道를 지키고 행할 수 있겠는가?

苟無常產, 則衣食不給, 飢寒交迫, 父母兄弟妻子離散, 而禮義不率, 其能守常心耶. 因無常心, 則放僻邪侈, 無所不爲, 尙何常道之能行耶.

이 때문에 성군은 힘써 농사일을 하게 하고,[8] 농업과 잠업에 힘쓰는 것을 최우선 과제로 삼았다. 그래서 법령을 만들어 이것을 기록에 남기고,[9] 그것을 백성에게 상세하게 가르쳐

是故聖王以服田力穡, 勤勞農桑, 爲急先務. 其所以著爲法式, 布在方

4) 오사와는 "양비동시(養備動時)"에 대해 "영양을 갖추고 때맞추어 운동한다."라고 해석하고 있는데, 전후 문맥과 어울리지 않아 본문처럼 바꾸어 해석하였다. 특히 『순자(荀子)』「천론(天論)」에는 '양비동시' 다음에 "則天不能病"이라는 말이 등장하는 것을 감안하여 번역하였다.

5) 『역경(易經)』「가인(家人)」에 보인다.

6) 『맹자』「양혜왕장구상(梁惠王章句上)」"彼奪其民時, 使不得耕耨以養其父母, 父母凍餓, 兄弟妻子離散."에 보인다.

7) 『맹자』「등문공장구상(滕文公章句上)」"民之爲道也, 有恒產者, 有恒心, 武恒產者, 無恒心, 苟無恒心, 放辟邪侈, 無不爲已."에 보인다.

8) 『서경(書經)』「반경(盤庚)」"若農服田力穡, 乃亦有秋."에 보인다.

9) 『예기(禮記)』「중용(中庸)」"子曰, 文武之政, 布在方策."에 보인다.

농사에 시종 적용시키고 최선을 다하고 성심을 다하였으니, 실로 농업을 숭상하는 술책이 이보다 좋은 것은 없다.

다음과 같은 말이 전하지 않았던가? 백성의 대사는 농업에 있는데, 상제의 제사에 올릴 곡식도 여기에서 나오고, 백성의 생명이 불어나는 것도 모두 여기(농업)에서 나오며 일거리도 여기에서 비롯된다. (사람들의) 화합과 화목도 여기에서 일어나고, 재물과 용도가 늘어나는 것도 여기에서 시작된다. 두텁고[10] 순수한 정의도 실로 여기에서 만들어진다. 그러한 즉 민은 국가의 근본이 되고, 근본이 튼튼해야 국가가 편안해진다는[11] 도리로 확장된다. 통치의 요체가 여기에 있지 않는 것이 있겠는가?

비록 농사일은 자세하게 서책에 기록해 두고, 성인은 간혹 때에 따라 가르침을 베풀고,

策，教之委曲纖悉，施用於始中終，無所不用其至而誠盡者，誠以崇本之術，莫大乎是也.

傳不云乎. 民之大事在農，上帝之粢盛於是乎出，民之蕃庶於是乎生，事之供給於是乎在. 和協輯睦於是乎興，財用蕃殖於是乎始. 厚龐純固於是乎成. 則民爲邦本，本固邦寧之道廣. 至治之要，其有不在玆乎.

雖然農事備載方冊，聖人或因時以

10) 원문의 '후방순고(厚龐純固)'는 『국어(國語)』 「주어(周語)」에는 '돈방순고(敦龐純固)'로 되어 있다. 완궈딩의 교주에서는 그 원인을 광종(光宗)의 휘(諱)를 피해서 고친 것으로 보고 있다. 오사와는 광종의 이름은 돈(惇)으로, 돈(敦), 돈(墩), 춘(邨)의 글자를 고친 것은 『사휘거열(史諱擧列)』 권8에서 「소정예부운략(紹定禮部韻略)」에 의거한 것이라고 지적하고 있다. 따라서 오사와는 본서의 판본은 광종 연간(1189~1194) 이후의 것이 된다고 한다. 또한 이것은 데라지 쥰[寺地遵], 「陳旉『農書』傳本改」, 『史學硏究50周年記念論叢 世界編』, 1980에서 지적한 것처럼, 1154년(紹興24년)에는 진부의 수정본이 간행되지 않았다는 것을 시사하는 것이라고 보았다.

11) 『서경(書經)』 「오자지가(五子之歌)」 "民惟邦本, 本固邦寧."에 보인다.

일에 임하여 명령하였을지라도, 그 문장이 육경[六籍],[12] 자사子史에 흩어진 것이 지나치게 넓고 광범위하여 순서를 분류하여 살피기가 쉽지 않다. 현명한 사대부는 실로 항상 이들 문장을 반복하여 익히니 설명을 들은 후에 이해하는 것은 아니다. 그런데 만약 농부나 시골의 늙은이라면 모두 다 두루 알 수가 없어서 일을 할 때 잘못을 할 수밖에 없다.

設教，因事而爲辭，其文散在六籍子史，廣大浩博，未易倫類而究覽也．賢士大夫固常熟復之矣，宜不待申明然後知．乃若農夫野叟，不能盡皆周知，則臨事不能無錯失．

이 때문에 나는 그들의 본말을 편찬하고 법령을 논술하였다. 그 전후의 순서에 따라 설명하였다. 처음과 끝이 일관되도록 하여 읽는 사람이 조리 있고 보기 쉽게 하고, (실제) 응용하는 사람은 순서에 입각하여 따라 하기 쉽다. 아침저녁으로 농사를 행함에 조리가 있고 흐트러지지 아니하여,[13] 세월이 흘러갈수록 일에 질서가 잡히고, (이전처럼) 구습에 따라 대충 간략하게 처리하여 일의 전후와 완급의 순서가 뒤바뀌지 않게 하였다.

故余纂述其源流，敍論其法式．詮次其先後．首尾貫穿，俾覽者有條而易見，用者有序而易循．朝夕從事，有條不紊，積日累月，功有章程，不致因循苟簡，倒置先後緩急之敍．

(그래서) 비록 심히 게으른 자라 할지라도 또한 분명하게 마음으로 깨우치는 바가 있고 뜻에 적합할 것이기에 농사를 그만둘 수 없게 된다. 무릇 성군은 농업에 힘쓰고 곡물을 중히

雖甚慵惰疲怠者，且將曉然心喩志適，欲罷不能．知夫聖王務農重

12) '육경'은 시(詩), 서(書), 예(禮), 악(樂), 역(易), 춘추(春秋)를 뜻한다.
13) 『서경(書經)』「반경(盤庚)」"若網在綱, 有條而不紊."에 보인다.

여기고, 여기에 힘써야 한다는 것을 알고 있다. (이 같은 지도자가) 선행을 분명히 드러내고, 마음 쓰기를 굳세게 하니 뜻이 좋아지고 행동도 편안하게 되었다. 아버지는 자식을 가르쳐서 익히게 하고, 대대로 지켜서 더욱 권장하여 알게 하면, 다른 마음으로 어수선하여 마음을 바꾸지 않게 되니, 이 또한 관자管子가 사민四民을 나누고 제각기 무리를 모아서 마을에 거처하게[14] 한 뜻인 것이다.

穀, 勤勤在此. 於是見善明而用心剛, 卽志好之, 行安之. 父敎子習, 知世守而愈勵, 不爲異端紛更其心, 亦管子分四民, 羣萃而州處之意也.

14) 『국어(國語)』 「제어(齊語)」 "令夫士羣而州萃處."에 보인다.

홍흥조의 후서[15] 洪興祖後序

서산西山의 진陳 거사는 육경과 제자백가의 서적과 석가와 노자, 황제, 신농씨의 학문을 폭넓게 넘나들며 종종 외우기도 하여 마치 그런 성인을 만난 것과 같고, (두루 정통함은) 손바닥을 가리키는 것과 같다. 아래로는 음양·점복의 학[16]에 이르기까지 그 능력이 정통하고, 특히 정통한 것은 『역경易經』이다.

西山陳居士, 於六經諸子百家之書, 釋老氏黃帝神農氏之學, 貫穿出入, 往往成誦, 如見其人, 如指諸掌. 下至術數小道, 亦精其能, 其尤精者易也.

15) 완궈딩[萬國鼎]의 교주에서는 '홍흥조후서(洪興祖後序)'라고 한 데 반해, 오사와의 교정(校訂), 279쪽에서는 이 제목을 '홍진주제후(洪眞州題後)'라고 쓰고 212쪽에서는 "홍진주후기(洪眞州後記)"라고 번역하여 표기하고 있다. 홍흥조(洪興祖)는 『송사(宋史)』 권433 등에 의하면 이름은 홍조(興祖), 자는 경선(慶善)으로 단양(丹陽)[진강부(鎭江府) 단양현(丹陽縣) 출신으로서 오늘날의 강소성 단양현]에 해당한다. 중앙과 지방의 관직을 역임하였는데, 지방관으로서는 지진주(知眞州)를 시작으로 지광덕군(知廣德軍), 지요주(知饒州), 제점강동형옥(提點江東刑獄) 등을 거쳤다. 또 학문에도 밝았는데, 저서로서 『주역통의(周易通儀)』, 『계사요지(繫辭要旨)』, 『노장본지(老莊本旨)』 등이 있다. 진부는 그의 이러한 업적과 통하는 바가 있었고 그 명성을 흠모하여 진주(眞州)로 갔을 것이라고 보았다.

16) 소도(小道)는 유가에서 예악정교(禮樂政敎) 이외의 학설, 기예를 칭하는 말이다. 『논어(論語)』 「자장(子張)」의 "雖小道, 必有可觀者焉." 구절에 주희의 주(注)는 "小道, 如農圃醫卜之屬."이라 하였는데, 후에 중요하지 않은 학예를 널리 가리키게 되었다.

그는 평생 책을 읽었지만 벼슬에 나아가는 것을 구하지 아니하고, 사는 곳에서 약초를 심고, 남새밭을 관리하면서 자급자족하며 살았다.

소홍紹興 기사己巳년[17]에 (그는) 서산에서 의진儀眞[18]에 있는 나를 방문하였는데, 이때 그의 나이 74세로, 저술한 『농서農書』 3권을 꺼내면서 말하기를, "이 책은 내가 한가할 때 쓴 것이라서 (세상에) 드러내기에는 충분치 않지만, (춘추시대의 은둔자인) 장저長沮와 걸닉桀溺과 같이 따비로써 짝을 이루어 노동하는[19] 무리들에게 보인다면 반드시 기뻐하며 받아들이는 바가 있을 것"이라고 했다. 번지樊遲[20]가 (그의 스승인 공자에게) 농사짓는 것을 배울 것을 청하자 공자가 일러 말하기를, "나는 경험 있는 농부만 못하다.[21] 이와 같은 뛰어난 스승의 말은 현재 나의 뜻을 말해 주는 것이고, 번지가 배우려는 것은

平生讀書， 不求仕進， 所至卽種藥治圃以自給.

紹興己巳， 自西山來訪予於儀眞， 時年七十四， 出所著農書三卷， 曰， 此吾閒中事業， 不足拈出， 然使沮溺耦耕之徒見之， 必有忻然相契處. 樊遲請學稼， 子曰， 吾不如老農. 先聖之言， 吾志也， 樊遲之學， 吾事也. 是或一道也.

17) 즉 1149년, 남송 소홍(紹興)19년에 해당한다.

18) 『송사(宋史)』 권88 「지리지(地理志)」 '진주(眞州)'의 조에, "정화(政和) 7년 군(郡)의 이름을 의진(儀眞)이라고 하사했다."라는 것이 보인다.

19) 『논어(論語)』 「미자(微子)」 "長沮桀溺耦而耕, 孔子過之, 使子路問津焉." 따비(耒耜)는 쟁기가 출현하기 이전의 원시적인 농구이기 때문에 생산성이 낮아 대개 두 사람이 한 조로 노동하였는데, 이것을 우경(耦耕)이라고 한다. 우경의 노동조합에 대해서는 최덕경, 『중국고대농업사연구(中國古代農業史硏究)』, 백산서당, 1994를 참고하라.

20) 번지(樊遲; B.C.515~미상)의 이름은 수(須)이고, 자는 자지(子遲)로 춘추시대 말 노나라 사람이다. 공자의 72제자 중의 한 사람으로 역사상 중농(重農)·중가(重稼) 사상에 선험적인 시야를 가졌다.

21) 『논어(論語)』 「자로(子路)」 "樊遲請學稼, 子曰, 吾不女老農 請學爲圃, 曰, 吾不如老圃."에 보인다.

내가 하고 있는 일과 같다. 어찌 보면 하나의 길인 것이다."라고 하였다.

나는 그 말을 기쁘게 여겨 그 책을 받아서 세 번이나 읽었다. 그리고 이르기를, "거사와 같은 자가 실로 선비라 할 수 있을 것이다."라고 하였다.

僕喜其言, 取其書讀之三復. 曰, 如居士者, 可謂士矣.

그로 인해서 『의진권농문儀眞勸農文』을 책의 뒤에 덧붙여서 내가 소속되어 있는 읍에서 판각하여 유포시킨 것이다.

因以儀眞勸農文附其後, 俾屬邑刻而傳之.

단양의 홍흥조洪興祖 서序를 쓰다.

丹陽洪興祖序.

그림 73_ 홍흥조洪興祖의 초상화

진부의 발문[22] 陳旉跋

이 책은 [남송南宋] 소흥紹興19년(1149)에 편찬되었다. 진주眞州에서 비록 일찍이 간행된 적이 있지만,[23] 당시에 전해진 것은 본질이 왜곡되고 앞뒤가 전도되어 뜻이 통하지 않는 것이 매우 많았다. 또 어떤 사람은[24] 본질을 깨우치지 못하고 자신의 뜻에 따라 망령되게 삭제하고 개작하며 쓸데없이 미사여구를 덧붙여 이치에 괴리가 생겼다. 이 책은 농사의 중대함을 깨우쳐 사람들로 하여금 마음으로 느끼고 진정으로 이해시키기 위함이었다. (그런데) 지금 도리어 사람들이 본서의 내용에 미혹되자, 농업에 익

此書成於紹興十九年. 眞州雖曾刊行, 而當時傳者失眞, 首尾顚錯, 意義不貫者甚多. 又爲或人不曉旨趣, 妄自刪改, 徒事絺章繪句, 而理致乖越. 是書也, 將以曉農事之大, 使人人心喩志解. 今乃

22) 완궈딩의 교주에서는 제목을 '진부발(陳旉跋)'이라고 했으나 오사와의『陳旉農書の硏究』에서는 대만고궁박물원 소장 문연각본에 의거해서 '농서후발(農書後跋)'이라고 표제하고 있다.

23) 진주(眞州)는 홍흥조가 지진주(知眞州)를 역임한 지역으로, 진부가 처음 홍흥조를 찾아가서 저술한 농서 3권을 제시하자, 홍흥조가 그 가치를 알아보고 책을『의진권농문(儀眞勸農文)』의 뒤에 덧붙여서 출판했다. 진주에서 이 책을 간행할 때, 홍흥조가 책을 검토한 후에 '후서'와 함께 약간의 첨삭을 더해 출판한 것으로 보인다. 그런데 이 책은 진부가 처음에 의도했던 본질과는 다르게 다소 변질되었던 것으로 인식하여, 이후에 진부는 원래의 부본에 근거하여 '진부발(陳旉跋)'을 추가하고 수정본을 간행하려고 했던 것으로 보인다.

24) 오사와는 '혹인(或人)'을 홍흥조(洪興祖)에 대한 완곡한 표현이라고 보았다.

숙하여 이 책을 본받으려고 하는 사람마저 바야흐로 비웃고 업신여기는 데 여념이 없다. (이런 상황에서) 그들이 (이 책을) 서로서로 돌려 가면서 읽고 이야기하며 부지런히 농사일에 힘쓰고 그것을 모방하고 배우려 하겠는가?

나는 실로 그것이 걱정된다. 그 때문에 집에 소장하고 있던 부본副本을 꺼내, 잘못을 고치고 보완하여서 한 질의 책을 만들어, 당대의 군자가 그것을 가지고 임금에게 바쳐서 판각하고 인쇄하여 유포시킬 것을 기대한다. 반드시 천하의 백성들로 하여금 모두 본서의 장점을 살피게 한다면 나의 작은 바람은 이루어질 것이다.[25]

후後 5년 갑술甲戌년[26] 새해 여시암如是菴 전진자全眞子가 쓰다.

反惑其說, 使老於農圃而視效於斯文者, 方且嗤鄙不暇. 其肯轉相讀說, 勸勉而依倣之耶.

僕誠憂之. 故取家藏副本, 繕寫成帙, 以待當世君子, 採取以獻於上, 然後鍥版流布. 必使天下之民, 咸究其利, 則區區之志願畢矣.

後五年甲戌元日如是菴全眞子題.

25) 오사와는 그의 책『陳旉農書の研究』'후서'의 주석에서도 언급하였지만, 데라지[寺地]는 이 부분의 배경을 분석하여 결국 소흥(紹興)24년에 진부의 개정본은 간행되지 않았다고 결론짓고 있다. 그러나 농서 발문 속에 기존 출판된 책의 문제점과 소망을 표현했던 것을 보면 이때 개정판이 출간된 것으로도 볼 수 있을 것이다.

26) 이는 소흥24년, 즉 1154년 원일(元日)로 진부가 처음 홍흥조에게 농서 3권을 보인 때로부터 5년째가 되는 해이다.

왕강의 발문 汪綱跋

고사高沙지역[27]은 대개 토양이 비옥한데, 그 사이에 거듭되는 전쟁[28]으로 토지는 넓으나 사람은 적어[29] 봄에 경작하고 가을에 수확할 때도[30] 힘을 다 쓰지 못하고, 양잠에 힘쓰는 것도 주의를 기울이지 못했다.

高沙素號沃壤，中更兵火，土曠人稀，東作西成，旣不盡力，而蠶桑之務，亦不加意.

비록 넓은 땅에 파종하여 수확은 적었을지라도, 풍년이 들 때마다 회수淮水지역[31]이 비축

雖廣種薄收，然每遇豊歲，長淮所

---

27) 오사와는 '고사(高沙)'를 회남(淮南) 동로(東路) 고우군(高郵軍)의 군명(郡名)으로 오늘날 강소성(江蘇省) 고우현(高郵縣)으로 비정하고 있다.

28) 오사와는 소흥(紹興)31년(1161)에 금나라 해릉왕[海陵王, 廢帝亮]이 회수를 건너 공격해 왔던 사건을 가리킨다고 보고 있다.

29) 송대(宋代)의 회남(淮南) 동로의 상황, 특히 생산력과 관련한 문제에 대해서는 시바 요시노부[斯波義信]의 『宋代江南經濟史の研究』, 東京大學東洋文化研究所, 1988, 106~112쪽에서 상세히 기술하고 있으며, 또 치샤[漆俠]의 『송대경제사(宋代經濟史)』(上冊), 中華書局, 2009에도 언급되어 있다.

30) 동작(東作)은 춘경(春耕)을 뜻하고, 서성(西成)은 추수(秋收)를 가리켜 '춘종추숙(春種秋熟)'의 의미이다. 이것은 명대(明代) 침방(沈榜) 『완서잡기(宛署雜記)』 「선유(宣諭)」의 "慨自唐虞成周之際，爰宅四時，東作西成，歲月時日，水火土穀，曆世不易."에서 비롯되었다.

31) '장회(長淮)'는 회수(淮水)를 가리킨다고 오사와는 비정하고 있다. 예를 들어 『분문집주두공부시(分門集註杜工部詩)』 권25 「건원중우거동곡현작칠수(乾元中寓居同谷縣作七首)」의 '사(四)'에, "종리에 누이가 있고, 양인(良人)이 일찍 죽어서 여러 아들이 흩어지고, 장회(長淮)의 파도는 높고 교룡이 노하여 10년 동안 보지 못했는데, 언제쯤 올 것인가.[有妹有妹在鍾離，良人早歿諸孤癡，長淮浪高蛟龍怒，十年不見來何時.]"라고 운운하였는데, 종리(鍾離)는 회수의 남쪽에 있는 호주(豪州)를 가리킨다고 보았다.

해 둔 작물은 한결같이 여기에서 사들여 (필요한 만큼) 충족시킬 수 있었다.[32] 만약 파종하고 김매는 데 좋은 방책이 있고, 밭을 갈고 수확하기가 편리하며, 경지에는 남겨진 지력이 없을 정도로 작물을 재배하고, 또 양잠까지 행하였다면, 의식衣食은 충족되어 공사公私가 모두 여유로울 것이니, 어찌 창고가 바닥을 드러내겠는가.

나는 이전에 『농서農書』 한 질을 얻었는데, 무릇 그 속에는 밭을 갈고 누에 치고 파종하고 재배하는 방법이 모두 갖추어져 있었다. 이리저리 이동하다가 이곳 군수로 부임하여 일을 보기 시작하면서, 급히 목판에 판각하여 군내 사람들의 권농의 근본으로 삼았다. 부모형제가 서로 더불어 힘써 농사일을 하게 하였다. 이렇게 하는 것이 군수가 (항상) 다짐하는 의지인 것이다.

갑술년 동짓날 신안新安에서 왕강汪綱이 쓰다.[33]

賴以儲蓄者，猶糴於此以取足焉．如使種藝有其方，耕穫得其便，地利旣已無遺，而又知所謂育蠶之事，則衣食充足，公私兼裕，寧有盡藏耶．

余曩得農書一帙，凡耕桑種植之法，纖悉無遺．朅來守此，視事之初，急鋟諸木，以爲邦人勸爾．父兄子弟，其相與勉之．是郡守拳拳之意也．

甲戌冬至日，新安汪綱書．

32) 오사와는 고우군(高郵郡)의 위치를 고려하고, 또한 『송사(宋史)』 권408 「왕강(汪綱)」 전에, "양주(揚州), 초주(楚州) 두 주에는 각각 2만 명이 주둔하고 있었는데 그 기세가 성하여 고우로써 군수기지로 삼았다.[揚楚二州當各屯二萬人, 壯其聲勢, 而以高郵爲家計砦.]"라는 문장을 예로 들어, '가계채(家計砦)'는 즉 '전선의 군량을 지탱하는 병참기지'로서의 역할을 고우군이 담당하고 있었던 것으로 보았다.

33) 『송사』 권408 「왕강(汪綱)」 전에 의하면 왕강(汪綱)의 자는 중거(仲擧)이고, 첨서(簽書) 추밀원 발지(勃之)의 증손으로, 강남의 동로 이현(黟縣)의 사람이다. 그는 순희(淳熙)14년(1187) 과거를 통해 진강부(鎭江府)의 사호참군(司戶參軍)이 된 것을 시작으로, 지고우군(知高郵郡), 제거회동상평사(提擧淮東常平) 등을 역임했으며, 강직한 성품의 소유자다.

주발의 발문[34] 朱拔跋

농자는 천하의 대본이다. 수령은 권농을 천직으로 삼는다. 매년 중춘(2월)에는 고사를 거행한다. 그때 농민에게 알리고 경계하는 문장을 만들어 권농을 행한다.[35] (그러면) 근면함이 미치지 않는 곳이 없다. (그런데) 일찍이 씨 뿌리고 김매는 법을 백성들에게 명확히 제시했다는 사실은 들어 본 적이 없다.[36] 나의 집에 보관하고 있는 전진자[陳旉]의 농서는 농사의 구석구석까지 살피고 있으며, 나는 항상 그 성과

農者天子之大本也. 守令以勤農爲職. 每歲仲春, 擧行故事. 其爲告戒之文. 非不勤且至矣. 曾未聞以種藝之法曉之者. 予家藏全眞子農書, 纖悉備其, 每愛其功

34) 이 발문은 오사와의 『陳旉農書の硏究』, 282쪽에 실린 것으로, 내각문고(內閣文庫) 소장 『건륭사고전서무판본(乾隆四庫全書無板本)』에는 등장하나 다른 본에는 보이지 않는다. 특징적인 내용은 없지만, 분명 어떤 사정으로 인해 전해지지 아니했을 것으로 보아 본서에 적기해 둔다.

35) 오사와의 역문에서는 이와 유사한 사례로 『건염이래계년요록(建炎以來繫年要錄)』 권179 소흥(紹興)28년 정월조에 "무자(戊子)일에 전중시어사(殿中侍御史) 섭의(葉義)가 묻기를, '주현(州縣)에서는 해마다 교외에 나가 권농을 하면서 주연(酒宴)을 베풀어 실제 백성들을 요란스럽게 합니다. 바라건대 주례(酒禮)를 파해 주기를 청합니다.' 호부(戶部)가 요청하여 지금부터 수령이 교외에 나가는 것을 금지하고, 이내 2월 16일부터 그로 인해 음주를 하지 못하게 하니 그에 따랐다."라고 하는 문장을 들고 있다.

36) 오사와는 당시의 권농문이 구체적인 농업기술을 지적했다기보다도 "국가의 지배이데올로기 그것"이었다고 하는 미야자와 도모유키[宮澤知之]의 견해[「南宋勸農論: 農民支配のイデオロギ」 『中國史像の再構成』, 文理閣, 1983]를 뒷받침하는 것이라고 한다.

를 농사일에 힘쓰는 데 활용하고 있다. 요강[余姚縣]에 부임하여 두 차례 교외에 나가 권농을 행하였다. 장차 이 책을 인쇄하여 지역 백성들에게 알리고, 그로 말미암아 이 책을 널리 전파하여 천하의 백성들 모두 이 책의 장점을 살피게 할 것이다. 이것은 또한 진부의 뜻이다.37) 아울러 「요강 권농문」을 농서의 권말에 붙여 둔다.38) 후대인이 이 책에 대해 검토해 줄 것을 기대한다.

가정嘉定 7년 갑술 2월 16일.39)

통직랑40) 지소흥부 여요현 주관 권농공(신

於農務. 竭來姚江, 兩出郊勸(農). 且相刻此書, 以示邑人, 由是而廣其傳, 使天下咸究其利. 斯亦全眞子之志也. 併以姚江勸農文, 附諸卷末. 庶來者有考焉.

嘉定七年歲在甲戌二月既望.

通直郎知紹興府

37) 비슷한 내용은 앞의 「진부발(陳旉跋)」에서 "반드시 천하의 백성들로 하여금 모두 그 (본서의) 장점을 궁구하게 한다면 나의 작은 바람은 이루어질 것이다.[必使天下之民, 咸究其利, 則區區之志願畢矣.]"라는 내용과 비슷하다. 따라서 주발도 일단은 진부가 재판(再版)을 위해 썼던 「진부발(陳旉跋)」을 참고했거나 직접 진부의 의도를 들었을 것으로 판단된다.

38) 이처럼 권농문을 『진부농서』의 말미에 덧붙이는 방식은 앞의 '홍흥조후서(洪興祖後序)'(1149년)에서도 볼 수 있었다. 하지만 당시 진부의 의도와는 달리 원본이 첨삭되면서 진부는 5년 뒤 '진부발(陳旉跋)'을 써 재판(再版)하기에 이르렀다. 형식으로 볼 때, '주발발(朱抜跋)'도 진부의 의뢰에 의해 이루어졌을 것인데, 이 발문이 담긴 책이 널리 전하지 않았던 것을 보면 이 역시 진부의 농서가 지방관의 권농에 맞게 개조된 것이 아니었을까 생각해 본다. 이런 사실을 보면 진부와 같이 학자적 농업인이 직접 현장에서 체험한 것을 토대로 제시한 농업과 농업기술은 송대 관료의 권농정책과는 적지 않은 괴리가 있었음을 알 수 있다. 이 부분은 새롭게 주목할 필요가 있다.

39) 가정(嘉定) 7년은 1214년에 해당한다.

40) 통직랑은 문산관(文散官)의 명칭이다. 수대에 산관으로 두기 시작하여, 당대에 문산관으로 하였는데, 5대와 송대까지 이어졌으며, 금과 원대에 폐지되었다. 『통전(通典)』「직관(職官)·문산관(文散官)」에는 "通直郎隋置, 三十人, 蓋采晉宋以來諸官皆有通直, 謂官高下而通爲宿直者也, 因此爲名. 大唐因之."라고 하였고, 『속통전(續通典)』「직관(職官)·문산관(文散官)」에는 송대에 "從六品曰奉直郎, 曰通

안 주발이 발문을 쓰다.[41]

餘姚縣主管勸農公(事新安朱拔跋).

直郞."이라 하였다.(쉬롄다[徐連達], 『中國歷代官制大辭典』, 廣東敎育出版社, 2002를 참조.)

41) "事, 新安朱拔跋"의 여섯 자를 내각문고(內閣文庫) 소장 『건륭사고전서무판본(乾隆四庫全書無板本)』에 의거하여 보충했다고 한다. 이 내용이 없어 아마노 모토노스케[天野元之助]와 슈토 요시유키[周藤吉之]는 이 발문을 왕강(汪綱)의 것으로 생각했다고 한다. 그러나 데라지 쥰[寺地遵](앞의 논문, 「陳旉『農書』傳本改」)의 발견으로 작자는 주발(朱拔)이라는 사실이 밝혀졌다. 주발이 어떤 인물인지는 분명하지 않지만, 데라지[寺地]는 가정 5~6년에 여요현(餘姚縣) 지현(知縣)인 주불(朱拂)일 가능성을 제시하였다고 오사와는 소개하고 있다.

A Translated Annotation of the
Agricultural Manual "JinBunongseo"

진부농서 역주 **부록** 附錄

진부농서는 어떤 책인가?

『진부농서』는 어떤 책인가?[1)]

1. 진부陳旉의 업적과 저서의 특징

『송사宋史』에는 진부陳旉의 열전에 관한 기록이 없고, 다른 문헌들에서도 그에 관련된 기록을 찾아볼 수 없다. 이 때문에 현재에는 다만 그가 저술한 『농서農書』와 그 발문 중에서 대략적인 내용만을 확인할 수 있다.

그는 북송北宋 후기 희녕熙寧9년(1076)에 태어났다. 『농서』는 남송 초 소흥紹興 19년(1149)에 쓰여졌는데, 그때 그의 나이는 이미 74세였다. 그로부터 5년 뒤에 또 책의 뒷부분에 발문을 썼으니, 그는 80세가 넘게 살았다고 보아야 할 것이다. 그의 생존 시기는 왕안석의 변법 이후, 신구당쟁이 갈수록 극렬해지고, 봉건정치의 폐단이 날로 심해져 북송이 붕괴하고, 남송이 강남에 안주하기 시작한 전란시기에 해당한다.

그의 본적에 관한 기록은 없다. 다만 그는 자신이 쓴 서문에서 스스로를 '서산은거전진자西山隱居全眞子'라고 일컬었고, 또 '궁경서산躬耕西山'이라고 말했다. 그가 『농서』를 쓴 이후, 일흔넷이라는 고령에도 『농서』를 서산西山에서 의징儀徵에 있는 홍흥조洪興祖에게 보내 읽도록 했다는 것은, 서산이 의징에서 멀지 않은 곳으로, 어쩌면 양주揚州의 서산일

1) 본고는 완궈딩[萬國鼎], 『진부농서교주(陳旉農書校註)』, 農業出版社, 1965의 첫머리에 실려 있는 「『陳旉農書』評介」이다. 이 책을 이해하는 데 도움을 줄 것으로 판단하여 번역하여 게재한다.

듯하다.[2] 『농서』의 「지세에 적합한 방식[地勢之宜]」편에서 특별히 고전高田이 중시되고, 「김매기의 합당함[薅耘之宜]」편에서는 아래에서 위로 향하는 운전법耘田法이 강조되고 있는데, 이것은 모두 구릉지의 상황을 겨냥해서 말한 것으로 그가 살고 있는 서산의 상황인 듯하다. 그러나 『농서』의 다른 부분에서는 이와 같이 명확하게 한정 짓지 않고 있다. 또한 홍흥조洪興祖가 「후서後序」에서 "사는 곳에서 약초를 심고, 남새밭을 관리하면서 자급자족하며 살았다."라고 언급한 것을 보면, 진부가 서산에서만 줄곧 살았던 것은 아니고, 다른 곳에서도 살았던 적이 있음을 알 수 있다. 남송 초 금나라가 남침을 했을 때는 그도 양주 서산에서 편안하게 지내고 있을 수는 없었다. 『농서』에서 언급된 농업의 상황은 사실 양자강 하류의 비교적 광범위한 지역을 대표한다. 홍흥조는 강소江蘇 단양丹陽 사람으로 당시 진주[眞州; 이는 곧 의진군儀眞郡] 지주知州를 맡고 있었다. 진부는 어쩌면 홍흥조가 지방의 장관이었기 때문에 『농서』를 그에게 보냈을 수도 있다. 물론 그 이전부터 알고 있었을 수도 있다. 진부의 활동 지역과 그의 사회적 관계에서 살펴본다면, 그가 강소 사람이라고 하는 것이 무난할 것 같다.

진부는 아주 박학다식했다. 수 년간에 걸쳐 직접 농업을 경영했고, 심혈을 기울여 농작물을 관찰했다. 이 일은 80세의 고령에 이를 때까지 지속되었다. 이 때문에 그는 농업에 대해서 풍부한 지식과 실제적인 경험을 지니고 있었다.

---

2) 양주(揚州)는 지금의 강소성(江蘇省) 중부, 장강 하류의 북쪽에 위치해 있다. 이곳의 지명은 역대로 '광릉(廣陵)', '강도(江都)', '유양(維揚)' 등으로 바뀌어 불리기도 했다. 양주시의 경내 지형은 서쪽이 높고 동쪽이 낮으며 의징(儀徵)시의 경내 산지가 가장 높아서 서쪽에서 동쪽을 향해 부채형을 띠며 점차 경사가 지어져 있다. 특히 양주는 고대 중국에서 내륙 교통의 중심 수단이었던 운하(運河)의 남북을 연결하는 요충지라는 특성 때문에 교역의 중심지로서 경제가 무척 발달했다. 의징은 양주시가 주관하는 현(縣)급 시로 강소성 중서부에 위치하고 있으며, 지형은 장강 삼각주의 꼭지부분이다.

그는 「자서自序」에서 "나(진부)는 몸소 서산의 땅을 경작하고, 마음으로부터 농상의 중요한 이유를 알았기 때문에 『농서農書』 3권을 편찬했다. … 이 책은 농상의 일을 조금 안다고 해서 쓴 것이 아니라, 일찍이 실제로 (내가) 경험하였고, 그 일에 아주 능하기 때문에 감히 책을 저술하여 사람들에게 드러내는 것이다. 공자가 이르기를 '대개 알지 못하면서 글을 쓰는 사람이 있는데 나는 그렇지는 않다. 많은 것을 듣고, 그중에서 좋은 것을 골라 거기에 따랐으며, 많은 것을 보고 그것을 이해했다.'라고 하였다. 말을 듣고 보는 것이 많을지라도 반드시 그 가운데 좋은 것을 골라서 따르며, 좋지 않은 것을 알 수 있다. 만약 아는 것에서 그친다면 비록 아는 것이 많을지라도 어찌 쓸 만할 가치가 있겠는가?"라고 분명하게 지적하면서, 자신의 책은 그저 보고 들은 것만으로 쓴 것이 아니라, 스스로 겪었던 실천과 경험을 포함하고 있어 '그 일에 능하여서' 비로소 그것을 쓰게 된 것이라고 밝히고 있다. 그는 갈홍葛洪의 신선神仙에 관한 이야기와 도홍경陶弘景의 『본초本草』 해석이 잘못되었음을 비판했다. 또 그는 "『제민요술』, 『사시찬요』는 너무 현실에서 멀리 떨어져 있어 적용할 수 없다."고 하였다. 그러나 자신의 『농서』는 "헛된 말을 입에 올리거나 과장되게 명성을 훔친 것"이 아니라, "다음 세대에 보탬이 되기 위해서"(「자서自序」에서 인용) 쓴 것이라고 했다. 그는 이러한 사실에 자부심을 가지고 이 책으로 농민들을 가르치고자 해서 "농업에 익숙하여 이 책을 본받으려고 하는 사람이 … 서로서로 돌려 가면서 읽고 이야기하며 부지런히 농사일에 힘쓰고, 그것을 모방하여 배우게 한다.(「진부의 발문[陳旉跋]」 중에서 인용)"라고 하였다.

『진부농서』는 베껴 쓴 것이 아니다. 저자가 손수 해봄으로써 마음으로 체득한 것을 쓴 것이다. 비록 고서古書를 인용했을지라도, 그것들을 자신의 글 속에 녹아들게 했다. 글의 구성은 『제민요술』과는 다르다. 그의 『제민요술』에 대한 비판은 지나침이 없는 것은 아니다. (『제민요술』에서는 황하유역의 농업을 설명하고 있는데, 진부가 보고 익힌 것과는 다르다. 『제민요술』이 다루는 범위는 광범위하여, 모든 것이 자신이 경험한 것일 수는 없다. 범위가 광범위하다는 것은 그 나름의 쓸모가 있기에, 단지 이것 때문에 『제민요술』이 현실의 물정에 어두워 적용할 수 없다고 말할 수는 없다.) 그러나 그의 『농서』는 체제 면에서 확실히 『제민요술』보다 엄격하며, 경험에서 나온 부분이 『제민요술』보다 많다. 실천성은 『진부농서』의 뚜렷한 특징 중 하나라고 할 수 있다. 『사고전서총목제요四庫全書總目提要』는 이 저서를 "실재적인 사실이 적고 헛된 논의가 많다."라고 평가했는데, 이는 분명 합당한 평가가 아니다.

『진부농서』의 분량은 얼마 되지 않지만(서문, 발문을 다 포함하여 12,500자), 내용은 꽤 알차다. 중국의 농학農學 상에서 적지 않은 새로운 발전이 있음을 보여 주고 있다. 그중에서 뚜렷한 것을 다음의 5가지로 정리할 수 있다.

① 처음으로 전문 편을 두어 토지이용에 대해 체계적으로 다루었다.
② 처음으로 토양에 대한 두 개의 뛰어난 기본원칙을 제시하였다.
③ 전문 편을 이용하여 비료에 대해 논의하였을 뿐만 아니라 기타 각 편 중에도 자못 구체적이고 자세한 논의가 있으며, 비료의 재료 또는 비료를 보존하고 시비하는 방법에 대해서도 적지 않은 새로운 인식과 발전이 있었다.
④ 이 저서는 남방 수도작水稻作 농업기술을 전문적으로 다룬 현존하는 최초의 농업서이고, 전문 편이 있어서 벼 모판에서의 모 재배에 대해서 이야기하고 있다.
⑤ 이 저서는 상당히 완전하고 계통적인 이론체계를 지니고 있다.

이상의 것들을 항목별로 나누어 다음과 같이 설명해 보고자 한다.

2. 토지이용계획

『농서』의 「지세에 적합한 방식[地勢之宜]」 편은 계획적인 토지이용에 대해 전문적으로 논의하였다. 시작부터 토지는 자연적인 형태와 성질이 다양하다는 점을 설명한다. 이것은 고산高山, 구릉, 고원, 평원, 저지대, 강, 호수[湖泊] 등으로 구별된다. 지세가 높고 낮음이 같지 않아서 그에 따라 춥고 따뜻함, 비옥하고 척박함 또한 같지 않다. 대개 고지대는 대부분 한량하고, 그곳에서 나오는 샘은 차가우며 토지 또한 차갑고 고지대는 건조해지기도 쉽다. 낮은 지대는 대체로 비옥하지만, 물에 침수되기가 쉽다. 따라서 관리할 때는 각각 그에 합당한 방법이 있다. 진부는 여기에서 비록 전면적인 분석을 하지는 않았지만, 이미 문제의 핵심을 언급하고 있다. 지형과 온도, 비옥함과 척박함, 수전水田과 한전旱田 간의 관계에 대한 언급 또한 기본적으로 이치에 부합한다.

이 밖에도 진부는 고전高田, 하지下地, 파지坡地, 봉전葑田, 호전湖田 등 다섯 가지의 토지에 대해서 구체적인 이용 계획을 제시했다. 그중에서도 고전高田 이용 계획에 대한 설명이 비교적 자세하다. 그에 따르면, 지세를 보고, 높은 곳에 위치한 물이 모여서 흘러가는 지점에 저수지[陂塘]를 만들어, 봄에서 여름으로 바뀌는 시기에 내리는 빗물을 가둬 놓는다. 저수지[塘]는 깊고 넓어야 하고, 그 크기는 관개에 필요한 수량에 의거하며, 대략 10무畝의 토지에 2~3무에 해당하는 저수지를 파고 물을 가둬 둔다. 제방 또한 높고 튼튼해야 한다. 제방 위에는 뽕나무를 심어 소를 매어 둘 수 있다. 이렇게 하면 한꺼번에 여러 가지 이점을 취할 수 있는데, "소가 시원한 나무그늘에서 쉬면 잘 순응하고, 제방은 소가 밟아서 단단해지며, 뽕나무는 (소의 똥오줌과 연못물의) 영양분을 받아서 무성해진다. 가뭄이 들면 제방의 물을 터서 관개하고, 큰비가 올 때는 (저수함으로써) 물이 넘쳐서 농작물에 수해를 입히지 않게 된다. 고전의 올벼[早稻]는 파종에서 수확까지 5, 6개월밖에 걸리지 않는다.

(만약) 그 사이에 가물어도 4, 5차례 관개하여 힘을 다한다면 일정한 수확을 올릴 수 있다.(즉 인력을 통해 기본적인 풍작을 보장받을 수 있다.)" 라고 하였다.

이뿐만이 아니라, 이렇게 함으로써 다음의 사실도 알 수 있다. 즉 여기서는 수면이 비교적 높은 저수지를 이용하여 물을 흘려보내어 관개하니, 반드시 물의 수위를 올릴 필요도 없고, 큰 비가 오면 저수지에 빗물을 가둬 두니 물과 흙이 유실되는 것과 비옥한 토지가 망가지는 것을 막을 수 있다. 분명 이것은 합리적이면서 교묘한 소규모 형태의 토지를 이용하는 계획이다.

이상은 저수지[塘]와 제방[堤]에 대해서 말한 것이다. 논을 일구고 파종할 때 논두둑을 넓고 크게 만들면, 소를 그 위에 풀어먹일 수 있게 되고, 논두둑을 소가 밟으면 그 논두둑은 단단하게 되어 물이 새지 않는다. 논배미의 높낮이가 엇비슷한 논들은 그들을 합쳐서 한 배미의 논으로 만드는데 논배미는 넓고 크게 만들어야 쟁기를 옆으로 돌리는 데 유리하다. 논배미를 합치는 과정에서 당연히 필요한 것은 지면을 평평하게 고르는 것이다. 여기에서 말하는 논은 무논[水稻田]이기 때문에 만약에 지면의 높낮이가 고르지 않거나 조금이라도 경사가 진다면, 물을 댈 때 논 전체에 같은 깊이로 물을 채울 수가 없게 된다. 이처럼 논배미를 적당히 나누고, 논바닥을 고르게 하는데, 만약 경사진 구릉지나 산기슭에서는 계단식 무논을 만들어야 한다.

진부는 다섯 가지의 토지를 이용하는 계획을 이야기한 다음에, 이어서 『주례』의 도인(稻人; 관직 이름)의 직책을 인용하여 말하기를, 즉 저수지 같은 것을 이용하여 물을 가두어서 흘러내려 가지 않게 하고, 제방을 이용하여 물을 막아서 물이 흘러넘치지 않게 하고, 논머리에 조그만 물골을 터서 물의 기세를 분산시키며, 남아도는 물은 배수구를 이용하여 빼낸다고 하였다. 배수는 큰 도랑을 이용하여 작은 도랑의 물을 그곳에 모아서 그 물을 한꺼번에 흘러가게 한다. 이 같은 제도가 완비된다면 어찌 홍수에 논이 잠기는 피해가 있을 수 있겠는가?라고 하였다. 여기서는 물을 저장하고, 홍수를 막고 물을 빼내는 것을 말하는 것이나, 그가 말하고자 하는 핵심은 홍수를 막고 남아도는 물을 빼냄으로써 옥토의 침수를 막는 데에 있다.

지금까지 진부가 말한 몇 가지의 토지이용계획은 남방의 수도작을 행하는 지역의 일부 지역에만 해당될 뿐, 비교적 대규모의 농전農田의 수리水利에는 해당되지 않는데, 분명 그 방식에는 한계성이 있다. 그러나 이러한 전체를 아우르는 관찰과 논의를 하기 시작했다는 것은 중국 농학사農學史에서 하나의 가치 있는 진보가 이루어졌음을 보여 준다.

3. 토양에 관한 두 개의 뛰어난 기본 원칙

『진부농서』에서는 토양에 관한 두 개의 탁월한 기본 원칙을 제시하고 있다.

그 하나는 토양이 비록 여러 종류가 있어서 좋고 나쁨이 같지 않을지라도, 단지 그것을 적당하게 관리하기만 하면 모두 작물재배에 적합하게 된다는 것이다. 진부는 「토지에 거름 주기[糞田之宜]」편에서 말하기를, "대체로 검은 토양의 땅은 좋다고 하지만, 비옥함이 지나치면 농작물은 무성할지라도 열매는 견실하지 못하다. (이런 경우에는) 경작하지 않은 새로운 흙을 가져다 섞어 풀어 주면 흙은 비옥의 정도가 엷어져서 적당하게 된다. 척박한 땅은 메말라 좋지 않다고 하지만, 토양에 거름을 주고 잘 배양하면, 그 싹이 무성해지고 열매도 견실해진다. 비록 토양의 적합한 성질은 다르지만, 그것을 어떻게 다스릴 것인가를 고려하여 적절히 관리하면, 모두 바라는 바를 얻을 수 있다."라고 하였다.

비록 여기에서 진부가 예를 들어 설명한 내용 중에 자세함이 부족한 부분이 있고 또한 맞지 않는 부분이 있을지라도 그가 제기한 기본

원칙은 탁월한 것이다. 이와 같은 기본원칙은 중국 농민의 토양관리 및 개량에 대한 풍부한 경험과 지식의 기초 위에 만들어진 것이다. 이러한 원칙들은 자연을 사람의 힘으로 개조할 수 있다는 강력한 정신을 포함하고 있다. 이 원칙은 또 소련의 유명한 토양학자 윌리엄스Williams가 말한 "좋지 않은 토양은 없다. 오직 서툰 경작방법이 있을 뿐이다."라는 원칙과 거의 일치한다.

또 다른 하나는, 토양은 항상 새롭고 강건하게 유지할 수 있다는 기본원칙이다. 진부는 「토지에 거름 주기」편의 말미에서 말하기를 "혹자는 말하기를 '토양이 피폐하면 초목이 자라지 않고, 땅기운이 쇠퇴하면 생물이 잘 자라지 못한다. 무릇 토지는 3년에서 5년을 파종하면 그 지력이 이미 다한다.'고 한다. 이 말은 절대 합당하지 않다. 깊이 생각하지 않고 한 말이다. 만약 때 맞추어 신선하고 비옥한 흙을 넣어 주고, 비료를 주어 관리한다면 토양은 더욱 부드럽고 비옥해져서 지력이 항상 새롭게 왕성해지니 어찌 땅이 쇠퇴한다고 하겠는가?"라고 하였다. 이러한 견해는 서양 학자들의 '지력점감론地力漸減論'과 전혀 상반된다. 서양 학자들은 경작과 파종에 의해 지력이 점점 소실消失되기 시작한다고 생각하여, 어떤 사람은 책에서 로마제국의 멸망이 바로 지력의 소모 때문이라고 하였다. 중국은 오래된 농업 국가이다. 과거에는 이와 같은 견해가 없었다. 수천 년에 걸쳐 경작과 파종을 해 오고 있지만, 결코 지력이 소모되거나 점차 감소되게 하지는 않았다. 오히려 중국은 일찍부터 이 같은 신념이 있어서 시비와 여타 그와 상응하는 조치를 취해서 토양을 비옥하게 했으며, 지력을 유지하고 제고하였다. 진부가 말한 것처럼, 지력은 항상 새롭고 왕성하게 할 수 있다는 원칙은 중국의 전통적인 농업정신을 잘 보여 주고 있다. 이것은 또한 바로 하나의 원칙이 포함하는 기본사상이 중국농업생산의 실천에 있어 튼튼한 기초를 이루고 있다는 것을 말한다. 진부가 8백여 년 전에 한 점의 의심도 없이 이같이 진취적이고 중대한 실용적 의의를 지닌 기본

원칙을 제시하고 있는 것은 그의 관찰의 깊이가 매우 깊었음을 말해 주는 것이다.

성질이 다른 토양을 어떻게 관리하는 것이 합당하며, 어떻게 그 지력을 유지하고 높일 수 있는지에 대하여 앞서 진부가 제시한 글 속에는 단지 객토법客土法과 시비법에 대해서만 언급되어 있다. 또한 앞에서 인용한 두 단락은 「토지에 거름 주기」편에서 나온 것으로 주로 비료와 시비하는 것을 이야기하고 있다. 이렇게 안배한 것은 마치 시비가 지력을 유지하고 높이는 주된 방법임을 설명하는 것과 같다. 당연히 시비는 지극히 중요하다. 그러나 반드시 제시해야 하는 것은 앞에서 말한 토지이용에 대한 계획이, 뒤에서 말하려고 하는 경작기술과 더불어 지력을 유지하고 높이는 중요한 조치와 관련이 있다는 것이다.

4. 비료와 시비의 새로운 발전

『진부농서』의 분량은 『제민요술』보다 훨씬 적다.(총 글자 수는 대략 『제민요술』의 9분의 1에 해당한다.) 그러나 『진부농서』가 비료 문제에 할애한 글자 수는 『제민요술』을 훨씬 초과한다. 『제민요술』 「잡설」에는 답분법踏糞法이라는 것이 있지만, 가사협의 원문은 아니다. 『제민요술』의 본문 중에는 주로 『범승지서』에서 인용된 것을 제외하면, 녹비綠肥에 대해 강조한 부분이 특히 많은데, 이것 외에는 그다지 구체적이지 않고 산발적으로 시비문제를 제시하고 있다. 그러나 『진부농서』 중에는 「토지에 거름 주기」편에 시비에 대한 전론을 기록하고 있을 뿐만 아니라 기타 각 편에서도 자못 비료에 대해서 언급한 부분이 있으며, 또한 엉성하게 제시된 것이 아니라, 종종 구체적이고 아주 상세하게 서술하고 있다. 이렇게 각 편에서 서술한 것을 모두 합한다면, 글자 수나 내용에서 모두 「토지에 거름 주기[糞田之宜]」편의 내용을 초과한다. 이는 사람들에게 깊은 인상을 남기고, 곳곳에서 비료를 중시했음을 보여주며, 비료에 대한 새로운 창조와 발전이 적지 않았음을 드러낸다. 이러한 발전은 물론 진부 개인이 창조한 것이 아니고, 『제민요술』에서 시작하여 『진부농서』에 이르기까지 6백여 년에 걸쳐 농민이 생산의 실천 속에서 진보를 거듭하여 전해져 온 것이다. 6백년은 아주 긴 시간이고, 그동안에 농서는 사라져, 오늘날 우리는 이러한 발전의 과정을 추적할 수가 없으니, 단지 『진부농서』에서 이러한 발전이 이뤄 낸 결과를 관찰할 수 있을 뿐이다. 그러나 우리는 진부가 이 방면에서 이룩한 종합적인 측면과 작업을 제고한 공헌을 무시할 수 없으며, 다른 부분에서도 또한 자신이 온몸을 다해 경험한 바에서 나온 것이라는 것을 알 수 있다.

비료공급원에 관하여 적어도 (이전의 고서에서는 보이지 않는) 네 개의 새로운 발전이 있다. ① 화분火糞 제조. 「모근을 좋게 하기[善其根苗]」 편에서는 세 차례나 화분을 언급한다. 그러나 화분이 무엇인지, 어떻게 해서 구할 수 있는지에 대한 설명은 없다. 「토지에 거름 주기」 편에 "청소하면서 생긴 흙, 불에 태운 초목의 재, 탈곡 후에 까불러서 생긴 곡물의 겨나 쭉정이, 흐트러진 볏짚과 떨어진 낙엽 등을 쌓아 두고 태운다."라는 말이 있는데, 이것은 오늘날 절동浙東지역에서 진흙과 재를 태우는 방법과 유사하다. 어쩌면 진부가 말하는 화분은 곧 이렇게 불로 태워서 만든 것일지도 모른다. 태울 때는 단지 연기만 나게 하고, 그것이 불꽃이 일어나게 해서는 안 되며, 타서 검은색으로 변하려고 하면 멈추고, 완전히 재가 되게 해서는 안 된다. 그중에는 흙도 있는데, 아마도 흙의 함량이 적지 않아 이 때문에 토분土糞이라고 하는 듯하다. 「여섯 가지 주요 작물의 적합한 파종시기[六種之宜]」 편에서는 "토분을 태워서 그것을 비료로 준다."라는 말이 있고, 「뽕나무를 재배하는 방법[種桑之法]」 편에서는 "거름간[糞屋]에서 태운 토분을 시비한다."라는 말이 있는데, 여기서 말하는 토분은 대개 화분이다. 화분에는 흙이 비교적 적게 함유되어 있어, 초니회焦泥灰에 더욱 가깝고 토분은 흙을 함유하는 것이 비교적 많아, 흙을 그을린 것[燻土]에 가깝다. 그러나 둘 다 결코 확연하게 구분이 되는 것은 아니다. 『왕정농서』에서 말하는 화분 제조법은 오늘날의 완전히 흙을 그을린 것[燻土]이다.

② 퇴비 발효. 「모근을 좋게 하기[善其根苗]」 편에서 "무릇 오늘날 벼[穀]를 파종할 때는 반드시 먼저 모판[秧田]을 잘 만들어야 한다. … 만약 깻묵[麻枯]을 사용한다면 더욱 좋다. 그러나 깻묵은 (덩어리져) 바로 사용하기가 곤란하므로 반드시 공이로써 잘게 부수어 화분火糞과 섞어서 움푹 파인 구덩이 속에 넣고 덮어 누룩을 만들 때와 같이 한다. (쌓아 둔 깻묵에) 열이 나서 쥐 털 같은 곰팡이가 생겨나면 즉시 중간의 열이 나는 것을 펴서 사방의 바깥쪽에 놓아 두고, 바깥쪽의 식은 것은 중간에 둔다. 다시 쌓아서 덮어 준다. 이와 같이 3, 4차례 하여 줄곧 열이 발생하지 않게 되면, 바로 사용할 수 있는데 그렇지 않으면 작물이 열로 인해 타 죽게 된다."라는 말이 있는데, 이것은 발효 현상과 퇴비 제조의 과정을 말하고 있음을 알 수 있다.

③ 거름간[糞屋]에 퇴비를 쌓아 둔다. 「토지에 거름 주기」 편에서 지적한 바에 따르면, 가의 거주지 곁에는 반드시 거름간[糞屋]을 설치하는데, 처마와 기둥을 낮게 하여서 바람이 휘날리고 비가 들이치는 것을 막아야 한다. 또한 거름이 노천에서 별과 달에 노출되면 역시 거름기가 손실된다. 거름간 속에는 깊은 구덩이를 파고 (그 바깥쪽에) 벽돌로 담을 쌓아서, 물이 새거나 빠져나가지 못하게 해야 한다.

④ 거름물 구덩이[漚池]를 만들어서 거름을 비축한다. 「뽕나무를 재배하는 방법[種桑之法]」 편에서 말하는, "겨와 볏짚거름을 모으는 방법은 부엌 바닥 아래에 깊고 넓은 구덩이를 파서 벽돌담을 쌓아 물이 스며들거나 빠지지 못하게 하고, 쌀을 찧을 때마다 생기는 겨와 벼 껍질 및 썩은 볏짚과 나뭇잎을 모아서 그 구덩이 물속에 담그고, 식기를 씻은 구정물과 쌀뜨물을 구덩이 속에 넣어서 오래 담가 두면 자연스럽게 부

패하여 위로 떠오르게 된다. 한 해에 3, 4차례 꺼내서 모시밭에 시비하면 그로 인해 뽕나무도 기름지게 되어서 오래되면 오래될수록 무성해지니 어찌 지력地力이 다해서 마르고 쇠퇴한다고 하겠는가? 이처럼 한 가지 일로도 두 가지의 이득을 얻으니 실로 힘을 적게 쓰고도 얻은 효과는 크다. 나는 매번 이와 같이 하였는데 이웃은 (이런) 특이한 사실에 감탄하여 서로서로 본받지 않음이 없었다."라고 한다. 이는 「모근을 좋게 하기[善其根苗]」 편에서 말하는 '강분糠糞'으로서, 바로 이와 같이 거름물 구덩이에서 쌓아 두고 만든 비료이다.

위에서 말한 네 가지의 새로운 비료제조방식에는 하나의 정신이 관철되고 있는데, 그것은 최선을 다해서 비료공급원을 찾아내고, 비료를 많이 축적하여, 비료의 효과를 증진시킴으로써 손실을 막는 것이다. 흙을 그을리고[燻土], 퇴비를 발효시켜 얻는 효능은 결코 간단하고 쉽게 알 수 있는 것은 아니다. 이러한 창조적이고 돌출적인 표현이 농민의 지혜를 만들었으며, 800여 년 전에 비료에 대한 지식이 이미 이러한 수준에 도달했다.

진부는 사람의 분뇨를 시비하는 것을 반대했다. 「모근을 좋게 하기[善其根苗]」 편에서는, "절대로 생똥[大糞]을 사용해서는 안 되는데, 그 독이 싹을 썩게 하고, 또한 사람의 손발을 손상시키며 상처가 생기면 치료하기도 쉽지 않다. 오직 화분火糞과 돼지를 삶아 벗겨 낸 털[3] 및 구덩이[窖]에 넣어서 썩힌 왕겨가 가장 좋다. … 만약 부득이하여 생똥을 사용할 경우에는 반드시 먼저 화분과 섞어서 상당 시간 쌓아 두어야 (부숙되어) 비로소 사용할 수 있다. 종종 사람들이 생소변을 그대로 뿌려서 바로 모가 손상되는 것을 흔히 볼 수 있다."라고 하였다. 그는 주로

3) 완궈딩에 의하면, 지금의 풍속에서는 물을 끓여 돼지, 양털과 닭, 오리털을 뽑는 것을 '심모(燖毛)'라고 한다. '심저모(燖豬毛)'는 끓인 물을 이용하여 뽑은 돼지털을 가리킨다고 하지만, 털과 사용된 물까지 함께 포함하는 것이 좋을 듯하다.

위생과 시비가 작물에 손실을 입히는 것이 합당하지 않다고 하였으며, 동시에 또한 그가 이미 다른 방법으로써 거름을 비축하고, 또 재력이 있으면 깻묵을 사용하여 시비할 수 있었기 때문에 반드시 사람의 똥오줌에 의존할 필요가 없다는 것을 알았다. 그러나 그의 이야기를 통해 당시 실제로 사람의 대소변이 남방의 농가에서는 이미 일반적으로 비료로 광범위하게 사용되었음을 알 수 있다. 그가 말하는 사람의 대소변은 반드시 부숙한 후에 시비하는 것이 올바르고 필요했으며, 이것은 이미 중국의 전통적인 경험으로서, 이미 『범승지서』와 『제민요술』에서 일찍이 숙분熟糞을 사용할 것을 강조한 바 있다.

인분의 시비 방법에는 세 가지 점에서 새로운 의의를 지니고 있다. ① 거름을 주는 것도 이치에 합당해야 한다는 것[用糞得理](「모근을 좋게 하기[善其根苗]」편)을 강조했다. 이 밖에도 "농언에서 비료를 '분약糞藥'이라 이르는 것은 (농작물에) 거름을 주는 것이 마치 사람에게 약을 쓰는 것과 같기 때문이다."라고 하였다.(「토지에 거름 주기[糞田之宜]」편.) 그것에는 비료 종류의 선택, 토양성질에 적합한가의 여부 및 시비의 분량, 시비시기, 시비방법 등이 포함되어 있다. 「모근을 좋게 하기[善其根苗]」편에서 말하는바, 모판의 시비법은 가장 구체적으로 이런 정신을 보여주고 있다. ② 여러 차례 덧거름[追肥]을 사용한다. 『범승지서』에서는 밑거름[基肥]과 종자에 대한 시비[種肥]를 중시했다. 『제민요술』에서도 덧거름에 대한 언급이 아주 적다. 『진부농서』에서도 여전히 밑거름과 종자시비를 중시한 것 이외에 특히 덧거름에 대한 시비를 중시하였는데, 그것도 한 차례 시비하는 것이 아니고 몇 차례 나누어 시비하였다. 예를 들어 삼을 파종하면, "열흘 간격으로 한 번씩 거름을 준다."라고 하였고, 밀을 파종하면, "여러 차례 김매고 거름을 주는 것이 좋다.(「여섯 가지 주요 작물의 적합한 파종시기[六種之宜]」편 참조.)"라고 하였다. 모시[苧麻]를 심으면 일 년에 서너 차례 시비하고, 뽕나무는 일 년에 두 차례 시비하는데, "호미로 뿌리 아래를 파서 거름을 주는 것을 일러 개근분開根糞

이다."라고 하였다.(「뽕나무를 재배하는 방법[種桑之法]」편 참조.) ③ 갑에 대해서 시비하면 효과는 을에도 미친다는 일거양득의 시비법이다. 「뽕나무를 재배하는 방법[種桑之法]」편에 따르면, 뽕나무 밭에 모시[苧麻]를 심고 그것들에 시비를 하면, 뽕나무에도 비료의 효과가 미치게 된다. 뽕나무의 뿌리는 깊고, 모시의 뿌리는 얕으니, 둘은 서로를 방해하지 않고 이익을 취함이 배가 된다. 만약에 분뇨를 부지런히 주면 모시를 일년에 세 차례 수확할 수 있다. 해마다 모시에 거름을 서너 차례 주면 뽕나무도 이로 말미암아 성장하면 할수록 그만큼 무성해진다.

5. 남방 논농사지역 재배기술의 진보

중국의 경제문화중심은 원래 황하 중하류였다. 북방농업기술의 수준은 남방보다 그 시기가 훨씬 앞선다. 남방의 자연환경과 그에 상응하는 농업기술은 북방과는 다르다. 따라서 비록 춘추전국시기부터 진秦·한漢에 이르는 오랜 기간 황하유역의 경제문화는 그토록 발전했음에도 불구하고, 남방은 여전히 지역은 넓은 데 반하여 사람은 적어서 오랫동안 그 발전이 중원보다 훨씬 뒤떨어졌다. 초楚·오吳·월越·한漢 그리고 육조六朝를 거친 천년이 넘는 기간 동안 농민들은 남방의 이 광활한 지역에서 자연과의 투쟁을 통해 점차 경험을 쌓게 되었고, 끊임없이 논밭을 개간하여 자연의 면모를 바꾸었으며, 당대唐代 중기 이후에 이르면 마침내 전국의 경제중심이 남방으로 옮겨가게 된다. 전한前漢의 『범승지서』와 북위北魏의 『제민요술』에서 말하는 농업은 모두 북방의 한전旱田지역에 속하는 것이다. 당대唐代 한악韓鄂의 『사시찬요』의 농업기술은 주로 『제민요술』에서 인용한 것이며, 이 또한 기본적으로 북방농업에 속하는 것이다. 『진부농서』는 우리가 보는 바와 같이 남방의 수전농업 재배기술을 언급한 첫 번째 농서이다.

「갈이와 김매기[耕耨之宜]」편에서는 정지 기술整地技術을 이야기하면서, 4가지 서로 다른 상황으로 구분하여 서로 다른 조치를 취하였다. ① 조전早田은 수확한 후, 재빨리 경작하고 시비하여, 그곳에 보리와 밀, 잠두蠶豆, 완두豌豆 또는 채소를 심어서 그로 인하여 토양이 잘 숙성되고 비옥해지면, 다음 해의 경작노동력을 덜 수 있을 뿐만 아니라, 한 철 더 수확을 할 수 있다. ② 만전晩田은 수확한 뒤 그곳에 보리와 밀, 완두류의 겨울 작물을 심기에는 시간이 촉박하지만, 이듬해 봄에 남은 그루터기가 썩으면 갈이가 용이해져 소의 힘을 덜 수 있다. ③ 산과 하천이 둘러 있어서 배수가 좋지 않아 비교적 차가운 토지(물은 비열比熱[4])이 높고, 토양 속에 물의 함유량이 많아서 봄철이 되어 따뜻해지더라도 토양의 온도가 쉽게 올라가지 않는다.)는 가을이 지나면 배수하고 심경을 하는데 토양이 겨울과 봄이 되어서 얼었다 녹았다 하면서 푸석푸석하게 된다. ④ 넓고 평평한 토지는 겨울철에 갈아엎고 물을 대는데 남아 있는 그루터기와 잡초가 흙 속의 물구덩이에서 썩어 문드러져서 토양을 비옥하게 하고, 잡초의 종자 또한 썩게 한다.

「김매기의 합당함[薅耘之宜]」편에서는 중경제초기술과 논을 바싹 말리고[烤田], 물을 통제하는 것을 말하고 있는데, 그것은 설령 풀이 없더라도 김을 매고, 손으로 벼 뿌리 곁의 흙을 부드럽게 김을 매며, 김을 맬 때는 액체에 가까울 만큼 질척질척하게 만드는 것을 가리킨다.[5] 논을 바싹 말리는[烤田] 조치는, 『제민요술』에서 가장 먼저 보이는데, 『진부농서』에 이르러서야 비로소 고전烤田의 장점을 지적하기에 이르며, 또한 이것은 아래에서 위로의 김매는 방법과 서로 결합하고 있다. 먼저

4) '비열(比熱; specific heat)': 어떤 물질 1g의 온도를 1℃만큼 올리는 데 필요한 열량이다.

5) 완궈딩은 손으로 김을 매는 것 대신에 써레[耙]로 김을 맨다고 했지만, 모가 있는 상태에서 써레로 김을 매는 것은 현실적으로 적합하지 않다. 따라서 원문에 제시된 바와 같이 손으로 김을 매는 것이 보다 합당할 듯하다.

높은 곳에 물을 저장하고, 가장 낮은 구릉지의 물을 빼면서[6] 먼저 김을 매며, 김매기를 한 구릉지는 즉시 중앙과 사방의 주위에 깊은 고랑을 파서 신속하게 논을 말리는데, 말려서 지면이 갈라진 이후에 비로소 물을 댄다. 이와 같이 차례대로 아래에서 위로 가면서 구릉지에 물을 빼며 김을 맨다. 이렇게 하면 매 구릉지마다 여유 있게 서두르지 않고, 김매는 것이 정치하여 훨씬 잘 맬 수 있다. 만약에 아래와 위의 각 구릉지에 동시에 물을 빼면, 물은 이미 빠져나가서 논이 빠르게 마르게 되고, 너무 많이 마르면 김을 맬 수가 없게 되니, 이 때문에 일을 대충 할 수밖에 없어서 김매기가 아주 조잡하게 된다. 게다가 만약 비가 며칠 동안 오지 않는 날이 계속되고, 또 물을 댈 방법도 없다면, 심각한 손실을 초래할 수도 있다. 진부는 여기서 거듭하여 설명하고, 반드시 "순서에 따라 아래에서부터 위쪽을 향해 (물을 빼면서) 김매기를 하고, … 순서에 따라 관개한다면, … 근심과 우환을 미리 예방한다."라고 강조했다.

「모근을 좋게 하기[善其根苗]」 편에서는 벼의 못자리에서 볏모를 기르는 기술을 전문적으로 다루었다. 이미 후한後漢 최식崔寔은 『사민월령四民月令』에서 이앙법에 대해서 언급한 바 있다. 그러나 진부는 처음으로 못자리에서 볏모를 재배하는 기술을 다뤘고, 또한 『진부농서』에서는 전문편을 따로 두었는데, 이미 상당히 높은 수준을 지니고 있다. 이 편은 주로 네 부분으로 이루어져 있다. ① 볏모를 기르고 튼튼하게 하는

6) '방수(放水)'는 '물을 뺀다.'와 '물을 댄다.'의 두 가지로 해석될 수 있다. 먼저 '물을 댄다.'로 해석할 때는, 물을 댄 상태에서 중간과 논의 사방에 깊은 도랑을 판다는 것이 현실적으로 어렵고, 또 논을 바싹 말리기[烤田]를 하기 위해서는 물을 빼야 하는데 물을 뺀다는 말이 보이지 않는다. 두 번째로 '물을 뺀다.'라고 해석할 경우에는 뺀 상태에서 김을 매기가 용이하지는 않지만, 나머지 도랑을 파거나 고전(烤田)을 하는 등의 작업은 용이하다. 그래서 이 문장 자체가 김을 매면서 논을 바싹 말리는 작업이기 때문에 논리상 '방수'를 '물을 빼면서 동시에 김을 매는 것'이라고 해석하는 것이 가장 합리적일 듯하다.

것의 중요성과 이 목적에 도달하는 일반적인 원칙을 설명한다. 일반적인 원칙은 "모근이 튼튼하고 좋기를 바란다면, 무릇 때맞춰 파종하고, 토지의 선택도 적절해야 하며, 거름을 쓰는 것도 이치에 맞아야 하는데, 세 가지가 모두 갖추어져 있고, 또 그와 더불어 부지런히 살피고 관리를 잘하여, 가뭄과 홍수, 벌레와 짐승의 피해가 없게 된다면 모두 잘 될 것이다."라고 하였다. ② 못자리에 파종하기 전의 경작과 시비에 관한 이야기는 정경세작精耕細作과 비료 사용이 이치에 합당한가라는 정신을 잘 보여 주고 있다. ③ 모가 손상되는 것에 관련된 문제는, 너무 빨리 파종했는데, 날씨가 여전히 서늘함으로써 모가 손상된다는 것을 지적하고 있다. 모판은 정치하게 정지整地하고 시비한 후에야 비로소 파종하게 되는데, 볏모가 상한 후에 별도로 빈 땅을 골라 모판을 만들게 되면, 이중의 손실을 초래하여 종자와 노력을 낭비할 뿐만 아니라 모내기할 논에서도 튼튼한 벼 모종을 배양할 수 없고, 또한 벼의 성장과 수확에도 심각한 영향을 미칠 수 있다. ④ 어떻게 모판 속의 물을 관리할 것인가에 대한 논의는 자못 자세하고 합리적이다.

6. 농학체계와 사상

『제민요술』은 농업백과전서의 성격을 띠고 있다. 그러나 그것은 주로 생산기술을 개별적으로 다루고 있을 뿐 그 안에 내재된 문제와 원리를 체계적으로 다루지 않았다. 체계적인 논의는 현존하는 고농서 중 『진부농서』에서 비로소 시작된다고 할 수 있다.

『진부농서』는 상 · 중 · 하 3권으로 구성되어 있다. 상권은 토지경영과 재배총론을 결합한 것이라고 할 수 있는데, 이는 이 책의 요체다. (성격상 주체일 뿐만이 아니라, 분량 또한 이 책의 3분의 2 정도를 차지하고 있다.) 중권의 「소에 관한 이야기[牛說]」 편은 경영성격상 여전히 상권 농경의 일부분이다. 왜냐하면 소는 당연히 경작을 하고 파종할 때 사용하기 위해서 기르는 것이기 때문이다. 하권의 「누에 치고 뽕나무 기르기의 서문[蠶桑敍]」편은 당시 농업경영 중에 농경의 중요한 보조요소이다.

다시 상권의 편제에 대해서 말하면, 상권은 '12개의 마땅함[十二宜]'이라는 편명으로 이루어져 있는데, 12개의 편명은 서로 연계가 되어 있고, 일정한 내용과 순서가 있어 한 개의 온전한 유기체를 구성하고 있다.

진부는 서문에서 "나(진부)는 몸소 서산의 땅을 경작하고, 마음으로부터 농상의 중요한 이유를 알았기 때문에 『농서農書』 3권을 편찬하여, 편과 목으로 나누어, 각 항목마다 주제별로 구분하여, 순서에 따라서 그것을 논하였다."고 말하였다. 또 그는 후서後序에서 "이 때문에 나는 그들의 본말을 편찬하고 법령을 논술하였다. 그 전후의 순서에 따라 설명하였다. 처음과 끝이 일관되도록 하여 읽는 사람이 조리 있고 보기 쉽게 하고, (실제) 응용하는 사람은 순서에 입각하여 따라 하기 쉽다. 아침저녁으로 농사를 행함에 조리가 있고 흐트러지지 아니하여, 세월이 흘러갈수록 일에 질서가 잡히고, (이전처럼) 구습에 따라 대충 간략하게 처리하여 일의 전후와 완급의 순서가 뒤바뀌지 않게 하였다. (그래서) 비록 심히 게으른 자라 할지라도 또한 분명하게 마음으로 깨우치는 바가 있고 뜻에 적합할 것이기에 농사를 그만둘 수 없게 된다."라는 것에서도 알 수 있다. 진부는 분명 의식적으로 농학체계의 완전함과 전·후의 일관성을 추구했다.

다시 각 편의 내용을 보면, 비록 모두가 체계적으로 완비된 것은 아니고, (예를 들면 비료처럼) 하나의 문제가 몇몇의 편에 흩어져 있다. 하지만 「자연의 시간에 상응하기[天時之宜]」편에서는 절기가 변화하는 규칙과 그에 대한 이용을 이야기하고, 「모근을 좋게 하기[善其根苗]」편에서는 시작부터 튼튼한 싹을 기르는 일반적인 원칙을 지적하고 있으며, 「소를 잘 키우고 잘 부리는 방법[牧養役用之宜]」편에서는 개괄적으로 소를 사육하고 관리하는 원리를 설명하는 등 모두 많든 적든 체계적인 이론을 제기하고 있다.

과학의 특징 중 하나는 계통성을 갖춘 이론이다. 과학은 수많은 사실 중에서 그것들 안에 존재하는 원리를 추론해 내거나 복잡한 현상 중에서 변화의 규칙을 제시하고, 다시 이 원리나 규칙을 합리적인 체계 안에 안배할 것을 요구한다. 『진부농서』는 이렇게 비교적 완전하고 체계적인 논의를 보여 주기 시작하는데, 이는 중국 농학상에 중요한 진보가 있음을 보여 주는 것이다.

진부는 시대와 계급의 제약을 받았고, 또 그에게는 시대에 뒤떨어진 면이 있었다. 그는 후세가 은나라, 주나라가 융성할 때보다 못하다고 생각했다. 그는 늘 육경을 인용하여 자기주장의 근거로 삼았다. 어떤 것은 실제 사실을 왜곡하거나 맹목적으로 찬송했다. 그의 농업경영사상은 지주경영사상이다. 이 점은 「재원과 노동력의 조화[財力之宜]」, 「거처의 적당함[居處之宜]」 등의 편에서 가장 분명하게 드러난다. 『진부농서』의 기타 각 편의 어떤 부분, 특히 「진부 자서[陳旉自序]」와 「진부의 후서[陳旉後序]」에서는 진부가 왕조에 충성하고 봉건적 전통사상을 옹호함을 잘 드러내고 있다. 「근로 독려의 합당함[稽功之宜]」 편에서는 그가 노동군중을 멸시했고, 심지어는 통치자의 강압적 수단으로써 농민을 다그쳐 경작에 힘쓰게 했음을 볼 수 있다. 「기원하고 보답함[祈報]」 편은 특히 전혀 어울리지가 않는다. 「소를 잘 키우고 잘 부리는 방법[牧養役用之宜]」 편에서 그는 소를 어떻게 보호해야 하는가를 몰라 소가 병이 나면, "비로소 기도와 무속을 통해 살아나기를 희망하는 것"은 '어리석은 백성의 무지'라고 쓰고 있다. 그러나 오히려 「기원하고 보답함[祈報]」 편에서는 도리어 이르기를, 기도를 하는 것은 소를 건강하게 하고, 병에 걸리는 것을 막게 해 준다고 한다. 이것은 그가 귀신화복사상鬼神禍福思想을 주입시켜 백성들을 어리석게 만들어, 계급투쟁을 완화시킬 의도가 있었다고 말하지 않을 수 없다. 이것은 모두 이 책의 쓸모없는 부분이라 할 수 있다.

그러나 전체적으로 말하면, 『진부농서』 중에는 자연법칙을 순응하는 사상이 또한 비교적 명확하게 제시되어 있다. 예를 들면, 진부는 「자연의 시간에 상응하기[天時之宜]」 편에서 이르기를, "농사는 반드시 천지간의 적합한 시간을 알아야만 (파종하여) 싹이 트고 자라나서 익어 수확되어 잘 마무리된다."라고 하였다. 또 「용도 절약의 마땅함[節用之宜]」 편에서는 "영양가 있는 것을 먹고 적당한 시기에 운동을 한다면, (음식을 갖추고 때에 맞춰 활동하면) 하늘도 그를 병들게 할 수 없다."라고 하였다. 진부는 「누에 치고 뽕나무 기르기의 서문[蠶桑敍]」 편에서는 "대개 법은 항상적이라고 할 수 있는데, 요행은 항상적인 것이 없다."라고 하였다. 여기서 말하는 법은 자연법칙에 합당하거나 또는 자연법칙을 잘 운용하는 방법이나 기술을 말한다. 이러한 것들은 모두 분명히 자연법칙을 이해하는 사상을 갖추었음을 보여 준다. 농업기술의 진보는 본래 농민이 생산을 하는 과정에서 자연에 대해 투쟁을 하면서 점차 축적된 선진적인 경험이다. 자연에 대한 투쟁은 자연법칙을 벗어날 수 없다. 진부는 농업생산에 참여했고, 경험을 근거로 『진부농서』에서 비교적 높은 수준의 농업기술과 이론을 표현하였다. 이는 그의 사상의 원천에서 볼 때, 진부에게는 분명 힘써 자연법칙을 파악하고 자연과 투쟁하려는 정신을 지녔다는 것을 알 수 있다.

결론적으로 말하면, 『진부농서』는 그 분량은 비록 적지만 그 특징은 실로 적지 않아, 『범승지서氾勝之書』, 『제민요술齊民要術』, 『왕정농서王禎農書』, 『농정전서農政全書』 등과 함께 중국 최고 수준의 농서의 반열에 위치한 책이라고 할 수 있다.

찾 아 보 기

JinBunongseo

ㄴ

ㄷ

ㅅ

ㅇ

찾아보기

ㅊ

ㅋ

ㅌ

ㅍ

ㅎ

〈저자 / 역주자 약력〉

저자_ **진부**(陳旉)

북송 희녕(熙寧) 9년에 서산(西山)에서 출생하였다. 별명을 서산은거전진자(西山隱居全眞子)라고 불렸으며, 직접 농업에 종사한 지식인이었다. 74세의 고령에 기존 농서의 문제점과 사대부 권농관의 태도에 불만을 가져 그동안의 농사경험을 토대로 남방의 수도작, 잠상(蠶桑), 양우(養牛)와 시비기술에 주목하여 1149년에 본 『농서』를 편찬했다.

역주자_ **최덕경**(崔德卿): dkhistory@hanmail.net

문학박사. 주된 연구방향은 중국고대 농업사이며, 생태환경사 및 농민생활사로 연구영역을 확대하고 있다.
현재 부산대학교 사학과 교수이며, 중국사회과학원 역사연구소 객원교수 및 북경대학 사학과 초빙교수로서 중국 고대사 강의와 생태환경사 공동연구를 수행한 바 있다. 2001년에는 한국대표로 한중일 동아시아 농업사학회를 북경에서 창립하였으며, 2002년에는 3명의 교수와 함께 베트남관련 NGO단체인 VESAMO를 창립했고, 부산대 중국연구소의 창립(2006년)과 함께 초대 소장을 역임했으며, 효원사학회 회장도 역임한 바 있다.
저서로는 『중국고대농업사연구』(1994), 『중국고대 산림보호와 생태환경사 연구』(2009)와 『동아시아 농업사상의 똥 생태학(2016)』이 있으며, 역서로는 『중국고대사회성격논의』(2인 공역: 1991), 『중국사(진한사)』(2인 공역: 2004)가 있고, 역주서로는 『농상집요 역주』(2012), 『보농서 역주』(2013)가 있다. 그 외에 한국과 중국에서 발간한 공동저서가 적지 않으며, 중국농업사 생태환경사 및 생활문화사 관련 단독논문이 90여 편 있다.

陳旉農書譯註

JinBunongseo